"十四五"职业教育国家规划教材

国家职业教育物联网应用技术专业
教学资源库配套教材

icve 智慧职教

高等职业教育电类课程
新形态一体化教材

U0726276

物联网工程导论

(第2版)

▶主编 许磊 李春玲

▶副主编 高亮 张二元 邱雷

中国教育出版传媒集团

高等教育出版社·北京

内容简介

  本书是"十四五"职业教育国家规划教材,也是国家职业教育物联网应用技术专业教学资源库配套教材。

  本书遵循"思政为魂、能力为重、兴趣为先、创新为上"思路,围绕"工程"特性,由简单到复杂设计了5个项目,基于典型项目设计适合导论课程特征的内容,活化抽象的技术原理、强化具体的技术特性。项目1为"探索物联网世界",帮助学习者建立物联网内涵、特征以及总体架构等基本概念;项目2~4为关键技术选型与系统组建,通过智慧工地、智能交通、智能工厂等三个典型行业应用,分别将传感器、自动识别、典型无线通信等关键技术、应用场景搭建等技能有机融入其中,便于学习者在形象的应用中理解抽象的技术。项目5依托智慧小区应用,介绍云计算、区块链等新一代信息技术,综合集成设计典型的物联网应用系统。

  本书适合作为高职物联网相关专业的教材,也适合其他电子信息类专业使用,还可作为科普兴趣读物。

图书在版编目(CIP)数据

  物联网工程导论/许磊,李春玲主编.--2版.--北京:高等教育出版社,2023.10(2024.2重印)
  ISBN 978-7-04-060028-5

  Ⅰ.①物… Ⅱ.①许… ②李… Ⅲ.①物联网-高等职业教育-教材 Ⅳ.①TP393.4 ②TP18

  中国国家版本馆 CIP 数据核字(2023)第 036972 号

Wulianwang Gongcheng Daolun

策划编辑	孙 薇	责任编辑	孙 薇	封面设计	王 琰	版式设计	童 丹
责任绘图	易斯翔	责任校对	张慧玉 窦丽娜	责任印制	耿 轩		

出版发行	高等教育出版社	网　址	http://www.hep.edu.cn	
社　　址	北京市西城区德外大街 4 号		http://www.hep.com.cn	
邮政编码	100120	网上订购	http://www.hepmall.com.cn	
印　　刷	鸿博昊天科技有限公司		http://www.hepmall.com	
开　　本	850mm×1168mm　1/16		http://www.hepmall.cn	
印　　张	14.5	版　次	2018 年 1 月第 1 版	
字　　数	360 千字		2023 年 10 月第 2 版	
购书热线	010-58581118	印　次	2024 年 2 月第 2 次印刷	
咨询电话	400-810-0598	定　价	43.80 元	

本书如有缺页、倒页、脱页等质量问题,请到所购图书销售部门联系调换
版权所有　侵权必究
物 料 号　60028-00

"智慧职教"（www.icve.com.cn）是由高等教育出版社建设和运营的职业教育数字教学资源共建共享平台和在线课程教学服务平台，与教材配套课程相关的部分包括资源库平台、职教云平台和 App 等。用户通过平台注册，登录即可使用该平台。

● 资源库平台：为学习者提供本教材配套课程及资源的浏览服务。

登录"智慧职教"平台，在首页搜索框中搜索"物联网工程导论"，找到对应作者主持的课程，加入课程参加学习，即可浏览课程资源。

● 职教云平台：帮助任课教师对本教材配套课程进行引用、修改，再发布为个性化课程（SPOC）。

1. 登录职教云平台，在首页单击"新增课程"按钮，根据提示设置要构建的个性化课程的基本信息。

2. 进入课程编辑页面设置教学班级后，在"教学管理"的"教学设计"中"导入"教材配套课程，可根据教学需要进行修改，再发布为个性化课程。

● App：帮助任课教师和学生基于新构建的个性化课程开展线上线下混合式、智能化教与学。

1. 在应用市场搜索"智慧职教 icve"App，下载安装。

2. 登录 App，任课教师指导学生加入个性化课程，并利用 App 提供的各类功能，开展课前、课中、课后的教学互动，构建智慧课堂。

"智慧职教"使用帮助及常见问题解答请访问 help.icve.com.cn。

前　言

一、缘起

《物联网工程导论》以"趣味性、案例性、引导性"为原则,力求为读者展现一个丰富多彩的物联网世界。2018年以来,随着新基建、数字经济等国家战略的出台,物联网及其相关技术迎来了新一轮的发展,5G、工业互联网、人工智能等新兴技术与物联网相互交织,促进物联网产业快速发展的同时,也影响着制造业、建筑业、交通运输业等传统产业深度转型。党的二十大对职业教育提出了"科教融汇"的新要求,本书编写团队在第1版基础上,认真思考了物联网的发展背景与技术演变的过程,深刻领悟了物联网对社会发展产生重大影响,认识到教材的内容常滞后于应用技术的发展、理念与国家的要求有一定差距,唯有同步更新、抛砖引玉,方能体现教材价值,实现育人目的。

二、结构

本书按照从简单到复杂的思路,设计了5个项目。项目1系统分析物联网的基本概念、物联网基本结构模型;项目2~5立足典型行业应用展开,摒弃从技术体系角度解读物联网的方式,按照"知行合一"的高素质技术技能人才培养规律,将物联网关键技术融入典型应用案例以及项目实施中,通过4个典型行业应用分别介绍传感器技术、自动识别技术、网络与无线传输技术、信息存储与处理技术等物联网关键技术以及物联网工程基本概念。

三、特点

作为为初学者建立物联网基本认知体系、认识物联网行业与应用、培养创新思维的专业先导课教材,本书再版过程突显以下几个特点。

1. 注重协同性,发挥基础作用支撑问题导向教法改革

在原有"项目化、任务式"结构基础上,将10个任务优化、合并形成5个项目,增强项目在教学实施中的落地性。进一步丰富了项目描述,设计了项目准备单等配套资源,引导学习者分析问题,支撑问题导向教学法改革。基于典型项目设计适合导论课程特征的教材内容,活化抽象的技术原理、强化具体的技术特性,支撑在"做中学"中培养学习者物联网系统思维方式、关键技术辨识等能力。

2. 注重前瞻性,增加前沿产业技术优化知识内容体系

增加了工业互联网、边缘计算、区块链等相关前沿技术,强化了新技术的外特性描述,凸显知识宽度;并增加了对行业产业发展最新进展的分析,开拓学习者的视野。进一步强化"工程"特性,将安装调试、需求分析、技术选型、网络设计、系统集成等工程领域的五个重要环节嵌入4个项目中,并增加了多个技术标准内容,引导学习者养成"工程"思维。

3. 注重创新性,培养学生创新意识实现科教协同育人

充分探索"科教融汇"在教材中的融入路径。通过项目准备单、开放式讨论、项目实施等环节力求为学习者建立分析问题、解决问题、创新思考的思维模式提供支撑。本次改版在大量引用行业对于物联网产业发展的最新观点的同时,融入编写团队多年行业心得,力求引发学习者的思考。以解剖麻雀的方式分析了一个科研创新成果产生的背景,展示提出问题、分析问题、解决问题、成果应用的全过

程环节;并将"物联网创意设计"贯穿本书,分解至 4 个项目作为拓展项目,在激发学习者创新思维的同时,也培养学习者学以致用的能力。

四、使用

本书可满足电子信息大类,尤其是物联网相关专业开展物联网导论类课程的教学需求,也适应新进从业人员认知物联网的需要。为了适应不同院校的课程教学目标及课时需求,本书支持线上线下混合式教学,配有在线课程以及丰富的线上课程资源,使用者可根据需要在 32~48 学时范围内灵活安排。

本次改版在结构上做了一定调整,从支撑问题导向教学法的角度配套建设了系列教学资源。每个项目配套设计了【引导案例】【学习目标】【项目描述】【知识准备】【项目实施】【项目评价】【拓展项目】7 个环节。本次改版强化【项目描述】环节的设计与配套资源,为配合"项目分析"教学任务,配套设计了"项目准备单"(如下表所示)以及详细的"项目解析"资源,以便学习者分析项目需求,明确项目完成与知识/技能学习的关系。教师可安排学生根据项目描述分组讨论并填写该准备单,协助学生养成从需求中分解项目目标、分析项目重难点,从而明确学习重难点的习惯,并由教师在学生分组汇报项目准备单情况后进行展示,引导学生带着问题、带着目标开始每个项目的学习。在【拓展项目】环节将"物联网创意设计"分解为 4 个部分作为各项目的拓展项目,供教学过程选用,进一步增强学生创新能力、创新意识的养成。

项目目标	根究项目描述已知的(事实或想法)	完成项目需要知道的内容	完成项目需要学习的知识或技能
1.	1.	1.	1.
2.	2.	2.	2.
…	…	…	…

为了便于广大使用者,本书不仅配套了微课、虚拟仿真动画等学习资源,还配套了项目准备单、项目实施报告模板、拓展项目评价模板、教学 PPT 等教学资源。部分视频类学习资源可以通过书中二维码扫码获取,相关授课类教学资源可以发送邮件至 gzdz@ pub.hep.cn 索取。

五、致谢

在本书的改版过程中,得到了重庆市物联网产业协会、中国信息通信研究院西部分院、中冶赛迪信息技术有限公司、中移物联网有限公司等行业企业的大力支持和帮助、提出了许多宝贵的建议和意见,在此一并致谢。

本书由重庆电子工程职业学院许磊、李春玲任主编,重庆电子工程职业学院高亮、张二元、邱雷任副主编,重庆市物联网产业协会谢金凤、中国信息通信研究院西部分院潘科、重庆电子工程职业学院易国键、舒柳、徐欣等参加了编写。其中,项目 1 由邱雷、徐欣编写,项目 2 由高亮、潘科编写,项目 3 由李春玲、谢金凤编写,项目 4 由张二元、易国键编写,项目 5 由许磊、李春玲编写,许磊、舒柳负责统稿、校稿。

由于编者水平有限,书中难免有疏漏和不恰当之处,恳请广大读者批评指正。

编者

2023 年 6 月

目　录

项目 1
探寻物联网世界

【引导案例】

不要对物联网感到陌生。事实上,物联网已经走入了我们的生活,身边的许多应用已经使用了物联网技术。如图 1.1 所示,工厂的生产设备装上传感器,相隔千里也能实现运维监控;智能音箱异军突起,语音呼唤便能畅享智慧生活;道路覆盖视频监控,车路协同使得自动驾驶逐步实现;远程问诊,偏远山区得以享受大城市医疗资源……

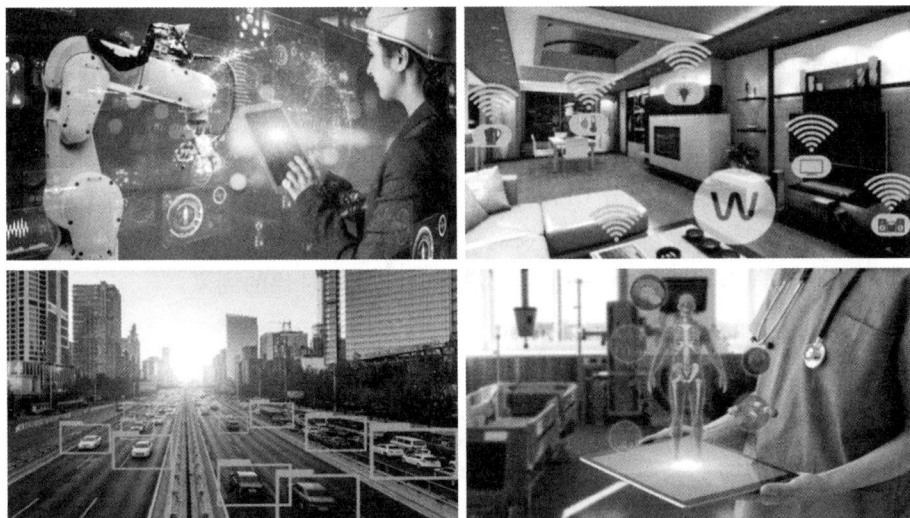

图 1.1　无处不在的物联网应用

如图 1.2 所示,智能家居是生活中最常见的物联网典型应用之一。智能家居以物联网系统为依托,从原来的单一控制改变为人与物、物与物的双向智慧对话。随着物联网技术的快速发展,各大科技公司纷纷推出不同版本的智能家居解决方案,通过软件集成家用电器等日常设备,让人们的生活变得更加智能,但当前智能家居产品仍然存在智能化水平不高、标准不统一、兼容性较差、不稳定等问题。

图 1.2   智能家居系统

2019 年 12 月,为解决当下智能家居市场存在的兼容性、安全性和连接性等问题,亚马逊、苹果、谷歌联合成立了"Connected Home over IP"(简称 CHIP)工作组。为掌握智能家居领域的话语权,中国工程院院士倪光南认为,中国也应该开始着手这一领域的标准统一问题,不能等别人制定出来标准后被动地去接入。倪光南院士的提议得到了工业和信息化部(简称工信部)的大力支持,在工信部的指导和支持下,24 位两院院士联合阿里、京东、百度、华为、中国信通院、中国移动、中国电信等单位共同发起,于 2020 年 12 月成立了开放智联联盟(简称 OLA 联盟),由倪光南院士担任理事长。OLA 联盟以智能家居领域为突破口,着眼于制造业和工业的智能化,致力于构建国内物联网统一连接标准和产业生态圈,并向全球开放和推广。2021 年 9 月,OLA 联盟发布了 OLA1.0 系列标准和开源代码,浪潮、海信、大华、海尔、华为、小米等企业纷纷投入并研发符合 OLA 标准的产品。随着 OLA 测试认证的顺利推进,支持 OLA 标准且通过认证的设备将打破当下各家品牌的"生态孤岛",实现接入 OLA 智能家居产品的互联互通,这将极大地促进国内物联网生态的发展,加速万物智联时代的到来。

【学习目标】

知识目标

1. 理解物联网的概念及内涵
2. 了解物联网的典型应用
3. 掌握物联网的体系结构及关键技术
4. 理解物联网工程的概念

能力目标

1. 辨析物联网与互联网的关系
2. 能列举物联网的典型应用

3. 能分析物联网体系结构及其关键技术
4. 能描述物联网工程生命周期

素养目标

1. 关心物联网行业发展
2. 养成有效分析信息的习惯
3. 形成专业文化认同感

【项目描述】

探寻身边的物联网

放假回家亲友聚会,新闻里正在播放新型基础设施建设及物联网相关的消息。新型基础设施建设(简称新基建)在 2018 年 12 月由中央经济工作会议提出,主要包括 5G 基站建设、特高压、城际高速铁路和城市轨道交通、新能源汽车充电桩、大数据中心、人工智能、工业互联网七大领域,涉及物联网等诸多产业链。新基建以新发展为理念,以技术创新为驱动,以信息网络为基础,面向高质量发展需要,提供数字转型、智能升级、融合创新等服务的基础设施体系,本质上是信息数字化的基础设施。与传统基建相比,新基建内涵更加丰富,涵盖范围更广。新基建下,物联网无处不在,新基建的布局建设,必将为物联网及其相关产业带来新的发展机遇。

亲友对于新基建中物联网的内容很感兴趣,想要更清楚地了解新闻里一直报道的国家要大力发展新型基础设施,发展物联网,从互联网到万物互联,以及到底什么是物联网,生活中有哪些应用? 为了更好地解答亲友的疑惑,请选择一个身边的物联网应用进行调研。对物联网应用场景进行功能分析,总结其涉及的关键技术;结合应用场景,提炼概括物联网的概念与特点,辨析物联网与互联网的区别;这几年经常能在各种新闻中听见物联网的相关报道,物联网的概念是怎么提出的呢? 收集资料总结物联网在我国的发展历程,并对物联网未来发展方向进行展望。

请查阅相关资料,并进行整理、分析、总结,完成"探寻身边的物联网"主题汇报。

【知识准备】

物联网(The Internet of Things,IOT)是继计算机、互联网和移动通信之后的又一次信息产业革命,物联网是"新基建"的核心要素之一,近年来物联网发展迅猛,技术和应用创新层出不穷,其应用范围几乎覆盖各行各业,物联网高速发展已成必然之势。

微课扫一扫
物联网的概念

教学图片
物联网的概念

教学课件
物联网的概念

教学文档
物联网的概念

1.1 揭开物联网的神秘面纱

1.1.1 物联网的概述

1. 物联网的概念

从字面上看,物联网就是物物相连的网络,能够让物体具有智慧,可以实现智能的应用。关于物联网的定义,有多种解释,较为有代表性的有如下几种。

① 百度百科:是通过射频识别、红外感应器、全球定位系统、激光扫描器等信息传感设备,按约定的协议,把任何物品与互联网连接起来,进行信息交换和通信,以实现

智能化识别、定位、跟踪、监控和管理的一种网络。

② 维基百科:把所有物品通过射频识别等信息传感设备和互联网连接起来,实现智能化识别和管理;物联网就是把感应器嵌入装备到各种物体中,然后将物联网与现有的互联网整合起来,实现人类社会与物理系统的整合。

③ 国际电信联盟(ITU):By embedding short-range mobile transceivers into a wide array of additional gadgets and everyday items,enabling new forms of communication between people and people,and between people and things,and between things themselves.(通过将短距离移动收发器嵌入各种日常用品和附加的小工具中,实现人与人、人与物及物与物之间的新通信形式,从而实现任何时间、任何地点、任何人、任何物体的相互连接。)

总之,物联网能够实现所有物品通过射频识别等信息传感设备在任何时间、任何地点,与任何物体之间的连接,达到智能化识别和管理。

小　知　识

ITU 是一个国际组织,主要负责确立国际无线电和电信的管理制度和标准。它的前身是 1865 年 5 月 17 日在巴黎创立的国际电报联盟,是世界上最悠久的国际组织之一。它的主要任务是制定标准,分配无线电资源,组织各个国家之间的国际长途互连方案。它也是联合国的一个专门机构,总部设在瑞士的联合国第二大总部日内瓦。

2. 物联网的特点

（1）物联网是物与物的相互连接的网络,互联是其重要特征

物联网中物体的概念包括机器、动物、植物,还包括人,也包括我们日常所接触和所看到的各种物品。所以,物联网本质上与我们所常提到的互联网有很大不同,互联网是机器与机器的连接,实现一个虚拟的世界。而物联网的概念则是真实物与真实物的连接,将物与物按照特定的组网方式进行连接,并且实现信息的双向有效传递。

（2）物联网能够让物体更具有智慧

智慧感知是物联网赋予物体的一个全新属性,这将大大拓展人类对于这个世界的感知范围,在不久的将来我们就能够看懂动物、植物以及物品的内心。比如桌上的一个苹果,我们一眼就能够认识到这是个苹果,还可以通过品尝这个苹果来知晓是否美味。但是当我们看不到、触不到这个苹果时,怎么知道这是否是个苹果以及它是否美味可口呢? 物联网就可以帮助我们,通过感知技术的应用,对苹果进行判断并将相关的信息反馈给我们。

（3）物联网极大扩充了人类的沟通范围

从图1.3可以看出,物联网将人类的沟通范围扩展到了物体与物体、人与物体之间。物联网被赋予了人类的智能,通过通信网络,可以建立物体与物体之间的通信,当然也可以让物体与人类之间建立通信。物联网的出现,扩展了人类的沟通范围,可以实现人类与物体之间的"直接对话"。

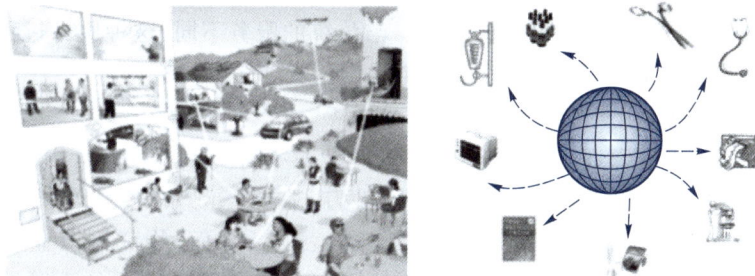

图 1.3　物联网概念示意图

（4）物联网可以实现更多智能的应用

有了物联网，物体具有智慧，可以被感知，并且能够实现与人类之间的沟通，因此可以实现对于物体的智能管理。物联网对物体的智能管理，可以衍生出更多的智能应用。

3. 物联网的本质

了解了这么多物联网的不同定义和特点，可能会迷失在拗口的专业术语中。那么，物联网的本质究竟是什么。笔者认为，物联网的本质在于"服务"，具体体现在以下两个方面。

（1）深度信息化，信息服务化

物联网的本质在于通过各种信息手段为物理世界赋予信息属性（形成数据），并将数据收集起来形成信息从而进行分析，为特定的目标提供决策、控制服务。这是物联网区别于其他传统电子信息技术的本质特点，其中有几个关键点需要解读如下。

① 何为赋予信息属性：以智能手表为例，手表的基本功能是计时，但是智能手表除了能计时还具有众多的信息化功能。因此可以认为，智能手表是手表这一特定物体被赋予了信息属性的产物。

② 如何理解"深度"二字：信息化是近二十年的一个热词。深度信息化与传统信息化的重要区别在于信息化对象在数量、类型、范围的巨大不同。以温度测量为例，测量一个 10 m^2 卧室的温度，只需要 1 只温度传感器就能实现温度测量信息化；然而如果是一个 500 m^2 的冷库，仅仅依靠 1 只温度传感器无法准确反映冷库的温度，需要根据冷库的空间布局安装多只温度传感器，才能更准确地检测出冷库的温度场分布，这就是深度信息化的过程。

③ 如何区分"数据"和"信息"：人们往往会认为这是两个近义词，经常可以互用。然而在信息领域，这两个词有着明显的区别。因为数据分为有效数据和无效数据两类，对有效数据进行处理后才能得到"信息"，例如，路口视频监控中，录制下来的所有视频都是"数据"，而根据这些视频分析闯红灯行为，进而进行车牌识别才属于"信息"。对于物联网技术，"数据"是基础，"信息"才是关键。然而事实却是：很多应用系统都是"躺在数据的海洋中，缺乏信息的淡水"。因此，物联网应用中，数据分析与挖掘非常重要。

④ 什么是"信息服务化"：还是以路口视频监控为例，能分析闯红灯事件只是实现了信息化；然而对于交通监管部门，需要的不仅仅是事件本身，而是结果——"谁闯红

灯了"。从发现闯红灯事件到"读"出车牌,并自动采取处罚措施(下罚单),这一系列自动完成的过程就是一个"服务"的过程。与传统的服务不同,这种服务过程无需人参与,全是信息化的处理。这就是"信息服务化"。

（2）服务传统产业转型升级

物联网产业并不像通信、电子、软件等产业具有非常明确边界,因为从设备/系统上看,貌似没有特定、明确只归属于物联网产业的。例如,传感器被视为电子产品,各类网关设备似乎也可以被看作通信产品。另一方面,物联网产业与传统的电子信息产业相比,一个重要的区别在于物联网与传统产业具有千丝万缕的联系。大家都说"智能交通""智慧农业""智能家居"等是物联网的典型应用领域,从命名上,没有一个应用中出现了"物联网"三个字,出现的都是传统产业的名字。因此,从字面上明显地表现出物联网是服务于传统产业的,而并非取代传统产业的。而上述的领域均是近年来各个行业领域的发展方向,从另一个方面说明,传统产业的转型升级对物联网具有很大的依存度。近年来,在提出的新基建、数字经济等国家重大发展战略中,物联网都发挥着极其重要的作用。作为新型基础设施的重要组成部分,工信部、网信办等8部门于2021年9月联合印发《物联网新型基础设施建设三年行动计划(2021—2023年)》(工信部联科〔2021〕130号),系统谋划三年间物联网新型基础设施的建设,并明确提出到2023年底,在国内主要城市初步建成物联网新型基础设施,构建一套健全完善的物联网标准和安全保障体系。同时,物联网作为"十四五"数字经济发展规划的七大数字经济重点产业之一,是传统产业数字化转型的重要手段,亦是实现经济高质量发展的发动机。数字经济的产业核心为高新技术,其涵盖着向数字化转型的服务业、制造业等诸多行业,而上述行业的产业化升级在一定程度上可以理解为物联网升级。物联网是数字经济时代的重要基础设施之一,数字经济则是物联网时代的最终经济形态。明白物联网的服务特性,才能更好地理解物联网、发挥好物联网的作用。

小 知 识

根据国务院颁布的《"十四五"数字经济发展规划》,数字经济是继农业经济、工业经济之后的主要经济形态,是以数据资源为关键要素,以现代信息网络为主要载体,以信息通信技术融合应用、全要素数字化转型为重要推动力,促进公平与效率更加统一的新经济形态。七大数字经济重点产业包括物联网、云计算、大数据、工业互联网、区块链、人工智能、虚拟现实和增强现实。

数字经济的内涵经历了"两化""三化""四化"的演变。2017年,中国信息通信研究院(以下简称"中国信通院")从生产力角度提出了数字经济"两化"框架,即数字产业化和产业数字化。通过数字产业化,关键技术和核心产业能够不断把消费、生产、服务过程中所创造的数据变成生产要素,从而提供新服务、新应用;通过产业数字化,推动传统企业、重点产业数字化转型,实现农业数字化和制造业智能化升级,以及生产性、生活性服务业网络化普及,从而持续利用数字技术改造并赋能三次产业。2019年,中国信通院注意到组织和社会形态的显著变迁,从生产力和生产关系的角度提出了数字经济"三化"框架,即数字产业化、产业数字化和数字化治理,并认为数字经济蓬勃发展,不仅仅推动经济发展质量变革、效率变革、动力变革,更带来政府、组织、企业等治理模式的深刻变化,体现生产力和生产关系的辩证统一。随着以数据驱动为特征的数字化、网络化、智能化深入推进,数据化的知识和信息作为关键生产要素在推动生产力发展和生产关系变革中的作用更加凸显,经济社会实现从生产要素到生产力,再到生产关系的全面系统变革。为此,中国信通院发布的《数字经济白皮书(2020)》进一步将数字经济体系框架升级为"四化",即数字产业化、产业数字化、数字化治理、数据价值化。

1.1.2 物联网与互联网的关系

实际上,物联网并不是凭空出现的事物,它的神经末梢是传感器,它的信息通信网络则可以依靠传统的互联网和通信网等,对于海量信息的运算处理则主要依靠云计算、大数据、人工智能等技术。物联网与互联网有着十分微妙的关系。

1. 物联网能解决互联网所不能

要准确把握物联网与互联网的关系,首先要搞清楚互联网的本质是什么。互联网的本质在于构建了一个虚拟的数据共享信息平台,解决了信息不对称的问题。这既是互联网的本质,也是前十年互联网产业如火如荼的原因。例如,典型的互联网应用——电子商务(简称电商)实现了网上商品交易。电商搭建了一个商品交易的资源共享平台,解决了买家"不知道所需商品哪里有卖"这一信息不对称问题,同时也减少了中间环节。

然而,互联网无法解决数据如何来等问题。例如,数据的真实性问题,这也是如今网络诈骗防不胜防的原因。仍以电商为例,在电商上买东西最担心什么?买到假货!为什么?因为电商上的商品信息都是由商家录入的。电商只是解决了人(买家)与人(卖家)的沟通问题。而在电商上买到假货问题,仅从互联网技术手段的角度是很难解决的。但利用物联网技术手段,就可迎刃而解,因为物联网构建了一个完整的反馈控制系统。如典型的物联网应用——食品溯源系统,其结构如图1.4所示。在食品溯源系统中,通过物联网技术,生产者能自动获取食品产业链条上游的食品安全信息;消费者可以通过食品标签上的溯源码进行联网查询。食品溯源系统实现了人与物(食品)的直接沟通,使整个食品产业链始终处于有效监控之中,使假货无处藏身。

微课扫一扫
物联网与互联网、泛在网的辨析

教学图片
物联网与互联网、泛在网的辨析

教学课件
物联网与互联网、泛在网的辨析

教学文档
物联网与互联网、泛在网的辨析

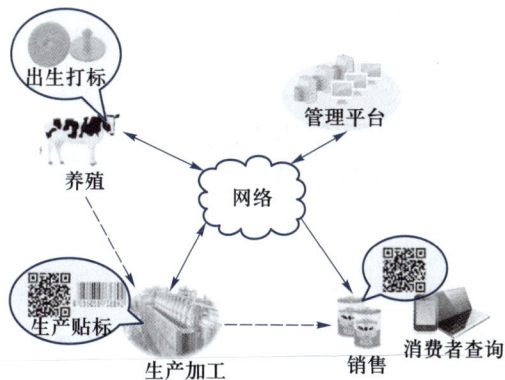

图 1.4　典型的食品溯源系统结构示意图

通过物联网与互联网的比较说明了两者的区别和联系,如表1.1所示。

表 1.1　物联网与互联网的比较

比较	互联网	物联网
起源	计算机技术的出现和信息的快速传播	传感技术的出现与发展
面向对象	人	人和物
作用	实现信息的共享,解决了人与人的沟通问题	让物体具有智能,解决了人与物、物与物的沟通问题
核心技术及所有者	网络协议技术;核心技术主要掌握在主流操作系统及语言开发商手中	数据自动采集、传输技术、后台存储计算、软件开发;核心技术掌握在芯片技术开发商及标准制定者手中
创新	主要体现在内容的创新及形式的创新,例如腾讯、网易等	面向客户的个性化需求,体现技术与生活的紧密联系,给予开发者充分想象空间,让所有物品智能化

2. 物联网绝不是一张简单的网

(1) 物联网不是一张大而无形的传感器网络,也不是有形的通信网络

"物联网"虽然给人的第一感觉还是"网",但是仔细思考会发现,它不单单是一张网,所能实现的功能也不是"一张网"能提供的。作为互联网的延伸,物联网利用通信技术把传感器、控制器、机器、人员和物等通过新的方式连接在一起,形成人与物、物与物相连,而它对于信息端的云计算和实体端的相关传感设备的需求,使得产业内的联合成为未来的必然趋势,也为实际应用的领域打开无限可能。

2016 年,软银集团卖掉所持的阿里巴巴股份,以 322 亿美元、43%的溢价收购英国 ARM 公司,寄望未来将借助 ARM 在半导体 IP(知识产权)领域的巨大影响力,推进产业价值链进一步上移、下行,构建更为宏大的物联网生态平台。在这一事件里,英国 ARM 公司值钱的不是拥有什么网络技术,而是更底层的芯片解决方案。软银集团收购的目的也不是单纯的继续完善芯片方案,而是构建物联网生态平台。这充分说明,物联网构建了一个巨大的生态系统。

小　知　识

软银集团(SoftBank Corp.)于 1981 年由孙正义在日本创立,并于 1994 年在日本上市,是一家综合性的风险投资公司,主要致力于 IT 产业的投资,包括网络和电信。软银集团在全球投资过的公司已超过 600 家,在全球主要的 300 多家 IT 公司拥有股份。2016 年 9 月 5 日,软银集团宣布已完成 243 亿英镑(约合 320 亿美元)收购英国芯片设计公司 ARM 交易。这是自收购美国电信运营商 Sprint 以来软银集团进行的最大一笔并购交易,也是 2016 年全球科技市场最大并购交易之一。

英国 ARM 公司是一家知识产权(IP)供应商,正式成立于 1990 年 11 月。该公司虽然属于半导体行业,但是它不制造芯片且不向终端用户出售芯片,只研究芯片核心技术,然后把技术授权给其

他半导体制造商,从中收取少量的授权费。在这种商业模式下,基本上全球所有的半导体公司都与 ARM 达成协议,采用 ARM 的芯片架构与技术,把重心放在生产与销售上。而 ARM 收取的授权费则继续再投入研发中,如此反复。售卖知识产权的模式让 ARM 处于整个行业价值链顶端,授权企业的盈亏都与它无关。

ARM 与同在半导体行业的英特尔相比,除了商业模式完全不同外,它们的发展领域也不同。英特尔所称霸的芯片领域是传统的 PC 及服务器市场,而 ARM 则是移动终端芯片领域毫无疑问的巨头。从移动智能终端起步到现在,ARM 一直处于这个芯片市场的领导地位。2015 年,包括高通、三星、联发科等在内的全球 1000 多家移动芯片制造商都采用了 ARM 的架构,全球有超过 85% 的智能手机和平板电脑的芯片都采用的是 ARM 架构的处理器,超过 70% 的智能电视也在使用 ARM 的处理器。

（2）物联网也不是互联网的硬件扩展,或内容衍生,它构建了一个全新的生态

互联网帮助人们解决了信息共享、交互的问题,颠覆了传统的商业模式,把产品销售变为内容和服务销售,是个了不起的产业成就。但从分工上理解,互联网还只是物联网中的一部分,主要涉及 IT 服务方面。物联网因为其"连接一切"的特点（"连接一切"是 2013 的 WE 大会上提出来的未来第一路标）,具有很多互联网所没有的新特性。比如,互联网商业模式成熟,对用户提供标准化服务;而物联网则要考虑各种各样的硬件融合、多种场景的应用、人们的习惯差异等问题。相比互联网,物联网需要提供更具深度的内容和服务,以及更加差异化、人性化的应用。这也符合人们不停地追求更好的服务体验这一亘古不变的需求。因此,小米公司董事长雷军曾预言:"未来没有所谓的互联网企业……未来每个公司都变成物联网公司"。

（3）物联网也是一种思维方式

互联网思维在这些年非常流行。其实不仅仅是互联网,物联网首先也是一种思维。互联网思维是在移动互联网、大数据、云计算等新兴技术不断发展的背景下,对市场、用户、产品、企业价值链乃至对整个商业生态进行重新审视的思考方式,就是分享、链接、开放式面向虚拟世界的,是地球村的概念。知名专家刘海涛认为,物联网思维就是面向实体世界的,以感知互动为目的,以团队属性、社会属性为核心的感知互动系统。"互联网+"加的是传统各行各业,解决的是传统行业流通领域信息不对称的问题。物联网则是面向实体世界,是对传统行业的核心、模式的深刻变革,是虚实交融的实体经济,对传统行业的影响远超过互联网。在"互联网+"的基础上,物联网对各行业和领域的带动倍增效应将更加深刻、广泛,称之为"物联网×"。物联网将推动"互联网+"时代到"物联网×"时代。物联网改造几乎不挑剔行业,基本没有任何行业是不需要物联网的,它是传统行业改造转型的全新之路,也是必由之路。特别是在当今数字经济浪潮下,物联网将发挥更加显著的叠加倍增作用。

3. 物联网与互联网相互作用,共同发展

人类是从对于信息积累搜索的互联网方式逐步向对信息智能判断的物联网前进,而且这样的信息智能是结合不同的信息载体进行的,如一杯牛奶的信息、一头奶牛的信息和一个人的信息的结合,而产生判断的智能。

互联网是单纯的工具,是解决物联网之间的远程信息交换的工具,所有的功能都

是物联网提供的,互联网在这里仅仅是为物联网提供连接服务。如果说互联网是把一个物质给用户,提供了多个信息源头,那么,物联网则是把多个物质和多个信息源头给用户,提供一个判断的"活信息"。互联网教用户怎么看信息,物联网教用户怎么用信息,更智慧是物联网的特点。把信息的载体扩充到"物"(包括机器、材料等),物联网的含义更为广泛。然而,不难看出,物联网带来的智能化,必需要以互联网为传输通信保障,可以说没有互联网,就没有物联网。

因此,物联网的发展与互联网的发展是并行的,相互影响的。在重视物联网发展的同时,同样不能轻视互联网的发展。加速互联网应用,培育新兴产业,积极研究发展下一代互联网(Next Generation Internet,NGI),重视移动互联网,推进互联网和传统产业有机结合,发挥出互联网在促进国民经济增长中的重要作用。

1.1.3　追溯物联网的起源与发展

1. 物联网概念的演进

微课扫一扫
物联网产业的发展现状

教学图片
物联网产业的发展现状

教学课件
物联网产业的发展现状

教学文档
物联网产业的发展现状

早在 1995 年,比尔·盖茨就在其著作《未来之路》中这样描述:"凭借你佩戴的电子饰品,房子可以识别你的身份,判断你所处的位置,并为你提供合适的服务;在同一房间里的不同人会听到不同的音乐;当有人打来电话时,整个房子里只有距离人最近的话机才会响起……"物联网从概念到实践,其具体含义也随着技术的发展,经历了长时间的演进。

1999 年,美国麻省理工学院(MIT)Auto-ID 中心的 Kevin Ashton 和他的同事首次提出 Internet of Things 的概念。他们主张将射频识别(RFID)技术和互联网结合起来,通过互联网实现产品信息在全球范围内的识别和管理,形成 Internet of Things。这是物联网发展初期提出的概念,强调物联网用来标识物品的特征。

2005 年,在突尼斯举行的信息社会世界峰会(WSIS)上,ITU 发布《ITU 互联网报告 2005:物联网》,正式提出了物联网概念,提出任何时刻、任何地点、任何物体之间的互联,无所不在的网络和无所不在计算的发展愿景,除 RFID 技术外、传感器技术、纳米技术、智能终端等技术将得到更加广泛的应用。

2009 年 1 月,IBM 首席执行官彭明盛提出"智慧地球"构想。智慧地球的核心是以一种更智慧的方法通过利用新一代信息技术来改变政府、公司和人们相互交互的方式,以便提高交互的明确性、效率、灵活性和响应速度。智慧方法具体来说包括三个方面的特征:更透彻的感知、更广泛的互联互通、更深入的智能化。此时的"物联网",不仅重视人与物的网络社会建设和信息的处理,更重要的是从深度信息化的角度出发,通过在各领域广泛利用新的信息技术来建设智慧的社会。

2009 年,无锡市率先建立了"感知中国"研究中心,中国科学院、运营商、多所大学在无锡建立了物联网研究院。同年,中国移动董事长王建宙访台期间解释了物联网概念:通过装置在各类物体上的电子标签,传感器、二维码等,经过接口与无线网络相连,从而给物体赋予智能,可以实现人与物体的沟通和对话,也可以实现物体与物体互相间的沟通和对话。这种将物体连接起来的网络被称为"物联网"。

2009 年,欧盟发布了《物联网战略研究路线图》研究报告,提出物联网是未来互联网的一个组成部分,可以被定义为基于标准的和可互操作的通信协议,且具有自配置能力的动态的全球网络基础架构。物联网中的"物"都具有标识、物理属性和实质上的个性,使用智能接口,实现与信息网络的无缝整合。

2010 年,政府工作报告中提出,物联网是指通过信息传感设备,按照约定的协议,把任何物品与互联网连接起来,进行信息交换和通信,以实现智能化识别、定位、跟踪、监控和管理的一种网络。它是在互联网基础上延伸和扩展的网络。

2. 全球物联网发展现状

（1）全球物联网应用集中在三大区域

全球物联网应用有三大热点区域,分别是欧洲、亚太地区和美国。美、欧、日、韩等少数国家物联网应用布局较早,总体实力较强,中国物联网应用发展迅速,势头强劲。

① 欧洲物联网应用发展

欧盟将信息通信技术作为促进欧盟从工业社会向知识型社会转型的主要工具,致力于提升欧盟在全球的数字竞争力。欧盟在 RFID 和物联网方面进行了大量研究应用,对 RFID 和物联网技术进行专项研发。1999 年推出了“e-Europe”全民信息社会计划。2005 年制定了未来 5 年欧盟信息通信政策框架“i2010”。2006 年成立工作组,专门进行 RFID 技术研究,并于 2008 年发布《2020 年的物联网——未来路线》。为了推动物联网的发展,欧盟电信标准化协会下的欧洲 RFID 研究项目组 CERP 的名称也变更为欧洲物联网研究项目组 IERC-IoT。2009 年通过了《欧盟物联网行动计划》。2015 年成立了横跨欧盟及产业界的物联网创新联盟（AIOTI）,通过咨询委员会和推进委员会统领新的“四横七纵”体系架构。2016 年,欧盟成立了 IoT 欧洲平台,计划在欧洲范围内推广和构建充满活力和可持续发展的 IoT 生态系统。同年,欧盟启动了物联网大规模试验（LSP）计划,以测试和促进物联网在欧洲五个特定领域内的部署:智慧生活、智慧农业和食品安全、智慧城市和社区、可穿戴设备和自动驾驶。2019 年,欧盟启动大型试点项目以解决能源、农业和医疗保健领域的数字化转型问题。2018 年,欧洲物联网设备数量达到近 18 亿,预计到 2025 年,已连接的物联网设备的数量将几乎翻一番,并增长到 34 亿。

② 美国物联网应用发展

美国是物联网技术的主导和先行国之一,较早开展了物联网及相关技术的研究与应用,在物联网基础架构、关键技术领域已有领先优势。2005 年,美国国防部将“智能微尘”（SMART DUST）列为重点研发项目。2007 年,马萨诸塞州剑桥城就着手打造全球第一个全城无线传感网。2009 年,在美国工商界领袖举行的一次会议上,IBM 首席执行官彭明盛提出了“智慧地球”概念,掀起物联网关注热潮。2009 年 9 月,美国提出《美国创新战略》,将物联网列为振兴经济、确立优势的关键战略的重要组成部分。美国在物联网的发展方面具有主导优势,EPC Global 标准在 RFID 领域已经取得国际主导地位,物联网已经开始在军事、工业、农业、环境监测、建筑、医疗、空间和海洋探索等领域投入应用。2014 年,由 GE、AT&T、Intel、Cisco、IBM 五家公司发起成立工业互联网联盟,以集合整个工业互联网的生态链,合力推动物联网产业发展。2015 年,美国推出智慧城市计划,将物联网应用试验平台的建设作为首要任务。

③ 日韩物联网应用发展

2004 年日本提出“泛在”战略并推出了“U-Japan”计划,“U”是英文 ubiquitous 的缩写,意为“无所不在”。“U-Japan”计划着力于发展泛在网及相关产业,并希望由此催生新一代信息科技革命。2009 年 8 月,日本又将"U-Japan"升级为"I-Japan"战略,提出"智慧泛在"构想,将传感网列为其国家重点战略之一,致力于构建个性化的物联网智能服务体系。日本在 T-Engine 下建立 UID 体系,已经在其国内得到较好的应用,并大力向其他国家,尤其是亚洲国家推广。韩国也十分重视信息技术产业化发展,2004 年,韩国提出了为期十年的"U-Korea"战略。在 U-IT839 计划中,确定了八项需要重点推进的业务,物联网是泛在家庭网络(U-Home)、汽车通信平台/基于位置的服务等业务的实施重点。2009 年 10 月,韩国通信委员会通过了《物联网基础设施构建基本规划》,将物联网市场确定为新增长动力,确定了构建物联网基础设施、发展物联网服务、研发物联网技术、营造物联网扩散环境等 4 大领域、12 项详细课题,并提出"通过构建世界最先进的物联网基础设施,打造未来广播通信融合领域超一流 ICT(信息通信技术)强国"的目标。

（2）我国物联网应用呈现示范牵引产业发展态势

我国高度重视物联网应用发展,相继开展多个领域示范应用工程,已经形成了示范应用牵引产业发展的态势。2011 年,国家发展和改革委员会联合相关部委,推进十个首批物联网示范工程,2012 年又批复国家物联网基础标准工作组在智能电网、海铁联运等 7 个领域开展国家物联网重大应用示范工程。2012 年,工业和信息化部《物联网"十二五"发展规划》指出,要在工业、农业、物流、家居等 9 个重点领域开展应用示范工程。住房和城乡建设部也下发《关于开展国家智慧城市试点工作的通知》,全面支持智慧城市建设。同时,各地方政府也根据当地产业状况制订了具体的物联网应用发展计划。

目前,我国物联网发展已具有规模。物联网产业链基本完善,规模能力不断壮大,技术研发成果显著,如在芯片、通信协议、网络管理、协同处理、智能计算机等领域卓有成效。形成环渤海、长三角、珠三角,以及中西部地区等四大区域集聚发展的总体产业空间格局,北京、上海、重庆、陕西、江苏、广东成为物联网发展的重点省市,并建立了重庆南岸区、无锡高新区、江西鹰潭区、杭州高新区、福州经开区等五大示范基地,重点区域物联网产业集群规模效应明显。

另一方面,我国物联网政策体系逐步完善。我国政府高度重视物联网发展,基本建立了中央整体规划、部委专项扶持和地方全面落实的物联网政策体系,政策驱动已成为我国物联网产业发展的最强动力。2009 年以来,中央和地方政府通过发布发展规划、政府报告、指导意见和行动计划等形式,密集出台物联网相关政策,涵盖了技术研发、应用推广、标准制定、产业发展各个方面。2020 年,国家发展和改革委员会明确将物联网作为新基建的重要组成部分。物联网从战略新兴产业定位下沉为新型基础设施,成为数字经济发展的基础,其重要性进一步提高。国家各部委高度重视物联网新基建发展,2020 年,工业和信息化部发布《关于深入推进移动物联网全面发展的通知》,对移动物联网的网络建设、连接规模、模组价格、终端迁移、应用发展提出了具体任务和目标要求。物联网成为加快经济结构调整步伐,提高经济发展的质量和效益,促进新业态新模式发展,增加高端供给、提振民生消费,促进内需释放的重要手段。2021 年,国务院颁布的《"十四五"数字经济发展规划》,将物联网纳入数字经济重点产业,提出"要加快数字化发展,建设数字中国",并明确指出:到 2025 年,数字经济迈向全面扩展期,数字经济核心产业增加值占 GDP 比重达到 10%。规划中提到了物联网重点发展的领域包括:推动传感器、网络切片、高精度定位等技术创新,协同发展云服务与边缘计算,培育车联网、医疗物联网、家居物联网产业,为我国"十四五"期间的物联网产业发展的重点指明了方向。

3. 物联网发展趋势

全球物联网发展进入新阶段,物联网已经渡过了萌芽和发展初期,正处于发展上升期,即将进入成熟期。不同行业及不同类型的物联网应用的普及,逐渐成熟推动物联网的发展进入万物互联的新时代,可穿戴设备、智能家电、自动驾驶汽车、智能机器人等,数以百亿计的物联网设备接入网络,物联网数据价值的发掘将进一步推动物联网应用呈现爆发性增长,促进生产生活和社会管理方式不断向智能化、精细化、网络化方向转变。

（1）物联网产业链发展趋势

物联网产业界对物联网基础设施的整合探索经历了以智能路由器、智能可穿戴设备等面向终端开发的智能硬件为代表的第一阶段和以通用物联网平台和操作系统为代表的第二阶段,然而受产业技术成熟度有待提升、行业规模应用偏少、面向不同行业的硬件兼容及规范化较弱等诸多因素影响,前两个阶段的整合探索尚未出现明显效果。随着物联网领域的应用探索和市场教育越来越充分,物联网底层的基础能力整合需求越来越急迫,以物联网网络基础设施为代表的第三阶段已经开启。物联网网络基础设施开始向跨技术融合和场景全覆盖迈进。移动网络、局域网、卫星网络、无人机等共同组建一体化的全球物联网网络基础设施,为物联网的全球化应用提供随时随地的可靠接入。

① 联盟化资源整合

产业链联盟加速资源整合。物联网产业链包括芯片供应、传感器供应、无线模组供应、网络运营、平台服务、系统及软件开发、智能硬件制造、系统集成及应用服务等环节。物联网产业链联盟的形成,可从全局角度对行业内的各种资源进行优化整合,对资源进行优化配置,促进产业链整体发展水平的提高。产业链联盟的建立可以整合产业资源,通过市场机制的作用对资源进行更优化的配置。

② 平台化服务

全栈物联网平台整合产业链资源。利用物联网平台打破垂直行业的"应用孤岛",促进大规模开环应用的发展,形成新的业态,实现服务的增值化。同时利用平台对数据的汇聚,在平台上挖掘物联网数据价值,衍生新的应用类型和应用模式。据全球移动通信协会（GSMA）最新预测显示,到 2025 年,物联网上层的平台、应用和服务带来的收入占比预计高达物联网收入的 67%,成为价值增速最快的环节。

③ 泛在化连接

广域网和短距离通信技术的不断应用推动更多的传感器设备接入网络,为物联网提供大范围、大规模的连接能力,实现物联网数据实时传输与动态处理。泛在化连接将不断增大物联网的产业价值。物联网网络接入仍以无线接入为主,且在未来一段时间内继续保持以 Wi-Fi、蓝牙和 Zigbee 等近距离无线接入方式为主要连接方式之一。随着 5G 的技术特性不断增强、应用场景不断增多,非授权频率无线接入（如 LoRa）市场稳步增长,授权的低功耗广域网(LPWAN)无线接入技术(如 NB-IoT)占蜂窝无线接入技术市场的份额逐步提升。

④ 智能化终端

物联网系统的智能化主要体现在两个方面:一是传感器等底层设备自身向着智能化的方向发展;二是通过引入物联网操作系统等软件,降低底层面向异构硬件开发的难度,支持不同设备之间的本地化协同,并实现面向多应用场景的灵活配置。据互联网数据中心(IDC)相关数据显示,未来超过 50%的数据需要在网络边缘侧分析、处理和存储。终端智能的重要性得到普遍重视,产业界正在积极探索边侧智能化能力提升。

(2) 物联网技术发展趋势

① 人工智能+物联网

人工智能(AI)+物联网(IoT)= 人工智能物联网(AIoT),也称智能物联网。AIoT的概念兴起于 2018 年,AIoT 融合 AI 技术和 IoT 技术,通过物联网产生、收集海量的数据存储于云端、边缘端,再通过大数据分析,以及更高形式的人工智能,实现万物数据化、万物智联化,实现人工智能技术与物联网在实际应用中的合理融合,从而实现效益最大化。在技术层面,人工智能使物联网获取感知与识别能力、物联网为人工智能提供训练算法的数据;在商业层面,二者共同作用于实体经济,促使产业升级体验优化。AIoT 产业目前正处于产业蓄力期朝产业增长期过渡的阶段。在消费端和政策驱动端应用市场的继续推动下,AIoT 产业仍将保持高速增长,长期来看,产业驱动应用市场潜力巨大,将是物联网技术发展的一大热门趋势。

② 区块链+物联网

区块链与物联网的融合可以有效解决物联网发展中面临的数据管理、信任、安全和隐私等问题,帮助可扩展的设备构建高效、可信、安全的分布式物联网网络,并且部署海量的数据密集型应用,同时为用户隐私提供有效的保障。区块链技术在物联网应用上将大有可为,通过区块链的哈希技术等,可以为用户提供唯一的标识,用于进入准则;利用区块链的公账功能,可以完全地记录节点的历史行为信息;基于区块链的惩罚规则,可以基于数字货币进行惩罚。区块链必须链接场景才有未来,物联网终端设备的分散化无疑为去中心化提供了最好的施展场所。

③ 物联网+数字孪生

随着物联网应用的增加,物理实体的数字化化身概念的重要性在最近几年得到了极大的关注。著名 IT 研究与顾问咨询公司高德纳(Gartner)在 2019 年 10 月发布的物联网技术成熟曲线显示,数字孪生处于过热期顶峰。数字孪生使企业能够推动数字商业模式,比如卓越的资产利用率、数据货币化的新方法。这些数字化代理预计将构建在业务专家的知识领域和从设备中采集的实时数据之上。大多数的物联网平台提供商已经开始进行某种形式的数字孪生的实施,通常会被命名为孪生、影子、设备虚拟化等。

数字孪生基于物联网传输实时数据,要实现数字孪生,必须借助传感器运行、更新的实时数据来反馈到数字系统,进而实现在虚拟空间的仿真过程。也就是说,物联网的各种感知技术是实现数字孪生的必然条件。数字孪生借助物联网实现未来预测,数字孪生可以借助物联网和大数据技术,达到指标测量甚至精准预测未来的目的。

小 知 识

技术成熟度曲线(The Hype Cycle),又称技术循环曲线、光环曲线、炒作周期,是跟踪一项技术处在何种发展历程的有力工具,如图 1.5 所示。技术成熟度曲线把一项创新从萌芽到最终的大规模应用,从线性积累到指数型发展的过程划分为 5 个阶段:最初的"萌芽期"、过热的"期望膨胀期"、泡沫化的"幻想破灭期"、稳步攀升的"复苏期"、规模化应用的"成熟期"。技术成熟度曲线由 Gartner 公司每年发布,物联网技术在 2011 年首次被列入新兴技术成熟度曲线,2012—2016 年连续 5 年被十大战略技术发展趋势提及,并且从 2012 年开始设立了专门的物联网技术成熟度曲线,对物联网相关技术发展情况进行分析。物联网技术发展迅速,从 2011 年萌芽期到 2013 年进入过热膨胀期,2014 到达膨胀期顶峰。热浪过后,在 2017—2019 年,技术局限和缺点暴露、资金链断裂,出现负面报道,导致人们的兴趣逐渐减弱,一些噱头项目和企业倒下,使物联网进入幻想破灭期。但物联网的骨干队伍始终在稳健前行,伴随初期投入失败趋于理性,成功并能存活的经营模式逐渐改进并成长;此外,国家政策驱动下政府、企业、消费者的物联网应用需求日益增长;5G 技术、芯片技术等物联网关键技术研发取得阶段性进步。在以上因素合力驱动下,我国物联网技术应用正迈过谷底,准备进入到稳健发展阶段。

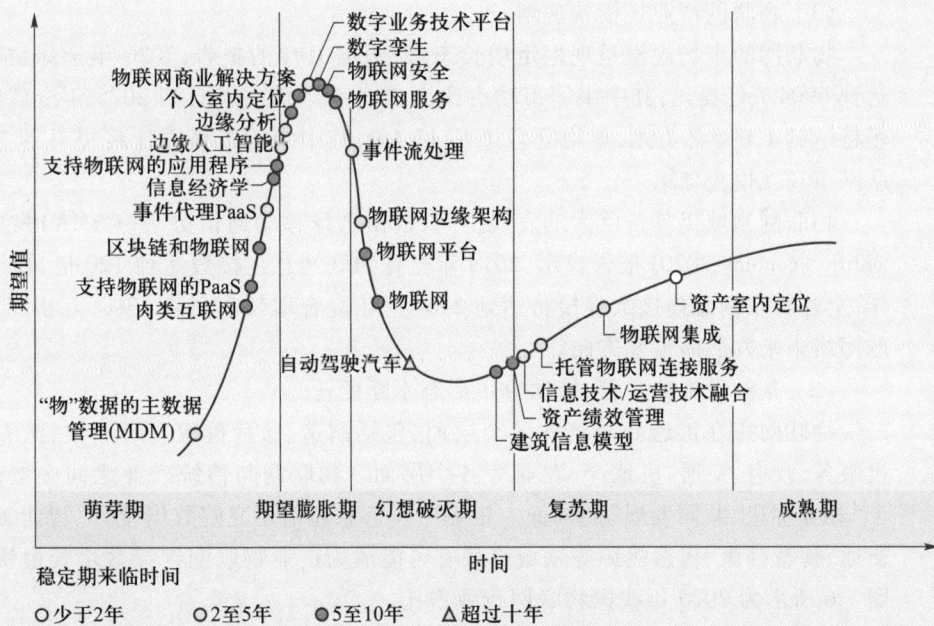

图 1.5 物联网技术成熟度曲线

数字孪生(Digital Twin)也被称为数字映射、数字镜像,是指充分利用物理模型、传感器、运行历史等数据,集成多学科、多尺度的仿真过程。它作为虚拟空间中对实体产品的镜像,反映了相对应物理实体产品的全生命周期过程。简单来说,数字孪生就是在一个设备或系统的基础上,创造一个数字版的"克隆体",实现对实体对象的动态仿真。比如,为一个计划建设的工厂厂房及生产线创建数字化模型,在模型虚拟空间中对工厂进行仿真和模拟,并将真实参数传给实际的工厂建设;而工厂厂房和产线建成后,在日常的运维中二者继续进行信息交互。数字孪生起源于工业制造领域,数字孪生和 5G、智慧城市也有着非常密切的关系。

技术进步和产业的逐步成熟推动物联网发展进入新阶段:一是产业成熟度提升带来物联网部署成本不断下降。二是联网技术不断突破。联网技术是物联网产业兴起的重要条件,在全球范围内LPWAN技术快速兴起并逐步商用,面向物联网广覆盖、低时延场景的5G技术标准化进程加速,同时工业以太网、LTE-V、短距离通信技术等相关通信技术也取得显著进展。三是数据处理技术与能力有明显提升。随着大数据整体技术体系的基本形成,信息提取、知识表现、机器学习等人工智能研究方法和应用技术发展迅速。大数据技术在物联网中的应用能够有效释放物联网数据的潜在价值。四是产业生态构建所需的关键能力加速成熟。云计算的成熟、开源软件等有效降低了企业构建生态链的门槛,推动全球范围内水平化物联网平台的兴起和物联网操作系统的进步。

1.1.4　物联网发展的机遇与挑战

经济环境、社会环境和市场环境等有利因素使得物联网产业正在经历不可多得的发展机遇。同时,行业规模化、统一技术标准及有效商业模式缺乏等问题又使得物联网产业发展面临严峻的挑战。

1. 物联网发展的机遇

（1）物联网产业规模快速增长

物联网的市场规模呈现稳定增长态势,根据IDC的报告,2020年全球物联网支出达到6904.7亿美元,其中中国市场占比为23.6%。IDC预测,到2025年全球物联网市场将达到1.1万亿美元,年均复合增长11.4%,其中中国市场占比将提升到25.9%,物联网市场规模全球第一。

物联网领域仍具备巨大的发展空间,根据全球移动通信协会（GSMA）发布的《The mobile economy 2020》报告显示,2019年全球物联网总连接数达到120亿,预计到2025年,全球物联网总连接数规模将达到246亿、年复合增长率高达13%,万物互联成为全球网络未来发展的重要方向。

（2）基础设施的完善,推动应用形态不断变迁

物联网正在渗透到经济的各个层面,包括制造、医疗健康、保险、银行、零售、计算机服务、政府、交通、房地产、农业等各个层面。物联网与传统产业之间必然会构建一个"相互促进、共同发展"的局面。根据中国信息通信研究院数据统计,智能工业、智能交通、智慧健康、智慧能源等领域将最有可能成为产业物联网连接数增长最快的领域。图1.6所示为2020年我国物联网行业占比。

（3）物联网产业生态融合系统正在构建

近年来,全球知名的软硬件科技厂商纷纷着手聚合产业合作伙伴,构建企业级生态圈,以此作为出发点,向场景智能过渡。例如,小米公司把20家以上的物联网公司纳入米家军,构建小米智能生态区;谷歌公司并购提供家庭智能温控品牌Nest;苹果公司也买下耳机与音乐串流服务品牌Beats;三星公司收购智能家居初创公司SmartThings;诺基亚公司收购Withings,进一步加强公司在物联网行业的领先地位;微软公司收购意大利物联网平台Solair,用于加强微软的物联网和企业云服务;软银集团斥资243亿英镑收购ARM公司打造物联网龙头;等等。

在平台型企业聚拢产业资源过程中,使物联网从连接碎片化向"企业级生态"的小

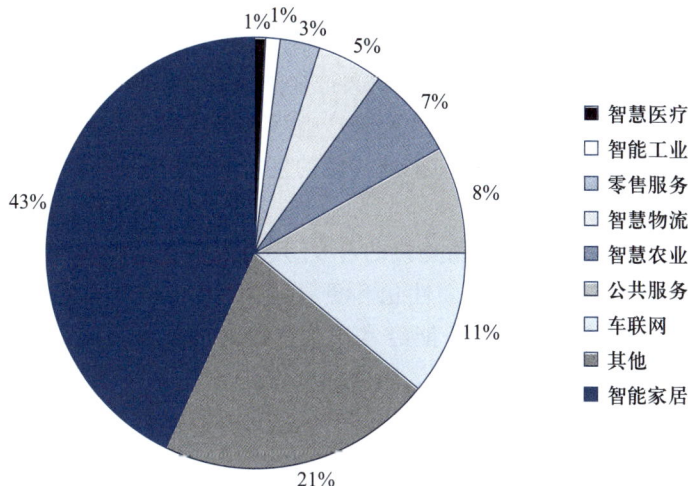

图 1.6　2020 年我国物联网行业占比

规模聚拢发挥了非常重要的作用。但是想要打造真正的全产品智能,这需要实现跨系统、跨行业互联互通,需要打破生态圈的范围,由"企业级生态"向"产业级生态"升级。亚马逊、谷歌、苹果公司牵头发起 CHIP 联盟,中国 24 位两院院士联合 65 家头部企业发起 OLA 联盟,这些都是物联网已经在从"企业级生态"发展为"产业级生态"融合的体现。

（4）"共享、服务"为标签的新商业、新模式创造更多的价值

物联网产业丰富繁荣,需要借助商业化运营的推动,建立共赢、良性循环的产业链条,所以应该从服务社会的商业运营角度出发,确定物联网的总体架构和技术实施路线。只有通过商业运营,进一步明确各自的产业定位,才能构建有序和良性的竞争和合作环境,从而带动产业的进一步创新,避免仅停留在"试验和示范"的层面,快速实现成果的商业转化。

价值创造是任何商业模式的核心要素,包括为增加公司产品、服务的价值和提升客户购买意愿而采取的行动。但是在一个物联网的时代,产品生产不再是一蹴而就的过程。通过线上更新,产品的新特性与新功能可以定期地被推送到消费者的产品上。对使用中产品的追踪能力使得及时响应客户需求成为可能。当然,现在物品间可以互联,则能够通过更有效的预测、流程优化及客户服务体验等方面提供新的分析及服务。以消费者设备共享使用为代表的新商业模式将会大大降低设备拥有者的成本。与此同时,产品服务包也将是消费者设备共享模式的关键要素之一。目前还没有一个成熟完善的物联网通用商业模式,这成为商业投资和营销的巨大动机,当然也可能会成为泡沫。这种商业模式必须满足电子商务的所有要求——垂直市场、横向市场和消费级市场;需满足消费者共享设备的成本要求,降低成本使得用户拥有更加体验。未来将会看见智能市场加入新的类别。一个关键点就是捆绑服务,包括服务和产品。例如,小米的智能音箱产品——小爱同学,如果没有语音识别、流媒体音乐服务,那它就是一款普通的无线扬声器而已。

（5）国家政策大力支持带来的产业发展机遇

物联网产业的发展离不开政府的支持和相关行业监管部门的引导。目前,包括我

国在内的世界各国已先后制订了多个物联网产业发展相关的计划,如美国的"智慧地球"计划、欧盟的"物联网——欧洲行动计划"、日本的"U-Japan"计划和韩国的"U-Korea"计划等。我国也将物联网从战略性新兴产业纳入新型基础设施建设及数字经济十四五建设规划,从国家到地方给予了物联网产业发展极大的关注和支持。在国家相关政策的大力推动下,物联网行业将迎来新一轮的发展机遇。

2. 物联网面临的挑战

物联网正在通过对互联网网络连接的普及,用更好的连通性和至关重要的功能性改变着人们的生活。它将越来越个性化和更具预测性,将物质世界和虚拟世界相融合,从而创造出一种高度个性化,并能经常产生前瞻性的连接体验。带来新的便利和奇迹的同时,物联网也可能会带来新的问题和顾虑,一些是技术方面的,另一些是社会或环境方面的。到目前为止,除了众所周知的一些关键技术挑战(包括传感器技术、传输技术、处理技术以及服务提供技术等),在其他方面,一些新的问题也已经开始显现。

(1)安全挑战

整个系统的安全性是制约物联网被广泛采用的最大障碍之一。近年来,物联网安全事件频发,智能家居、摄像头乃至电网等重要基础设施遭受攻击,影响扩大化,导致企业生产和社会运行瘫痪,带来巨大经济损失,物联网安全面临难题。此外,由于物联网涵盖的领域包括电网、交通、医疗、油气管道、供水等民生和国家战略领域,甚至包括军事领域的信息与控制,因此,物联网安全对国家安全问题也提出了挑战。物联网安全标准体系尚未发布,安全标准的场景针对性不足,产业链各环节安全防护意识不统一,安全防护体系不完善,没有形成物联网安全产业合力,目前仍呈现分散状态。物联网产业链涉及环节众多,安全建设需要多方共同合作推进。

2018 年前,各国物联网安全策略均以自愿性、政策文件等方式推进,2018 年之后主流国家策略发生重大改变,国家对物联网安全监管力度更具强制性。美国通过《物联网网络安全改进法案》,要求政采物联网设备必须遵守安全性建议,对向政府提供物联网设备的承包商和经销商采用漏洞披露政策。日本从 2019 年起在全国开展"面向物联网清洁环境的国家行动",在不通知设备所有者的情况下强制测试全国物联网终端设备的安全性。英国发布《消费类物联网设备行为安全准则》13 条,推进安全认证,提出物联网产品和服务零售商应仅销售具有安全认证标签的消费型物联网产品,其后又将 13 条中的 3 条纳入立法。

(2)隐私泄露

物联网蕴含着大量的终端用户使用信息,终端海量异构,安全能力普遍较弱,一旦被破坏、控制或攻击,不仅影响应用服务的安全稳定,导致隐私数据泄露、生命财产安全受损,更会危害网络关键基础设施,威胁国家安全。但随着《中华人民共和国个人信息保护法》于 2021 年 11 月 1 日起正式生效,智能设备的隐私泄露问题将会逐步得到解决。

(3)需要开放标准

标准化是物联网发展面临的最大挑战之一。物联网包括许多使用自有规范的不同设备,在现阶段,由于各个物联网系统相互独立运行,并没有带来太多的不便。但是进一步的发展势必需要智能设备能够彼此通信。虽然已有部分产业联盟,如 OLA 等着手智能家居等行业标准的制定,但是通用标准和协议落后于智能技术的发展。目前,物联网相关的标准较为杂乱,由于物联网覆盖从感知到处理、传输以及服务提供等诸多技术领域,即使是同一技术领域,多个标准化组织会制定各自的标准规范,这些标准涉及的技术范围常常互有重叠,难以融合和统一。

（4）能源需求

物联网是新型基础设施的重要组成部分。工信部、中央网信办等八部门日前联合印发《物联网新型基础设施建设三年行动计划（2021—2023 年）》,提出开展创新能力提升、产业生态培育、融合应用创新、支撑体系优化等四大行动,到 2023 年底,在国内主要城市初步建成物联网新型基础设施,物联网连接数突破 20 亿。大量物联网终端连接入网,能源需求也会随之增加,2020 年,支撑互联网的数据中心的用电规模为 700~800 亿度电,全国数据中心占比国民全社会用电量约为 1%,而物联网需要的耗电量可能更大。即便有了经过改进的电池,以及太阳能、风能等绿色能源,仅仅满足需求还是会很困难。然而,加上能源浪费和污染物等问题,为物联网供电将在今后十年成为一个重大的社会问题。

上述这些挑战未必很全面。随着人们将来发现智能设备现在预料不到的用途,可能也会出现我们今天预料不到的挑战。然而,过去的几十年出现了从个人计算机到手机的各种技术带来的巨大革命。如果人们能从之前的革命中看到的挑战加以推断,至少能够缓解物联网构成的那些挑战。

1.2　了解物联网典型行业应用

1.2.1　物联网商业模式分类

物联网面临十分广阔的商业机遇,其用途广泛,覆盖智能交通、环境保护、政府工作、公共安全、平安家居、智能消防、工业监测、个人健康等多个领域,使人类能够以更加精细的方式管理生产和生活,达到"智慧"状态,从而节约成本,提高资源利用率和生产力水平,改善人与自然的关系。尽管如此,物联网在规模商用上也面临着巨大的机遇与严峻挑战。

根据商业模式中参与各方之间的主次从属关系以及客户价值创造主体的不同,可以将目前以及未来可能存在的物联网商业模式分为以下 8 种类型。

① 运营商主导型:电信运营商占据主导地位,无论业务的开发、推广,还是平台的建设与维护等,均以运营商为主力。

② 系统集成商主导型:由系统集成商租用运营商的网络,通过整体方案连带通道一起向用户提供业务;从运营商的角度来讲,即是运营商经过系统集成商间接向客户提供网络连接服务。这是目前使用较多的商业模式。

③ 软硬件集成商主导型:在这种模式中,实力强大的软硬件集成商,通过将自身硬件制造或软件开发领域的优势整合,如创造应用软件开发平台、与运营商和软件开发商合作等举措,形成一个综合个体主导生态系统,从而发掘甚至创造出新的盈利点,带动整个物联网产业的发展。该模式主要来源于苹果公司的"iPhone"商业模式,苹果公司通过与运营商合作,在分得运营商相关收入 30% 以上的同时,还通过智能终端系统（iOS）、应用程序店（App Store）,成功促使广大的应用开发者为系统开发各种类型、各

种价位的应用。

④ 软件内容集成商主导型:该类商业模式源于谷歌公司的"Android"商业模式,与软硬件集成商主导型模式类似的是,该类商业模式需要集成商和运营商合作开发相应的软件和应用平台,同时还需要大量的应用开发者以及广告商的参与。与"软硬件集成商主导型"相比,其系统的核心是软件内容集成商,硬件制造商是主要的合作类型,同时集成商在内容上拥有更多的资源与更大的主导权,广告效应更为集中。

⑤ 政府主导型:此类商业模式一般由政府等公共事业部门搭建公共平台,客户租用或者购买平台以及相关的软硬件产品,并支付相关通信费用。在这类模式下,车辆定位、视频监控是使用得最多的应用,其中也可能由通信运营商搭建相关公共平台。

⑥ 用户主导型:在这类模式下,客户承担了物联网平台的全部费用和整个服务体系的搭建。在该类商业模式中,用户是唯一的核心,其他系统个体起辅助作用,一般说来,此类行业当中用户相对强势。

⑦ 合作运营型:该类模式是指产业链中两个或两个以上的参与方通力合作,设备提供商、运营商、系统集成商、软件开发商等从各自的利益出发组成某种产业联盟,在各方平等互利的前提下共同开发和推广物联网业务。

⑧ 云聚合型:云聚合是一种建立在云计算基础上,以用户服务为中心,根据已有的运营平台和业务能力,针对目标市场整合内外部资源,形成用户、商家、其他市场参与者共同创造价值的网络商业模式。其主要特点是,在一定的安全机制下,形成信息的全面自由流通,通过大量快速的信息传送来实现价值的高速增值。

整体上来看,物联网的商业模式有从单一中心向多中心发展,由单一主体创造价值为主向多样化主体共同创造价值转变的趋势。随着物联网相关技术和应用的发展,新的技术和应用不断涌现,设备商、服务商、集成商等的实力不断提升,物联网业务的复杂程度大大提高,物联网迎来了运营商、设备商、服务商、集成商为主体的多元中心的新时代。

讨　论

查询谷歌、三星、阿里、百度等国际国内巨头对物联网产业的态度等网络资料,分析并讨论:
(1) 物联网面临哪些机遇和挑战?
(2) 物联网商业模式会带来哪些产业变革?

1.2.2　物联网行业应用领域概述

虽然物联网走进大众的视野仅 10 余年,但是其前身传感器网络已经有几十年的发展历史,只不过在当今网络以及各种应用技术发展相对成熟后,物联网才威力尽显,开始大展拳脚。随着"新基建"的部署加快,物联网成为全面构筑经济社会数字化转型的关键基础设施,物联网产业规模持续扩大,应用范围不断提升。如图 1.7 所示,目前,智能工业、智慧农业、智慧物流、智能交通、智能环保、智慧医疗、智慧安防、智能家居、智能电网是其主要应用领域。随着产业需求不断释放,新技术和集成应用将催生新业态。物联网的应用尽管涵盖了多个领域与行业,但是应用模式上并没有实质性的区别,都是借助先进的物联网技术、通信技术、信息处理等多种技术,使物体具有智慧,从

微课扫一扫
物联网典型的行业应用领域

教学图片
物联网典型的行业应用领域

而实现对信息流的优化,达到了便利生产、方便生活的目标。

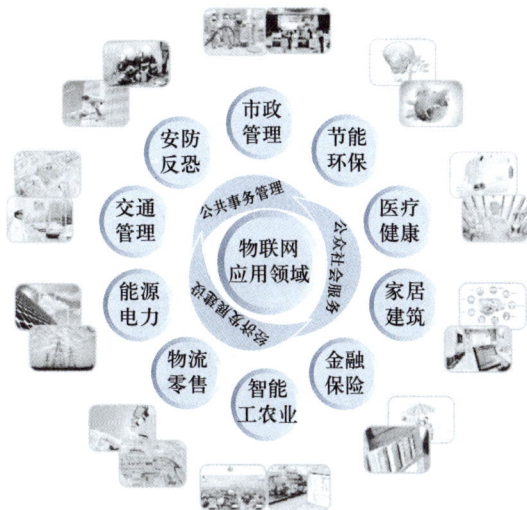

图 1.7　物联网主要行业应用领域

在农业方面,物联网的应用最为广泛。在智慧大棚中,将农业生产中关键的温度、湿度、二氧化碳含量、土壤温度、土壤含水率等数据实时采集,让从事农业生产者实时掌握这些信息,并实现对蔬菜大棚环境的控制。

在智能交通方面,ETC(电子不停车收费系统)通过安装在车辆挡风玻璃上的电子标签与在 ETC 车道上的设备通信,实现自动计费、扣费、放行等功能,从而达到车辆通过路桥收费站不需要停车就能缴纳路桥费的目的。

在智能电网领域,远程抄表系统实现了实时可靠地进行三表(电表、水表、燃气表)数据远程抄收,不仅免去了人工抄表统计带来的种种困难,而且用户能实时查询数据,有助于节能环保。

1.2.3　智慧城市行业应用

智慧城市最早可追溯到 2008 年 11 月 6 日,IBM 总裁兼首席执行官彭明盛在纽约市外交关系委员会发表演讲《智慧地球:下一代的领导议程》,首次提出"智慧地球"的概念。2010 年,我国就开始了智慧城市的探索。国家发展和改革委员会在《关于促进智慧城市健康发展的指导意见》中对智慧城市进行了定义:智慧城市是运用物联网、云计算、大数据、空间地理信息集成等新一代信息技术,促进城市规划、建设、管理和服务智慧化的新理念和新模式。

智慧城市作为数字经济发展重要领域及新型基础设施的主要阵地,近年来不断受到各级政府重视,全国各大中型城市都相继制定了"智慧城市"发展规划。智慧的城市充分借助物联网、大数据等新兴技术,实现智能楼宇、智能家居、路网监控、智能医院、城市生命线管理、食品药品管理、票证管理、家庭护理、个人健康与数字生活等,是全面提升城市运行管理效率、经济发展质量和市民生活水平的重要手段。

2020 年 3 月,中共中央政治局常务委员会召开会议提出,要加快 5G 网络、数据中心等新型基础设施建设进度。新基建需要场景驱动和价值驱动,智慧城市是其最大的应用场景集合。智慧城市建设是新基建必不可少的一部分,智慧城市要得到高质量的发展,离不开新基建的完善。智慧城市中新基建的核心是将人工智能、大数据、5G 等相关技术的基础设施与交通、金融、环保等具体应用领域进行连接,推动各产业的数字化发展。这有利于构建城市级数据中心,发挥人工智能效能,打破数据孤岛,促进智慧城市万物互联。我国智慧城市建设在经过概念普及、政策推动、试点示范之后,已经进入爆发式增长阶段,智慧城市相关试点已超过 700 个,近 9 成的地级及以上城市提及智慧城市建设。新型智慧城市建设内涵如图 1.8 所示。

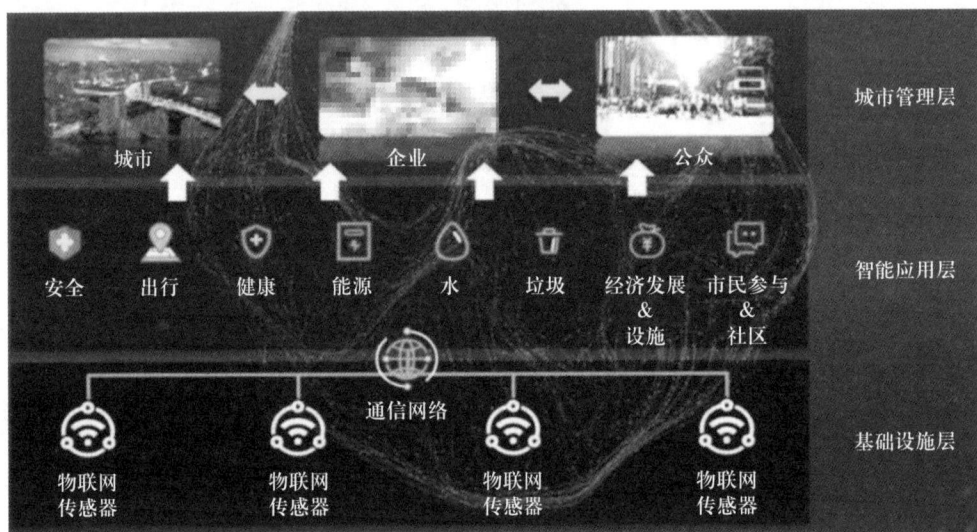

图 1.8   新型智慧城市建设内涵

1.2.4   智能工业行业应用

智能工业是将物联网技术、通信技术、信息处理等多种技术不断融入工业生产的各个环节,大幅提高制造效率,改善产品质量,降低产品成本和资源消耗,将传统工业提升到智能化的新阶段。总的来说,智能工业的实现是基于物联网技术的渗透和应用,并与未来先进制造技术相结合,形成新的智能化的制造体系。智能工业行业应用如图 1.9 所示。

其典型特征包括:

(1)互联

智能工业的核心是连接,要把设备、生产线、工厂、供应商、产品、客户紧密地连接在一起,使得产品与生产设备之间、不同的生产设备之间以及数字世界和物理世界之间能够互联,使得机器、工作部件、系统以及人类通过网络持续地保持数字信息的交流。

(2)大数据

对产品、设备、研发、工业链、运营、销售、消费者等实时数据的精准分析,是智能工业的基石。

(3)创新

智能工业的实施过程就是制造业创新发展的过程,制造技术、产品、模式、业态、组

微课扫一扫
智能工业的发展现状

教学图片
智能工业的发展现状

教学课件
智能工业的发展现状

教学文档
智能工业的发展现状

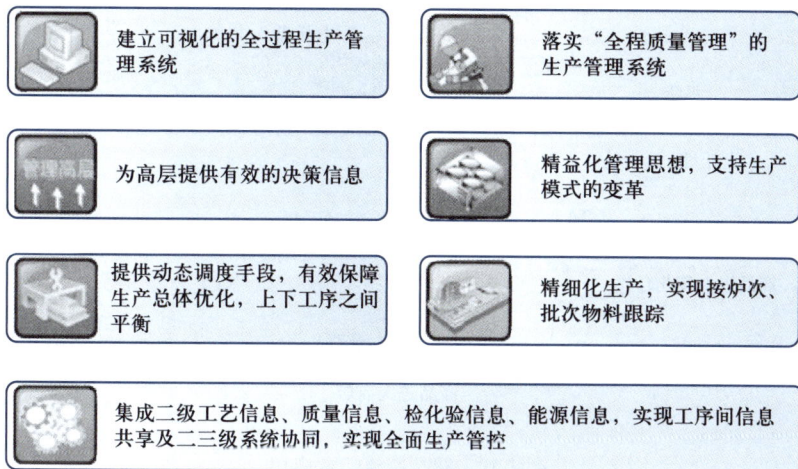

建立可视化的全过程生产管理系统	落实"全程质量管理"的生产管理系统
为高层提供有效的决策信息	精益化管理思想，支持生产模式的变革
提供动态调度手段，有效保障生产总体优化，上下工序之间平衡	精细化生产，实现按炉次、批次物料跟踪

集成二级工艺信息、质量信息、检化验信息、能源信息，实现工序间信息共享及二三级系统协同，实现全面生产管控

图 1.9   智能工业行业应用

织等方面的创新将会层出不穷。

（4）转型

在智能工业时代，物联网和服务联网将渗透到工业的各个环节，形成高度灵活、个性化、智能化的产品与服务的生产模式，推动生产方式向个性化定制、服务型制造、创新驱动转变。

目前，智能工业能实现的主要功能包括：制造业供应链管理、生产过程工艺优化、产品设备监控管理、环保监测及能源管理、工业安全生产管理等。如，格力电器携手华为、广东联通开展了"5G+工业互联网"5G 专网改造项目，建成并测试成功了国内首个基于 MEC 边缘云+智能制造领域 5GSA 切片的专网，应用最新 5G 技术对空调行业全流程跨地域协同制造所需网络进行 5G 网络化改造，打通内部生产与物流各个环节。目前，中国已成为世界的制造中心，在发展的同时，我国制造业面临前所未有的挑战，受到高端制造业向发达国家回流，低端制造业向低成本国家转移的双重挤压，因此，学习和借鉴"工业 4.0"的理念，建设智能工厂，发展中国工业版 4.0，具有十分重要的现实意义，它是推动中国制造业转型升级的一剂良方。而要实现该目标，精益生产是基石，工业机器人是最佳助手，工业标准化是必要条件，软件和工业大数据是关键大脑。工业 4.0 这条路才刚刚开始，但给了我们大概的方向，未来企业会变成数据的企业、创新的企业、集成的企业、不断快速变化的企业。对于整个制造业来说，这是一个巨大的颠覆，称之为工业革命，是毫不为过的。

1.2.5   智慧物流行业应用

智慧物流就是智能化的物流系统，是指利用先进的物联网技术，通过信息处理和网络通信技术平台广泛应用于物流业中的运输、仓储、配送等环节，实现整个物流供应链的自动化与智能化，从而提高物流行业的服务水平，降低成本，减少自然资源和社会资源消耗的创新服务模式。智能物流行业应用如图 1.10 所示。

智慧物流系统主要包括自动化仓储系统、自动搬运系统、自动分拣系统等。相比传统物流方式，智慧物流系统能够满足货物品种多、数量大、效率高、与自动化生产线

微课扫一扫
智慧物流的发展
现状

教学图片
智慧物流的发展
现状

教学课件
智慧物流的发展
现状

教学文档
智慧物流的发展
现状

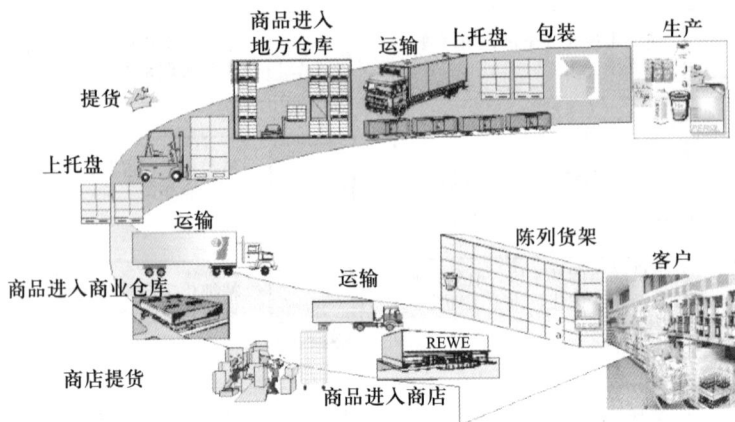

图 1.10　智慧物流行业应用

对接、可用于危险环境等多种需求。信息化、自动化、网络化、集成化和智能化是智慧物流的典型特征。

（1）信息化

智慧物流运用现代信息技术，对物流过程中产生的仓储、运输、加工、包装和装卸等信息进行采集、分类、传递、汇总、识别、跟踪、查询等一系列处理活动，以实现对货物流动过程的控制，从而降低成本、提高效率。信息化是智慧物流的灵魂，是智慧物流发展的必然要求和基石。

（2）自动化

物流自动化是指物流作业过程的设备和设施自动化。如自动识别、自动检测、自动分拣、自动存取、自动跟踪等。

（3）网络化

网络的应用使物流信息能够以低廉的成本即时传递，通过完善的物流信息管理系统即时安排物流过程，实现物流行业的升级和物流的现代化。

（4）集成化

对物流系统的功能、资源、信息、网络要素及流动要素等进行统一规划、管理和评价，达到整体运作、整体优化的目的。

（5）智能化

智能化是自动化、信息化的一种高层次应用，通过智慧物流园区、智能化仓储管理系统、配送网络和分拨调配系统等提升物流企业信息管理和技术应用能力。

2020 年全国社会物流总额 300 万亿元，中国已成为世界最大的物流市场。《国家物流枢纽布局和建设规划》提出，到 2025 年，要"推动全社会物流总费用与 GDP 比率下降至 12%左右"。在目前面临土地成本提高和人口红利逐渐消失的情况下，智慧物流系统的性价比优势逐步显现。目前国内智慧物流行业发展迅猛，包括政策环境持续改善、物流物联网逐步形成、物流大数据得到应用、物流云服务强化保障、协同共享助推模式创新。在细分物流技术领域中，目前国内智慧物流的技术发展主要集中在仓储智能化、自动驾驶、物流信息化、分拣技术、无人叉车等领域，物流技术正朝着精细化的方向发展。

1.2.6　智慧医疗行业应用

2008 年底,IBM 首次提出"智慧医院"概念,设想把物联网技术充分应用到医疗领域,建立以病人为中心的医疗信息管理和服务体系,旨在提升医疗护理效率、降低医疗开销和提升健康水平。目前,智慧医院的概念已经拓展到医疗信息互联、共享协作、临床创新、诊断科学等领域。智慧医疗是基于物联网、移动通信、互联网、云计算、大数据、人工智能等先进的信息通信技术,建立电子病历为核心的医疗信息化系统平台,将患者、医护人员、医疗设备和医疗机构等连接起来,通过丰富的智慧医疗应用、智慧医疗器械、智慧医疗平台等,实现在诊断、治疗、康复、支付、卫生管理等各环节的高度信息化、自动化、移动化和智能化,为人们提供高质量的医疗服务。

国内一些大型医疗机构的移动医疗服务平台初具规模。以华西医院、华西附二院为代表的龙头医疗机构,针对 5G 远程医疗、互联网医疗、应急救援、医疗监管、健康管理、VR 病房探视等方面展开 5G 智慧医疗探索与应用创新研究。一方面提升医疗供给,实现患者和医疗的信息连接,最大程度提高医疗资源效率,便利就医流程;另一方面医疗数据的价值被进一步挖掘,产生新的移动医疗应用服务。未来医疗向信息化、个性化、移动化方向发展,受益于 5G 技术 Gbps 级别的速率、5~30 ms 级别的低时延以及整合移动性与大数据分析的平台能力等,让每个人都享受及时便利的智慧医疗服务,满足人们对未来医疗的新需求。例如,远程医疗、远程急救、远程门诊、智慧手术室、智慧病房、智慧导诊等。

智慧医疗行业应用如图 1.11 所示。

微课扫一扫
智慧医疗的发展现状

教学图片
智慧医疗的发展现状

教学课件
智慧医疗的发展现状

教学文档
智慧医疗的发展现状

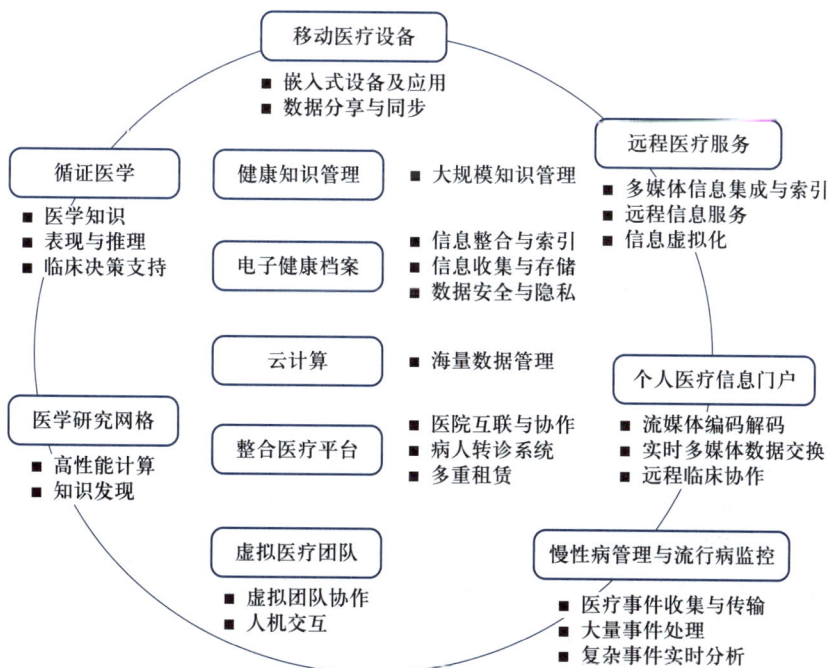

图 1.11　智慧医疗行业应用

1.3   认识物联网的系统结构

企业界有一个说法:三流公司做产品,二流公司做品牌,一流公司做标准。标准是对于任何一项技术发展到"适当"阶段的统一规范,如果没有一个统一的标准,就会使整个产业混乱、市场混乱,必将严重制约技术乃至行业的规模化发展。

1.3.1   物联网技术标准现状

1. 标准的概念及作用

我国国家标准化组织从技术意义上对标准的定义是:"为了在一定的范围内获得最佳秩序,经协商一致制定并由公认机构批准,共同使用的和重复使用的一种规范性文件。"从定义中不难看出,标准的本质就是统一,是对重复性事物和概念的统一规定,以获得最佳秩序和最佳社会效益为目的。它涉及工农业、工程建设、交通运输、对外贸易和文化教育等多个领域,包括质量、安全、卫生、环境保护、包装储运等多种类型。因为标准的统一作用,其对人们的日常生活、国民经济与社会发展有着深远的影响。

① 标准是个人生活健康、安全的保障。如吃符合卫生标准要求的食品,健康才有保障;住符合相关标准要求的房子,住着才踏实;乘符合相关标准的交通工具,坐着才放心……标准与我们的生活息息相关。

② 标准是企业进入市场、参与国内外贸易竞争的通行证。标准是衡量企业产品质量好坏的准绳,并且企业生产、管理等的标准化也是提高产品竞争力的有力保障。而企业要占领该领域发展的制高点,更要制定标准,即让其他企业按你制定的游戏规则(标准)来做,这也是众多先进企业竞相制定国家、行业、地方标准的根本原因。

③ 标准是各行各业实现管理现代化的捷径。依据这些管理标准建立的现代企业管理体系,无疑会达到事半功倍的效果。ISO 9000、ISO 14000 的认证潮就证明了这一点。

④ 标准是国民经济持续稳定协调发展的保证。政府通过标准控制食品的市场准入;法律法规中,标准更起着技术规则或管理规则的重要作用。

当今世界,标准竞争已成为继产品竞争、品牌竞争之后,又一种层次更深、水平更高、影响更大的竞争形式。在物联网的新一代信息技术浪潮中,标准的竞争将更加白热化。一个企业,乃至一个国家,要在激烈的国际竞争中立于不败之地,必须首先深刻认识标准的重要意义,并加紧完善以技术标准为依托的自主创新体系,才能在激烈的竞争中胜出。

2. 物联网技术标准现状

众所周知,物联网将实现任何物品之间的互联互通,这首先牵涉到一个"语言标准"的问题。例如,下班回家时,你用美国产的智能手机打开中国产的智能锁,同时,中国重庆产智能音响开始自动播放音乐,让你心情放松……这些物品要能相互沟通,最好让它们"说"统一的"语言"。这些问题就需要物联网技术标准来解决。那目前国内外物联网的技术标准到底发展如何?能否真正实现任何物品的互联互通呢?

从 2009 年至今,各标准化组织先后开展了大量的物联网相关标准制定工作,物联网标准也成为国内外标准化组织的工作热点。但是由于物联网的技术体系庞杂,物联网的标准化工作分散在多个不同标准化组织中,主要包括美国电气和电子工程师协会

（IEEE）、国际标准化组织（ISO）及国际电工委员会（IEC）、欧洲电信标准化协会（ETSI）、国际电信联盟（ITU-T）等。各标准化组织在标准制定方面各有侧重，其中：ISO 主要针对物联网、传感网的体系结构及安全等进行研究；ITU-T 与 ETSI 专注于泛在网总体技术研究，但二者侧重的角度不同，ITU-T 从泛在网的角度出发，而 ETSI 则是以 M2M 的角度对总体架构开展研究；IEEE 针对设备底层通信协议开展研究。我国成立了国家物联网基础标准工作组和多个物联网应用标准工作组，积极开展标准制定工作。我国在物联网标准的制定上已领先于其他国家，尤其是针对物联网共性基础能力和应用专业能力的标准规范逐步完善，国际影响力不断增强。华为等中国通信企业主推的 Polar 码在 5G 核心标准上获得认可，中国 5G 标准必要专利数全球居首。

大体上，物联网标准体系可划分为六个大类，分别为基础类、感知类、网络传输类、服务支撑类、业务应用类、共性技术类。

（1）物联网基础类标准亟待统一

一般基础类标准包括体系结构和参考模型标准、术语和需求分析标准等，它们是物联网标准体系的顶层设计和指导性文件，负责对物联网通用系统体系结构、技术参考模型、数据体系结构设计等重要基础性技术进行规范。出于对统一社会各界对物联网认识、为物联网标准化工作提供战略依据的需要，该部分标准的制定和推广亟需加快进程。

在物联网的总体架构方面，ITU 提出了泛在网（USN/UN）的概念，并成立了 SG20 工作组专门从事物联网标准工作，ETSI 对 M2M 体系架构进行分析，ISO/IEC 对物联网、传感网相关的术语和架构进行了研究。不同的标准组织针对不同的概念和对象进行了研究，从不同的角度规范了物联网术语和框架。

小　知　识

泛在网的概念来自于日韩提出的 U 战略，即广泛存在的、无所不在的网络。泛在网络以"无所不在""无所不包""无所不能"为基本特征，其目的在任何时间、任何地点，实现任何人、任何物品之间的顺畅通信。泛在网也被称为"网络的网络"，是面向泛在应用的各种异构网络的集合。

（2）物联网感知类标准亟需突破

感知类标准是物联网标准工作的重点和难点，它是物联网的基础和特有的一类标准，感知类标准要面对各类被感知的对象，涉及信息技术之外的多种技术，由于复杂性、多样性、边缘性、多领域性造成的难度是很突出的，其核心标准亟需突破。感知技术是物联网产业发展的核心，目前感知类标准呈现小、杂、散的特征，严重制约物联网产业化和规模化发展。感知类标准主要包括传感器、多媒体、条码、射频识别、生物特征识别等技术标准，涉及信息技术之外的物理、化学专业，涉及广泛的非电技术。当前主要相关的标准组织包括 ISO、IEC、EPC Global、IEEE、WGSN 和电子标签工作组等。

（3）物联网网络传输类标准相对完善

物联网网络传输类标准包括接入技术和网络技术两大类标准，接入技术包括短距离无线接入、广域无线接入、工业总线等，网络技术包括互联网、移动通信网等组网和路由技术。网络传输类标准相对比较成熟和完善，在物联网发展的早期阶段基本能够满足应用需求。为了适应在特定场景下的物联网需求,国内外主要标准组织展开了针对物联网应用的新型接入技术和优化的网络技术研究,并取得了一定的成果。

（4）物联网服务支撑类标准尚待探索

物联网服务支撑类标准包括数据服务、支撑平台、运维管理、资源交换标准。数据服务标准是指数据接入、数据存储、数据融合、数据处理、服务管理等标准。支撑平台标准是指设备管理、用户管理、配置管理、计费管理等标准。运维管理标准是指物联网系统的运行监控、故障诊断和优化管理等标准,也涉及系统相关的技术、安全等合规性管理标准。资源交换标准是指物联网系统与外部系统信息共享与交换方面的标准。目前海量存储、云计算、大数据、机器学习、SOA（面向服务的架构）等技术标准可为物联网应用支撑提供帮助,但针对物联网应用的支撑标准需求分析及现有标准评估工作尚处于探索阶段。现有标准组织针对数据接入、设备管理、运行监控方面有相关研究,但缺乏对于系统合规性以及其他方面的管理研究。在我国,为了推动物联网信息资源共享和交换,物联网资源交换标准已经开始研究制订。

（5）物联网业务应用类标准亟待整合

物联网业务应用标准具有鲜明的行业属性,需要按照行业配置、推进。由于物联网涉及的行业众多、行业发展不平衡,行业应用标准紧缺,导致物联网建设不能满足最终应用要求,这也是直接制约物联网发展的主要因素。标准缺失导致物联网面临竖井式应用、重复建设问题。发展物联网业务应用标准采取从国情出发,兼顾国际适用的方针。国家也非常重视物联网业务应用标准的建设,已经在公安、医疗、环保、农业、林业、交通等行业开展先行的标准建设试点,有望取得显著的突破。

（6）物联网共性技术类标准尚需完善

物联网编码标识技术是物联网最基础的关键技术,由编码（代码）、数据载体、数据协议、信息系统、网络解析、发现服务、应用等共同构成了完整技术体系。物联网编码标识面临着编码标识不统一、方案不兼容、无法实现跨行业、跨平台、规模化的物联网应用等问题,已成为当前的焦点和热点,部分国家和国际组织都在尝试提出一种适合于物联网应用的编码。

物联网是基于现有网络进行数据通信的,因此决定了它的安全问题既同现有网络安全密切联系,又具有一定的特殊性。除了传统的安全问题,针对物联网特殊的安全需求,不同的安全组织已经开展了相关工作。但总体来说还处在探索阶段,各个标准组织主要从各自领域进行安全标准研究,缺乏针对物联网系统安全的技术标准分析研究。

随着终端开发便捷性需求和信息互通需求的加剧,模型研究成为新热点。信息模型将为打破不同设备、软硬件平台、操作系统、网络环境之间的信息孤岛提供解决方案。物模型是信息模型的一种,是开放平台对具体型号的终端的数字化抽象,对终端的状态、终端的档案信息、终端的功能服务进行统一描述,基于物模型可实现不同厂家终端在平台的无障碍接入。目前主流物联网开放平台已经开始支持物模型功能。国际标准化组织 Zigbee Alliance、Bluetooth、OCF、oneM2M、OMA、W3C 等均在打造组织内部的物模型。为尽快打造融合物模型,形成统一模型描述,ODM 联合国际巨头企业正在推进相关工作,目前已发布第一版标准。国内标准化方面,中国通信标准化协会正在积极推进信息模型和物模型的标准化工作,中国信通院、中国电信、中国移动、华为、腾讯等国内行业知名企业正在联合推进统一物模型和信息模型的标准化,探讨将各企业物模型统一为多方互认的物模型框架,助力构建融合物模型生态。在产业实践方面,中国电信、中国移动、阿里等知名企业已构建自身体系的物模型生态及应用,目前主要在智能家居、智慧城市、智慧园区等展开应用。

讨 论

查询网络资料,分析讨论:为什么华为等国内通信企业要抢先在5G标准发力?

1.3.2 物联网层级系统结构

物联网在各行各业广泛应用,形成了各种各样的智慧应用,改变着人们的生活方式。那到底物联网是如何实现这些智慧应用的呢? 实际上物联网解决的就是一个系统论问题。物联网让物体具有智慧,实质是要使整个物理世界构成了一个有机的整体,即形成一个巨大的系统,系统内每个要素能协调有序发展,以更有利于人们的生活。因此,我们对物联网的学习,应首先从物联网体系结构开始,分析系统的结构和功能,并重点关注系统的信息如何获取、加工、处理、传输和控制;然后再了解物联网应用背后的支撑技术,那么我们应用物联网就会更加自如。

小 知 识

美籍奥地利生物学家贝塔朗菲是系统论的创始人。系统论的基本思想方法,就是把所研究和处理的对象当作一个系统,分析系统的结构和功能,研究系统、要素、环境三者的相互关系和变动的规律性,并利用这些特点和规律去控制、管理、改造或创造一个系统,使它的存在与发展合乎人的目的的需要。

目前,国际、国内普遍采用三层或者四层层级体系结构对物联网系统进行描述。物联网三层体系结构从下到上依次是感知层、网络层和应用层,这也体现出了物联网的三个基本特征,即全面感知、可靠传输和智能处理,如图1.12所示。

1. 物联网三层体系结构

（1）感知层:全面感知 无处不在

感知层是物联网三层结构中的基础层,主要完成对物体的识别和对数据的采集。在信息系统发展早期,大多数的物体识别或数据采集都是采用手工录入方式,这种方式不仅数据量和劳动量十分庞大,错误率也非常高。自动识别技术的出现,在全球范围内得到迅速的发展,它解决了手动键盘输入带来的出错问题,相继出现了条码识别技术、光学字符识别技术、卡识别技术、生物识别技术和射频识别技术。以超市里推广使用的条码识别技术为例,店员通过扫描仪扫一下就能准确了解物品是什么。结合传感技术发展,我们不仅知道物品是什么,还能知道它处在什么环境下,如温度、湿度等。如今,大量科学家们研究将自动识别技术与传感技术相结合,让物体具备自主发言能力,通过识别设备,物体就会自动告诉我们:它是什么、在哪里、温度是多少、湿度是多少、压力是多少等一系列数据。

微课扫一扫
蔬菜大棚环境监控系统的结构

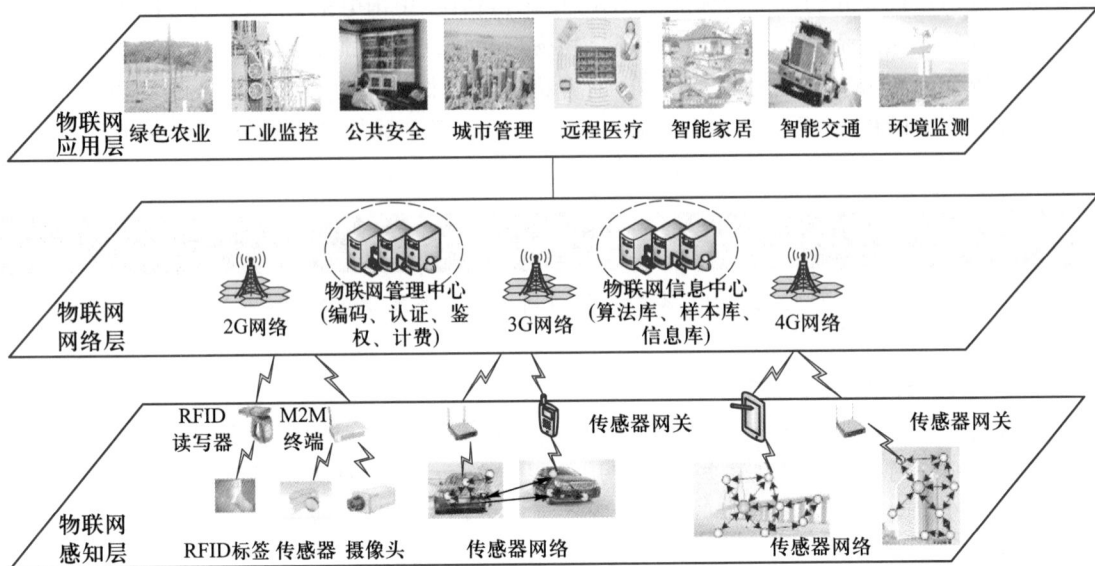

图 1.12 物联网三层体系结构

（2）网络层：智慧连接 无所不容

网络层利用各种接入及传输设备将感知到的信息进行传送。这些信息可以在现有的电网、有线电视网、互联网、移动通信网及其他专用网中传送。因此，这些已建成及在建的通信网络即是物联网的网络层。网络层涉及不同网络传输协议的互通、自组织通信等多种网络技术，此外还涉及资源和存储管理技术。现阶段的网络层技术基本能够满足物联网数据传输的需要，未来要针对物联网新的需求进行网络层技术优化。

（3）应用层：广泛应用 无所不能

应用层就好比是人的大脑，它将收集的信息进行处理，并做出"反应"。应用层通过处理感知数据，为用户提供丰富的服务。应用层可以进一步划分为物联网应用支撑子层和物联网应用子层。其中，物联网应用支撑子层技术包括支撑跨行业、跨应用、跨系统之间的信息协同、共享、互通，包括基于 SOA 的中间件技术、信息开发平台技术、云计算平台技术和服务支撑技术等。物联网应用子层包括智能交通、智慧医疗、智能家居、智慧物流、智能电力和工业控制等行业应用中的模型与算法。由于应用层与实际的行业需求相结合，这就要求物联网与很多行业专业技术相融合。

2. 物联网四层体系结构

随着物联网产业的发展，社会分工使得物联网平台层的出现，物联网层级结构由三层体系结构过渡到四层体系结构（如图 1.13 所示），将三层体系结构中的应用层细分为平台层和应用层，即感知层、网络层、平台层、应用层。

平台层在整个物联网体系结构中起着承上启下的关键作用，它不仅实现了底层终端设备的"管、控、营"一体化，为上层提供应用开发和统一接口，构建了设备和业务的端到端通道；同时，还提供了业务融合以及数据价值孵化的土壤，为提升产业整体价值奠定了基础。

从历史形成成因来看，平台层是由于社会分工分行形成的产物。有平台层的存

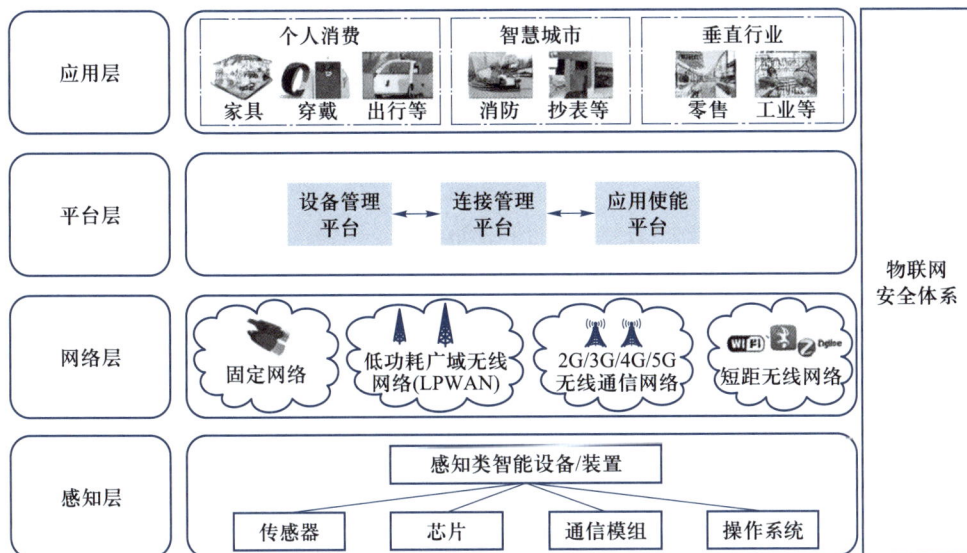

图 1.13　物联网四层体系结构

在,企业可以专注于构建自己的应用或者组建自己的产品网络,而无须关注与如何让设备联网。四层体系结构已经逐步成为实际应用中事实上的物联网体系模型。

3. 物联网三层结构案例——智能家居

在智能家居系统中,感知层主要实现各种家居对象的信息采集或控制;网络层主要实现家居对象间信息的传输;应用层主要提供各类智能家居应用服务。

如图 1.14 所示,智能家居系统感知层由控制设备和终端设备组成。其中控制设备涉及家庭环境感知设备、家庭电器设备、多媒体设备、安防报警设备、家庭医疗设备等。终端设备是各类家庭控制设备的控制与管理平台,如平板电脑、手机等。基于这些设备,智能家居系统感知层通过各种传感器技术、嵌入式技术、自动识别技术等实现对家居对象,包括人们所生活的家庭环境、设备和人本身信息的采集和获取,从而实现智能家居的全面感知。

微课扫一扫
智能家居系统的结构

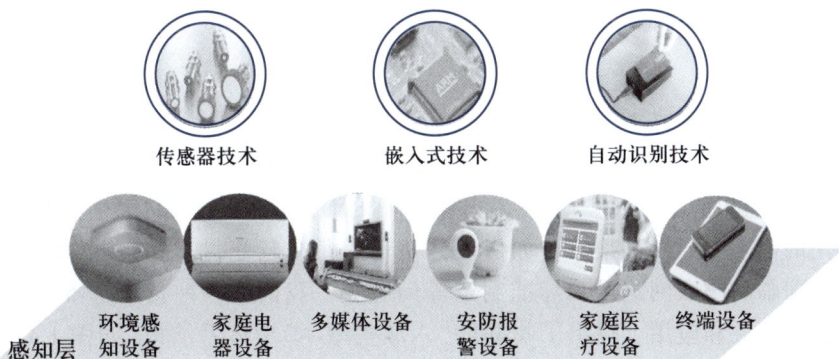

图 1.14　智能家居系统感知层示意图

如图 1.15 所示,智能家居系统网络层通过路由器、交换机、串口服务器、基站等网络设备将感知层采集的各种数据传输到应用层。由于感知层感知设备和控制设备的多样性,智能家居系统通过各种网络接入技术实现信息传输,包括 4G、5G 等移动通信网络,Wi-Fi、ZigBee 等无线局域网络或互联网等,从而实现智能家居对象间的智慧连接。

图 1.15   智能家居系统网络层示意图

如图 1.16 所示,在智能家居系统中,应用层将从网络层获得的各种数据,在高性能计算平台、海量存储以及管理系统等设施的支撑下,进行综合分析,并根据需求提供各类具体的智能家居服务,如家电控制、智能电网、智慧医疗、多媒体娱乐、家庭安防等,从而实现智能家居广泛应用。

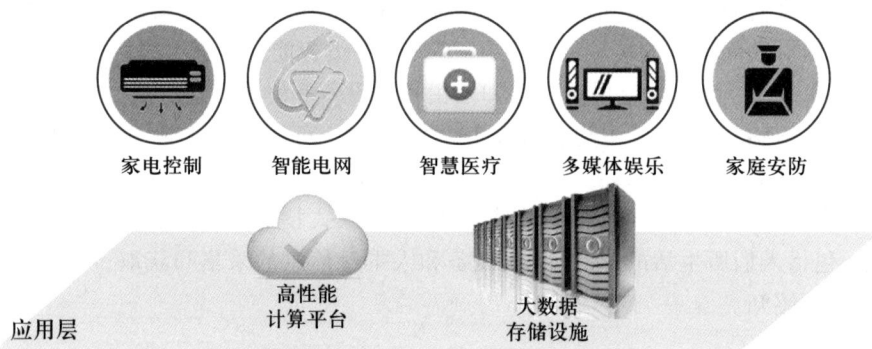

图 1.16   智能家居系统应用层示意图

1.3.3   物联网"六域模型"

物联网层次体系结构是让大众认识物联网最简单的方式。但随着物联网的迅速发展,物联网应用的范围日益广泛,对各个行业的渗透性和影响深远,但是具体到每个行业应用的需求差异性又很大。如何更好地切入每个行业,抓住其核心,有效解决每个行业所面临的物联网建设和标准制定等问题呢?我国物联网技术标准工作组着重从物联网的业务和应用上提出了物联网"六域模型"参考体系结构(如图 1.17 所示),对物联网的架构进行了更具体、全面的剖析。"六域模型"具体包括:物联网用户域、目标对象域、感知控制域、服务提供域、运维管控域及资源交换域。

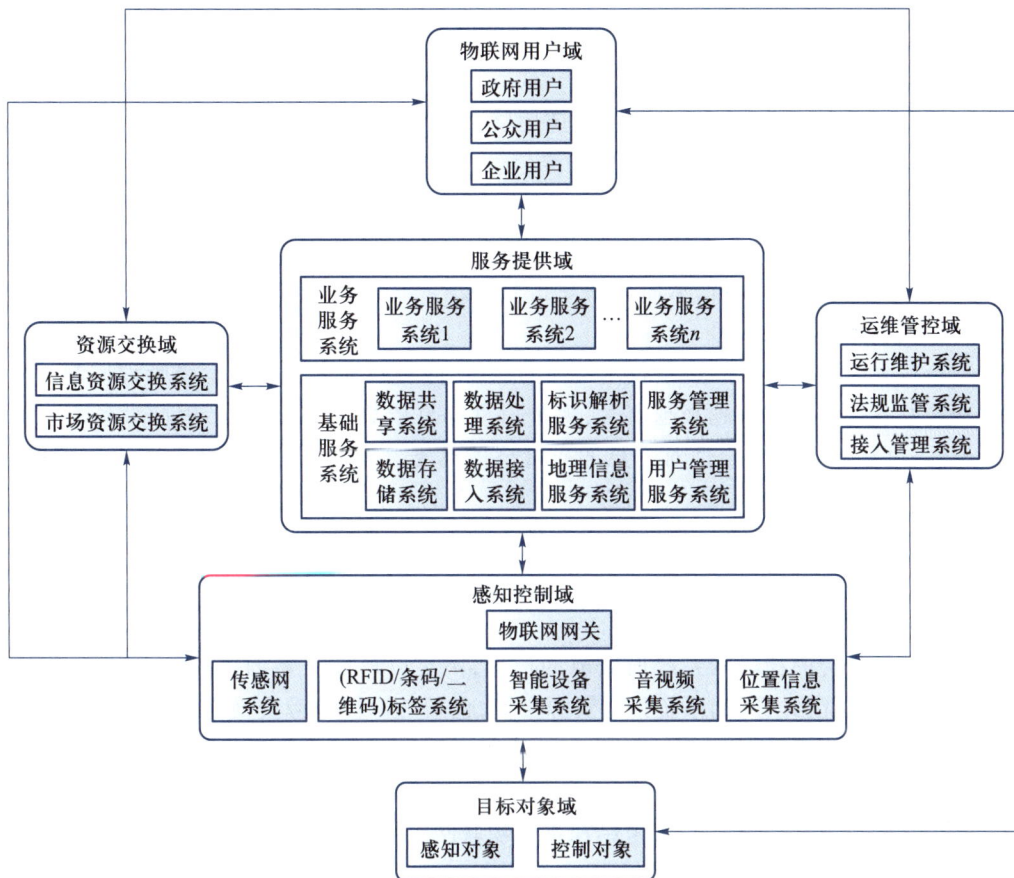

图 1.17 物联网"六域模型"参考体系结构

（1）物联网用户域

设计物联网系统之前，需要明白相关的用户是谁，用户的需求是什么。物联网不是纯技术问题，其源头应该是用户需求探析。用户在生产过程中发现其对物理世界信息了解不够，而这些信息需求就是物联网系统设计的方向。因此，物联网第一个域就是通过定义用户域来厘清用户针对的物理世界的感知和控制两个大类的需求是什么。

（2）目标对象域

通过第一个域定义了用户需求，该需求便一定是作用于某个物理对象以及所需的信息参数。该物理对象并非指感知的设备，而是物理世界的实体对象。传感器、射频识别等设备只是手段，帮助人们将物理对象接入网络系统。

（3）感知控制域

根据所需对象信息，明确需要用什么样的设备与物理对象绑定以及实现设备系统间的协调，以获得数据。该域类似层级结构中的感知层，但该域完整地定义了前端实际场景中获得对象信息的感知控制系统，不仅包含了三层结构中感知层的"设备"，而且包含了网络层的相关"设备"。例如，要获得排污口的信息，需要明确用什么样的传感器,布置在排污口的什么位置,这些设备该怎样协同工作,以及是否需要其他设备合作等。

（4）服务提供域

服务提供域对应了三层结构中的应用层,但更着重于专业信息的处理。大量的设备和物理对象绑定后会源源不断地上传信息,这些信息存在异构性、差异性和非标准化。如何将这些信息进行分析、处理、存储,以实现最重要的专家系统分析与服务集成。例如,现在使用较为广泛的穿戴设备所获取的大量身体运行信息,需要一个专家平台对这些数据进行分析,从而提供专业服务。

（5）运维管控域

该域分为两个层次。一是技术层面的运行,即对系统运营商的运维管理控制。物联网涉及各行各业体系越来越庞大,大量信息都是依靠设备来获取,因此设备系统的准确性、可靠性以及安全性对信息的质量至关重要。因此,当大量设备广泛运用时,需要技术层面的安全保障。二是法律法规层面的管控。物联网作用于实体对象,存在大量法律条文对实体对象的管理和约束,因此物联网的管理将面临新法规的新管理。

（6）资源交换域

各部门自身的物联网系统所获取的信息,不足以形成完整的服务信息。因此,需要物联网相关部门之间的系统信息资源交换,包括外部性资源交换与物联网六个域的商业主体的关联逻辑,从而联合形成高效服务。

目前,在环保、医疗、纺织、消防、农业、能源、食品安全、家居等行业的应用领域,均已逐步开始采用"六域模型"参考结构进行物联网应用系统的顶层设计,并取得了较好的效果。当然,这一架构还会在应用实践中不断地丰富和完善,各行业和产业链基于这一统一的顶层架构,也有了融会贯通和协作分工的基础。

图 1.18 所示为基于"六域模型"的医疗健康物联网参考体系结构。

"六域模型"着重从物联网的业务和应用上分析物联网的架构。它将层级结构中的感知层向前延伸,定义了用户域,从而将需求纳入了物联网范畴,厘清了用户所针对的物理世界的感知和控制两个大类的需求。同时,"六域模型"增加了运维管控域和资源交换域,弥补了层级架构的覆盖不全面问题。随着物联网的大规模应用,依托于无人操作来管理设备获得对象信息,而这些设备的有效性直接决定了所获得信息和服务的有效性。因此,独立界定整个物联网的运维管控域成为必要,既从技术层面保证系统的稳定性,又从法律法规层面监管物联网的运行。而对于物联网将来形成的服务,仅靠前端设备所获得的信息和提供的服务不一定能满足用户的要求,要结合原有的系统,如第三方金融支付工具,形成资源交换域,才能真正构成物联网的生态系统。

基于物联网"六域模型",能更加清晰地了解和判断一个物联网应用生态体系的所有参与者及协作分工关系,让产业链和企业能有效地参与到物联网的大浪中,以促进物联网产业的发展。

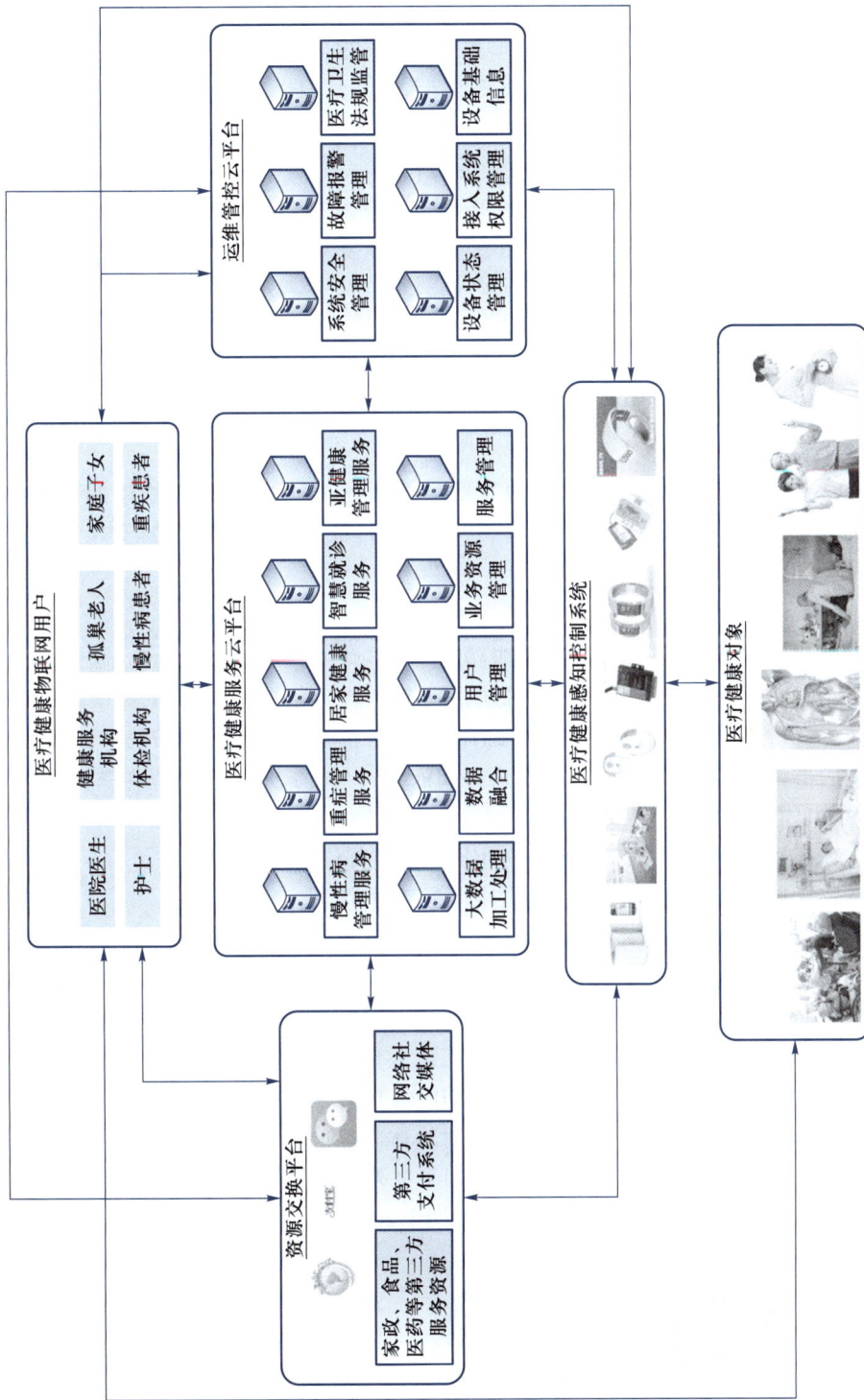

图 1.18 基于"六域模型"的医疗健康物联网参考体系结构

小 知 识

"六域模型"架构是全球首部物联网架构国际标准(ISO/IEC 30141),由中国物联网基础标准工作组提出,2013年9月,在国际标准化组织正式立项。标准之争异常激烈,掌握标准即掌握了市场的主动权。5年间,中国团队经历立项、组织更换、主编更换、标准拆分和合并等波折,以及十多次投票,顶住美、英、日等国家联合发起的一次次挑战,于2018年7月以84.2%的高赞成率通过国际标准化组织最后一轮投票,成为全球物联网发展指针。

ISO/IEC 30141的"六域模型"将改变我国此前由于物联网标准不统一导致跨界融合创新受限、产业发展相对缓慢的问题,为物联网在各行业的大规模应用落地,以及相关产业发展带来重大契机。中国物联网"标准"引领世界,掌握物联网架构标准的主导权,将改变互联网时代"受制于人"的困境,对国家战略安全的重要性不言而喻。

微课扫一扫
智慧农业系统的
关键技术

1.4　初识物联网关键技术

物联网是新一代信息技术的重要组成部分,实现了物体与物体的互联、物体和人的互联,具备全面感知、可靠传输、智能处理特征。物联网功能的实现需要通过感知、网络和应用方面的多种技术融合。

1.4.1　感知层:感知与识别技术

物联网的感知层相当于人类眼睛、鼻子、耳朵、嘴巴、四肢的延伸,融合了视觉、听觉、嗅觉、触觉等器官的功能。目前,物联网感知事物信息的"五官",主要是靠感知层的四大技术,即射频识别技术(RFID)、传感器技术、定位技术和激光扫描技术。而"五官"感知到的事物信息,要能传入"大脑",还必须依靠嵌入式系统、物联网操作系统等技术。

1. 射频识别技术

在感知层的四大感知技术中,RFID居于首位,是物联网的核心技术之一。它由电子标签和读写器组成,如图1.19所示。读写器自动读取标签中的信息,完成自动采集工作。

2. 传感器技术

如果说RFID是物联网的"眼睛",那么传感器就好比是物联网的"皮肤"。利用RFID实现对物体的标识,而利用传感器则可以实现对物体状态的

图1.19　射频识别系统

把握。具体来说,传感器就是能够感知采集外界信息,如温度、湿度、照度等,并将其传送给物联网的"大脑"。常见传感器如图1.20所示。

图1.20　常见传感器

3. 激光扫描技术

除了 RFID 及传感器以外,激光扫描技术也很常见。目前应用最广泛的是条码技术,分为一维条形码和二维条形码,分别如图 1.21 和图 1.22 所示。

图 1.21　一维条形码　　　　　　图 1.22　二维条形码

4. 嵌入式系统技术

物联网是物物相连的网络。那么,在物联网的世界里,物体如何接入网络呢?人类通过计算机或者其他与互联网相接的设备进入互联网。同样,物体接入网络也需要一个能联网的终端,而这个终端就是我们所说的嵌入式系统,如图 1.23 所示。在物联网中,嵌入式系统是传感器等感知设备接入网络的"中介",也是直接控制物理对象的"触发器",因此嵌入式系统技术在物联网搭建的智能化舞台中扮演着重要的角色,是物联网关键技术之一。嵌入式系统是一种"完全嵌入受控器件内部,为特定应用而设计的专用计算机系统"。所有带有数字接口的设备,如手表、微波炉、录像机、汽车等,都应用嵌入式系统。

嵌入式系统的应用非常广泛,生活时时处处都能接触到嵌入式产品,从手机、平板电脑、家用洗衣机、电冰箱,到作为交通工具的汽车,到办公室里的远程会议系统等。嵌入式产品已经在很多领域得到广泛应用,如国防、工业控制、通信、办公自动化和消费电子领域等。

图 1.23　嵌入式系统

1.4.2　网络层:通信与网络技术

物联网的网络层建立在现有的通信网络、互联网、广电网基础上,将感知层采集的信息通过各种接入设备与网络相连,实现物体信息的传输。从信息传输方式上看,可以分为有线通信技术和无线通信技术。

1. 有线通信技术

有线通信技术是指利用有线介质传输信号的技术。有线通信网络的物理特性和相继推出的有线技术,不仅使数据传输速率得到进一步提高,而且使其信息传输过程更加安全可靠。有线通信技术可分为短距离的现场总线(包括电力线载波机等技术)和中长距离的广域网络(包括 PSTN、ADSL 和 HFC 数字电视 Cable 等)两大类。

2. 无线通信技术

无线通信技术是指利用无线电磁介质传输信号的技术。无线网络是计算机技术与无线通信技术相结合的产物,它提供了使用无线多址信道的一种有效方法来支持计算机之间的通信,为通信的移动化、个性化和多媒体化应用提供了潜在的手段。常用的无线网络技术有 Wi-Fi、蓝牙等无线局域网络技术和 4G、5G 等移动通信网络;以及近几年来新出现的一些无线通信技术,例如,NB-IoT、LoRa 等技术。

1.4.3　平台层:设备管理与数据分析技术

平台层可为设备提供安全可靠的连接通信能力,向下连接海量设备,支撑数据上报至云端,向上提供云端 API,服务端通过调用云端 API 将指令下发至设备端,实现远程控制。物联网平台主要包含设备接入、设备管理、安全管理、消息通信、监控运维以及数据应用等,主要包括连接管理平台(CMP)、设备管理平台(DMP)、应用使能平台(AEP)和业务分析平台(BAP)。CMP 应用于运营商网络上,通过连接物联网卡,可以实现对物联网连接管理、网络资源用量管理、资费管理、账单管理以及服务托管等。DMP 对物联网终端进行远程监控、配置调整、软件升级、故障排查以及生命周期管理等。AEP 是能为客户提供完整、具有动态扩展、按需服务以及高可用性的物联网应用的,并能够快速开发部署物联网应用的云平台。BAP 包括基础大数据服务和机器学习两大功能。大数据服务是指对数据采集、分析、处理,并实现可视化的过程。而机器学习是将数据进行训练,形成具有预测性功能的业务分析逻辑。

平台层用于支撑跨行业、跨应用、跨系统之间的信息协同、共享、互通,其主要是基于软件的各种数据处理技术,实现以数据为中心的物联网开发核心技术,包括数据汇聚、存储、查询、分析、挖掘、理解以及基于感知数据决策和行为。数据汇聚将实时、非实时物联网业务数据汇总后存放到数据库中,方便后续数据挖掘、专家分析、决策支持和智能处理。例如,中移物联网有限公司在 2014 年 11 月发布了物联网开放平台——OneNET。该平台是基于物联网技术和产业特点打造的开放平台和生态环境,为各种跨平台物联网应用、行业解决方案提供简便的云端接入、海量存储、计算和大数据可视化服务,从而降低物联网企业和个人(创客)的研发和运维成本,使物联网企业和个人(创客)更加专注于应用,共建以 OneNET 设备云为中心的物联网生态环境。

1.4.4　应用层:数据应用技术

应用层是物联网与行业专业技术的深度融合,与行业需求结合,实现广泛智能化。应用层是物联网的最终目的,利用经过处理的感知数据,为用户提供丰富的特定服务,以实现智能化的识别、定位、跟踪、监控和管理。这些智能化的应用涵盖了智慧物流、智慧安防、可穿戴产品、智慧建筑、智能交通、智能家居、智能制造、智慧农业等各个领域。

1.5　认识物联网工程

1.5.1　物联网工程简介

1. 物联网工程的概念

随着物联网技术不断走向应用,对各种物联网技术进行综合集成与创新研究及应用成为必然。物联网工程是指运用系统工程的方法,将物联网技术综合应用到生活中的过程的总称。通过这一应用,使自然界的物质和能源的特性能够通过各种结构、机器、产品、系统和过程,以最短的时间和精而少的人力做出高效、可靠且对人类有用的东西。作为交叉性极强的一门学科,物联网工程具有强大的技术吸收能力,其主要职

微课扫一扫
物联网工程的总
体简介

教学图片
物联网工程的总
体简介

教学课件
物联网工程的总
体简介

教学文档
物联网工程的总
体简介

能包括研究、开发、设计、施工、生产、操作、管理等。

世界上最早的物联网工程是 1990 年美国施乐公司的网络可乐贩售机工程;直到 1999 年后,欧美才掀起了物联网工程建设的热潮;我国在 2003 年开启各类物联网工程建设;随着社会的不断发展,物联网工程将会深入更多的行业与领域中去。目前,物联网工程主要涉足工业、交通、医疗、农业、建筑等领域,也就是常有所闻的智能工业、智能交通、智慧医疗、智慧农业、智慧建筑,以及智能环保、智能电网、智慧物流等。相信在不久的将来,物联网工程涉足的领域将会更多更广。

2. 物联网工程的参与方

由于物联网工程是一个复杂的系统工程,一般包括建设单位、设计单位、设备商、施工单位和监理单位共五个参与方。

① 建设单位是指给工程投资的单位,一般对该工程拥有产权,也就是常说的甲方。建设单位可以是政府机关、企业,也可以是个人。

② 设计单位是指根据建设单位提出的要求并结合相关标准、规范完成工程的咨询、设计的单位,简单地说是替建设单位出技术方案、把关的单位。

③ 设备商是指研发、生产、维护物联网设备的企业。

④ 施工单位是指根据设计完成工程施工的单位。

⑤ 监理单位是对工程实施过程进行监督的单位,代理建设单位行使部分职责。

3. 物联网工程的建设流程

工程项目建设流程就是把建设过程分为若干个阶段,这些步骤有严格的先后次序,不能任意颠倒。

首先,建设单位将工程的咨询、设计任务委托给设计单位,设计单位根据相关要求完成工程的咨询、设计。其中,咨询主要回答项目是否有必要建设,是否可以建设和如何进行建设的问题,为建设单位决策提供依据;而设计则主要是详细说明项目如何建设,包括指导设备安装、线路敷设等,并提供设计文件和图纸。

然后,建设单位根据前期研究结论立项,并组织招标,预先约定工程的技术、质量和工期要求;中标企业与建设单位依法签订合同,在规定时间内,设备商提供相应设备,施工单位按设计进行施工。监理单位代表建设单位对施工过程中的工程质量、进度、资金使用进行管理控制。

最后,施工企业完成施工承包合同工程量后,由建设单位或监理单位组织工程验收。

图 1.24 所示为物联网工程的参与各方及流程。

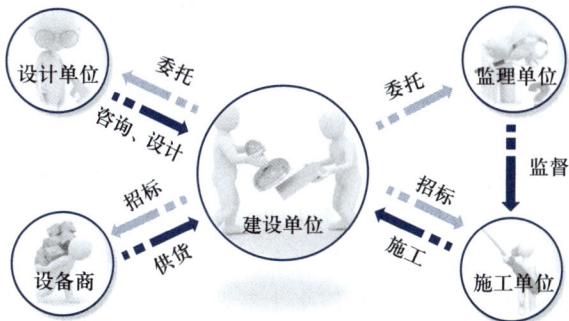

图 1.24　物联网工程的参与各方及流程

1.5.2 工程项目的生命周期

1. 工程设计

在工程建设的过程中,建设单位委托有资质的专业设计单位进行物联网工程设计,是关乎工程质量的第一个环节。

所谓工程设计是指根据物联网建设工程及法律法规的相关要求,对建设工程所需的技术、经济、资源、环境等条件进行综合分析、论证,并编制建设工程设计文件的整个活动过程。

工程设计的职责包括工程勘察、咨询、设计。其中,工程勘察是指根据建设工程和法律法规的要求,查明、分析、评价建设场地的地质地理环境特征和岩土工程条件,编制建设工程勘察文件的活动;包括工程测量,岩土工程勘察、设计、治理、监测,水文地质勘察,环境地质勘察等工作。工程咨询是指运用工程技术、科学技术、经济管理、法律法规等方面的知识,为工程建设项目决策和管理提供的咨询活动;包括前期立项阶段咨询、勘察设计阶段咨询、施工阶段咨询、投产或交付使用后的评价等工作。工程设计是指对工程项目的建设提供有技术依据的设计文件和图纸的整个活动过程。

对于物联网工程的设计,并不是每个企业或个人都能做的,需具备一定的资质才能从事工程的设计。同样,设计人员也应具备相应的设计技能,例如,能勘察、画图、做预算;熟悉相关设计流程及规范;熟悉常用设备参数,并能进行设备组网、安装等。

2. 工程施工

工程施工是指工程项目通过立项、招标、设计等一系列的工作程序后,施工单位根据设计要求对建设工程进行新建、扩建、改建的活动。

具体来说,物联网工程施工所涵盖的工作内容主要有:熟悉和审查施工图纸;编制施工方案;按照招标采购流程采购工程所需设备和辅助材料,并按时进场;施工费用的核算;现场施工调试及配合验收等。

现如今,各类工程层出不穷,可分为房屋建筑工程、冶炼工程、水利水电工程、农林工程、铁路工程、公路工程、港口与航道工程、航天工程、市政公用工程、通信工程、机械电子安装工程等。其中,物联网工程属于这些工程所需建设的信息化类工程,其施工与其他工程的施工相比,具有以下特点:

① 施工技术复杂:物联网工程的施工通常需要根据工程实际情况进行多专业配合作用,多单位交叉配合施工,所用的物资和设备种类繁多。因此,对施工组织和施工技术管理的要求较高。

② 产品形式多样:由于物联网工程所包含的子系统较多,涉及的设备也较多,各个系统及设备有其国际国内优势的产品供应商,导致物联网工程在施工时,各系统之前的平滑对接及标准化较难实现。

③ 机械化程度低:目前,我国物联网工程的施工机械化程度还不够高,仍然依靠大量的手工操作。

④ 多系统联动:物联网工程中经常涉及多个子系统的联动,所谓牵一发而动全身。当某个系统施工有误时,将会导致其他系统无法调试成功。在检测时,则需逐一进行检查,从而耽搁施工进度。因此,在进行物联网工程的施工时,需保证每个系统施工的准确性。

由于物联网工程施工周期较长,且需多个专业配合,因此,物联网工程的施工流程主要分为以下四个阶段:

（1）施工准备阶段

施工准备阶段主要工作包括：学习掌握相关的规范和标准，熟悉和审查图纸，制订施工进度计划表，明确施工任务的技术交底、施工预算、施工组织设计等。

（2）现场施工阶段

现场施工阶段需配合土建工程及其他工程，注意和遵循其施工规范（要求）或标准，主要体现在预留孔洞和预埋管线与土建工程的配合，线槽架的施工与土建工程的配合，管线施工与装饰工程的配合，各控制室布置与装饰工程的配合等。

（3）调试开通阶段

调试开通阶段需遵循先单体设备或部件调试，而后局部或区域调试，最后整体系统调试的原则。具体调试按系统种类而定。

（4）竣工验收阶段

竣工验收阶段分为隐蔽工程（主要是线缆预埋及接地极等）、分项工程和竣工工程（即整个工程的综合性检查验收）三项步骤进行。在整个物联网工程中，为了保证施工的质量和效果，还需对物联网工程的施工进行过程管控，这主要体现在对安全、成本、进度、质量、合同、信息及施工有关的组织与协调等进行管控。

3. 工程验收

工程验收是指建设工程项目经实施并达到必备的验收条件后，建设方会同设计、施工、设备供应方及工程质量监督部门，对其是否符合规划设计施工要求和设备安装质量进行全面检验，以取得验收合格资料、数据和凭证的活动。物联网工程的验收是对工程项目的全面考核，以确保项目能按设计要求的各项技术经济指标正常使用，同时为提高建设项目的经济效益和管理水平提供重要依据。它是建设项目建设全过程的最后一道程序，是建设成果转入生产使用的标志。

微课扫一扫
物联网工程的验收

教学图片
物联网工程的验收

教学课件
物联网工程的验收

教学文档
物联网工程的验收

物联网工程的验收内容主要包括工程建设、工程质量、工程设备、工程经费、系统性能和过程文件等。其中，在工程建设上，主要是检查工程是否按批准的设计文件建成，配套、辅助工程是否与主体工程同步建成；在工程质量上，主要是检查其是否符合国家相关设计规范及工程施工质量验收标准；在工程设备上，主要是检查设备配套、安装及调试的情况；在工程经费上，主要是检查概算执行情况及财务决算编制情况；在系统性能上，主要是检查联调联试、动态检测、运行试验情况；在过程文件上，主要是检查工程实施过程文件编制完成情况是否齐全、准确。

正如工程设计需遵循设计规范、施工需遵循施工规范一样，物联网工程的验收也需遵循相应的验收规范及文件标准等，这些验收规范及文件标准即是物联网工程验收的依据，主要有国家现行有关法律、法规、规章和技术标准；有关主管部门的规定；经批准的工程立项、初步设计、调整概算文件等。在物联网工程的验收过程中，还需形成相应的验收成果文件资料，以备后期查询和备案使用。

1.5.3 工程项目管理

项目管理是管理学的一个分支学科，是现代工程技术、管理理论和项目建设实践三者有机结合的产物。

所谓项目管理就是项目的管理者，在有限的资源约束下，运用专门的知识、技能、工具和方法，对项目涉及的全部工作进行有效地管理。即从项目的投资决策开始到项

微课扫一扫
物联网工程的项目管理

教学图片
物联网工程的项目管理

教学课件
物联网工程的项目管理

教学文档
物联网工程的项目管理

目结束的全过程进行计划、组织、指挥、协调、控制和评价,以实现项目的目标。在物联网工程项目的建设过程中,为提高工程建设的质量、保证工期、降低建设成本,进行物联网工程项目管理是必要的。

图 1.25 所示为项目管理的范围。

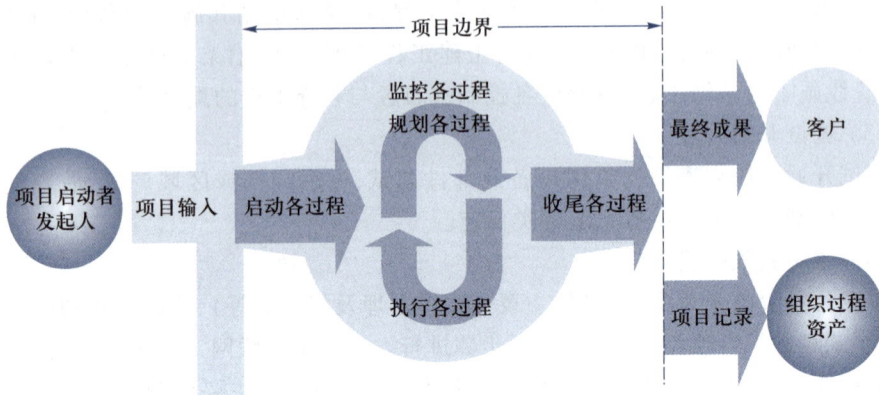

图 1.25   项目管理的范围

项目管理的主要内容包括:项目范围管理、项目时间、项目成本、项目人力资源、项目沟通、项目风险、项目采购、项目集成管理和项目干系人管理等。而项目管理的形式,根据项目的规模、复杂程度、涉及面和协调量等不同,可单独设置专门机构,配备一定的专职人员,对项目进行专门管理,也可只委派专职管理人员,对项目进行专职管理,或者设置项目主管,对项目进行临时授权管理等形式。

【项目实施】

1. 物联网概念"自定义"

以小组为单位收集并整合资料,根据自己的理解对物联网的概念进行阐述,主要内容需包含以下几点:

① 物联网的概念及特征。

② 物联网与互联网的关系。

③ 物联网的发展历程及方向。

④ 物联网工程的生命周期。

2. 身边的物联网应用案例收集

① 观察生活,分享物联网在生活中的典型应用案例。

② 选择一个应用案例,分析其功能是怎样实现的,涉及哪些物联网关键技术。

3. 制作"探寻身边的物联网"主题 PPT

根据梳理出的任务目标,以"探寻身边的物联网"为主题,命题自拟,以小组为单位制作 PPT,对亲友的问题进行回答,内容需包含以下要点:

① 结合身边物联网应用,介绍物联网的概念及特征,辨析物联网与互联网。

② 总结物联网的发展历程及特点。

③ 选择一个物联网应用场景,分析物联网的层次结构模型及应用中涉及的关键技术。

④ 物联网工程生命周期的描述。

【项目评价】

项目名称： 探寻身边的物联网	项目承接人姓名：	日期：
项目要求	**得分标准**	**得分情况**
项目分析(10分) 　项目分析合理，项目准备单填写准确	项目准备单填写合理性评价(每合理1条得1分，满分10分)	
关键要求一(15分) 　能用自己的语言描述物联网的概念与特点	1.对物联网概念有自己的理解(得5分)； 2.能准确描述物联网的作用和价值(得5分)； 3.能准确描述物联网的发展现状(得5分)	
关键要求二(15分) 　能用自己的语言辨析物联网与互联网	1.能举例描述物联网和互联网的本质(得5分)； 2.能举例描述物联网和互联网的相同或相似之处(得5分)； 3.能举例描述物联网和互联网的区别(得5分)	
关键要求三(20分) 　能结合应用描述物联网层次结构及关键技术	1.能选取典型的物联网行业应用(得5分)； 2.能描述该应用的层次结构(得5分)； 3.能准确辨析应用中涉及的物联网关键技术(得5分)； 4.能描述该应用涉及的物联网技术标准(得5分)	
关键要求四(10分) 　能描述物联网工程基本概念	1.能描述物联网工程的概念(得5分)； 2.能准确描述物联网工程的生命周期(得5分)	
项目汇报(10分) 　汇报内容清晰、重点突出、时间把握合理，衣着整洁、仪态自然大方	1.汇报内容不清晰(每处扣1分)； 2.重点不突出(根据情况酌情扣分，最多扣2分)； 3.衣着不整洁(根据情况酌情扣分，最多扣2分)； 4.仪态自然大方(根据情况酌情扣分，最多扣2分)	
职业道德和职业核心能力(20分) 　了解国家行业发展，能有效地分析信息，并对专业文化具有认同感	1.没有体现国家行业发展(扣5分)； 2.信息收集不完善，缺乏有效分析(扣5~10分)	
创新创意(附加5分)	项目完成过程中，能结合国家对行业发展新要求，应用新技术、新方法、新理论等，创新解决低碳、健康、高质量发展等方面问题(每个点附加1分，最高附加5分)	

【拓展项目】

物联网产业链与
岗位分析

物联网专业核心
技能

职业核心能力

编制个人学习计划

通过网络、书籍等渠道，进一步了解物联网最新行业动态及典型企业情况，同时借助招聘网站搜索最新招聘信息，结合本专业的人才培养目标与个人兴趣，编制个人学习计划。

项目 2
施工场地工人健康检测系统
安装调试

【引导案例】

2022 年,由中建八局西南公司负责承建的重庆江北国际机场 T3B 航站楼及第四跑道工程 T3B 航站楼施工总承包工程(以下简称"重庆江北机场 T3B 项目")获颁重庆市三星级智慧工地的电子证书,该项目同时也是重庆市首个挂牌三星级智慧工地的项目。根据《重庆市房屋建筑和市政基础设施工程智慧工地管理规定(试行)》的描述,智慧工地分为一星级、二星级、三星级三个等级,其中三星级为最高等级。

图 2.1 所示为重庆江北国际机场智慧工地系统界面示意图。据重庆江北国际机场 T3B 项目相关负责人介绍,该工地利用信息技术赋能,在安全、现场施工、技术质量、造

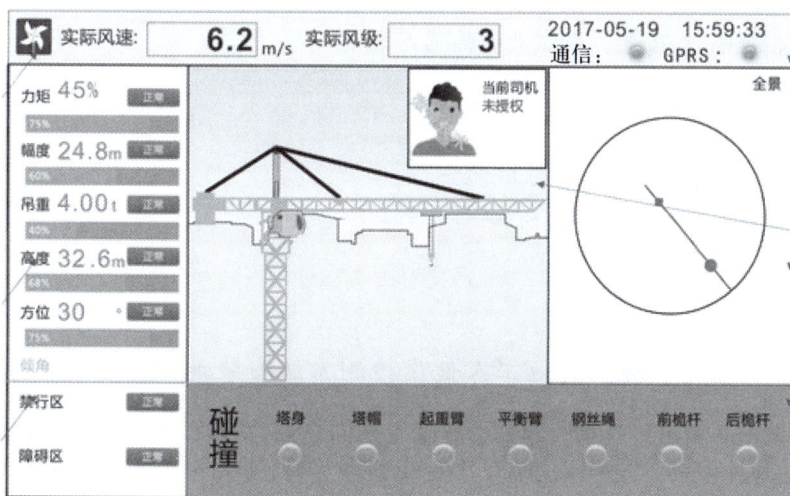

图 2.1 重庆江北国际机场智慧工地系统界面示意图

价方面全方位进行综合管理服务。3D群塔防碰撞系统为各个塔机装上了"眼睛"和"耳朵",让各个塔机之间有了相互联系,每个塔机在什么位置,以什么角度来进行运行都实时联网,若靠得太近则会引起报警或制动,让整个工地的运转井然有序。

在项目管控平台上,各项质量问题的跟踪条目一目了然,通过现场拍照上传,问题将被精准推送到负责人的手机上,限定整改责任人和整改时间,责任人把整改完成后的相应部位的照片也上传至项目管控平台,形成闭环,整个现场也保障了安全零事故发生。

建筑行业是我国国民经济的重要支柱产业之一,国家为了促进其持续健康发展,正在大力推进智慧工地的建设。通过在建造全过程加大建筑信息模型、物联网、大数据、云计算、移动通信、人工智能、区块链等新技术的集成与创新应用,加快推动新一代信息技术与建筑工业化技术协同发展。这将有效提升施工现场安全管理,杜绝各种违规操作和不文明施工,降低事故发生频率,提高建筑工程质量。

【学习目标】

知识目标

1. 了解智慧工地的基本概念
2. 掌握施工场地工人健康检测系统的组成和作用
3. 了解传感器的基本概念和组成
4. 掌握传感器的静态参数、硬件接口和信号输出形式
5. 掌握传感器的选型依据
6. 掌握传感器安装与调试的方法

能力目标

1. 能分析特定传感器的特性参数、硬件接口及信号输出形式等指标
2. 能根据工作原理,识别典型传感器设备的连接线路
3. 能根据需求,安装与调试典型传感器设备

素养目标

1. 尊重劳动
2. 养成解决问题的习惯
3. 领悟精益求精的工匠精神

项目解析
施工场地工人身
体状态测量仪功
能和结构说明

【项目描述】

施工场地工人健康检测系统安装调试

西部某中心城市近年来一直推进智慧工地的建设,某高校科研团队经过对行业需求分析,创新开发了一套施工场地工人健康检测系统,实现施工人员健康状况的有效监测,正在示范应用和推广。

作为智慧工地的重要组成部分,施工场地工人健康检测系统是一个集信息采集、通信、管理于一体的典型的物联网系统。系统硬件主要包括施工场地工人身体状态检

测仪和智能管理终端。身体状态检测仪安装在施工场地的工作区、办公区、生活区的出入口;在识别工人身份信息后对施工人员的体温、血压和所含酒精浓度三项指标进行检测;检测结果在本地显示、存储和管理,同时上传至"智慧工地"云平台。智能管理终端包括手机、平板等移动终端。智能管理终端软件通过从"智慧工地"云平台获取数据进行显示和操作。施工场地工人身体状态检测仪安装在施工现场,并与门禁系统联动,对施工场地工人进行管控。施工场地工人身体状态检测仪示意图如图 2.2 所示。

标准阅读
《新型城域物联专网建设导则》(2020 版)

标准阅读
《智慧工地建设与评价标准》(DBJ50/T-356—2020)

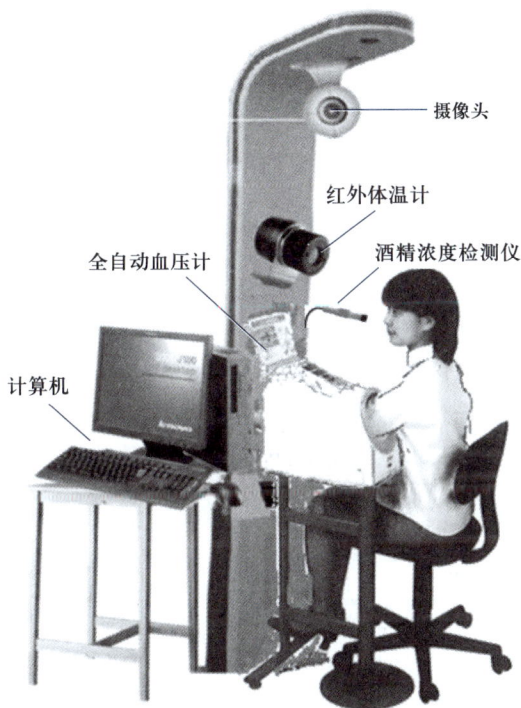

图 2.2　施工场地工人身体状态检测仪示意图

　　我公司现受建设单位委托,到施工现场进行系统的安装调试。请根据施工场地工人健康检测系统的结构与功能,结合《新型城域物联专网建设导则》(2020 版)和重庆市工程建设标准《智慧工地建设与评价标准》(DBJ50/T-356—2020)等相关标准,选择性能参数、接口、信号输出形式等符合要求的传感器进行系统安装与调试,确保系统能正常运行。

【知识准备】

2.1　认识智慧工地

2.1.1　智慧工地概述

1. 建筑施工行业的痛点

　　在科技高速发展的今天,建筑工地早已发生了翻天覆地的变化。传统的工地管理模式容易造成安全事故、管理混乱、数据延迟等问题,如图 2.3 所示;而少量的监管人员

对应大面积、多区域的工地也容易造成监管不到位,在施工进度、质量和安全方面带来以下隐患:

① 安全事故频发。建筑施工属于高风险行业,工地现场人、车、物安全隐患多。传统工地缺乏针对施工作业的智能监管手段,难以对安全事故进行防范预警,导致高空坠落、物体打击、机械伤害和触电等安全事故频发,造成巨大损失。

微课扫一扫

智慧工地概述

② 监管难度大。建筑工程体量大,工地环境复杂,项目涉及环节多。工地项目人员数量多、流动性大,人员缺乏有效的组织、管理不到位,易导致人员管理混乱,劳动纠纷、现场违规操作频发。

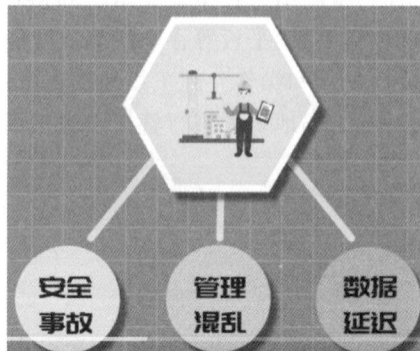

图 2.3　施工场地的常见问题

③ 信息孤岛严重,数据实时性差。工地点多面广,协作者多,数据分散不共享、应用碎片化,容易形成信息孤岛,导致业务流程割裂,各方对接困难,协同工作效率低,施工作业效率低,相关管理盲区多、漏洞多。

整体而言,传统施工场地的所有人员、物体、事件没有形成一个整体,它们之间的协调与配合效率低下。随着物联网技术的飞速发展,将物联网技术应用到施工场地,建设智慧工地,是社会发展的必然。

2. 智慧工地的概念

智慧工地是物联网在建筑施工行业的典型应用,是一种崭新的工程全生命周期管理理念,是实现建筑施工行业的信息化、精细化管理的手段。同时,智慧工地也真正体现"安全生产、科学管理、预防为主、综合治理"的全新理念及方针。

智慧工地是将物联网技术、人工智能、云计算、大数据等新一代信息技术植入建筑、机械、人员穿戴设施、场地进出关口等各类物体中,让工地现场具备"感知"功能,及时准确地进行数据采集,并对数据进行智能分析和预测,辅助管理者进行决策,让工地管理变得"智慧化"。智慧工地的核心是以一种"更智慧"的方法来改进工程各干系组织和岗位人员交互的方式。智慧工地可有效提升工地管理效率,实现绿色施工,提高工地安全与环保管理,保证工程质量。

基于不同的智慧工地建设标准,智慧工地的具体内容有一定差别,但总体来说包括通用基础功能和特有功能。重庆市《智慧工地建设与评价标准》(DBJ50/T-356—2020)对智慧工地从基础设施、人员管理、设备管理、环境监测、安全管理、质量管理、建造过程数字化应用等方面提出了要求。其中,基础设施对现场网络、数据存储、现场视频监控等方面提出了具体要求;人员管理主要涉及智能门禁系统,工地从业人员薪资信息化管理,人员的培训、入离职信息化管理、施工场地工人身体状态检测及人员定位跟踪等;设备管理主要是对现场机械设备的信息化管理、塔式起重机等工程设备的监控和监测;环境监测是指智慧工地的扬尘、噪声及其他环境参数的监测;安全管理涉及工地现场应通过信息化系统实现安全管理、工地现场应对危险区域、重点部位等设置无盲区视频监控等及项目的协同联动、进度管理的信息化管理;质量管理是指智慧工地应实现工程监理的信息化管理、项目实施过程中的监管等；建筑过程数字化应用提出了工地现场应具有场地布置的信息化模型，并具有三维展示功能。智慧工地的典型功能示意图如图 2.4 所示。

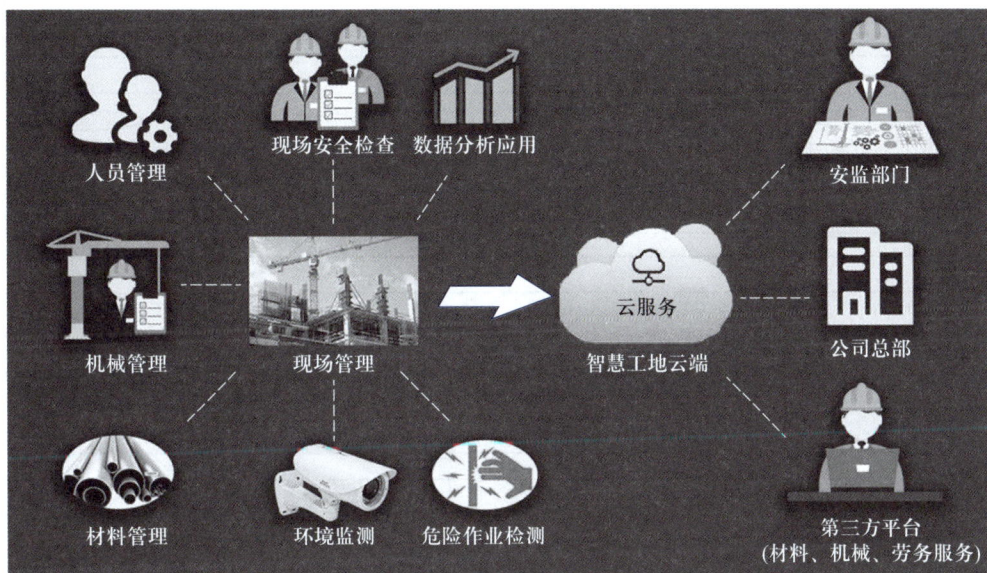

图 2.4 智慧工地的典型功能示意图

2.1.2 智慧工地系统组成

智慧工地系统作为物联网系统在建筑行业的典型应用，同样包括感知层、网络层、平台层和应用层四层架构。智慧工地系统的典型架构如图 2.5 所示。

1. 感知层

感知层主要实现对智慧工地环境的感知和控制，主要由各种传感器以及现场显示屏、声光报警器和喷雾降尘等相关执行设备构成，可实现对项目建设过程的实时监控、智能感知、数据采集和高效协同，提高作业现场的管理能力。

智慧工地系统利用 PM2.5、PM10、噪声、风速、风向、空气温湿度等传感器实现对施工场地环境参数的监测；利用各种摄像装置实现对施工场地人员、设备进行实时监测，实现图像数据的采集；利用倾角传感器、质量传感器、回转传感器、高度传感器和风速传感器等对塔式起重机等工程设备的状态数据进行动态采集；利用酒精浓度传感器、血压传感器和温度传感器实现进入施工场地工人身体状态检测与管理。

智慧工地系统通过现场显示屏、声光报警器和喷雾降尘等执行设备实现对施工场地的监控。现场显示屏可以显示现场传感器监测的各种数据，例如各种环境参数、人员信息和设备参数。当监测到各种参数或者信息可以通过声光报警器装置进行声光报警，提醒现场管理人员进行处理。例如当粉尘超限时，通过开启喷雾降尘装置降低粉尘浓度的扬尘控制。

2. 网络层

网络层主要解决的是智慧工地感知层所获得的数据在一定范围内（通常是长距离）的传输问题。它主要完成接入和传输功能，是智慧工地感知层和平台层进行信息

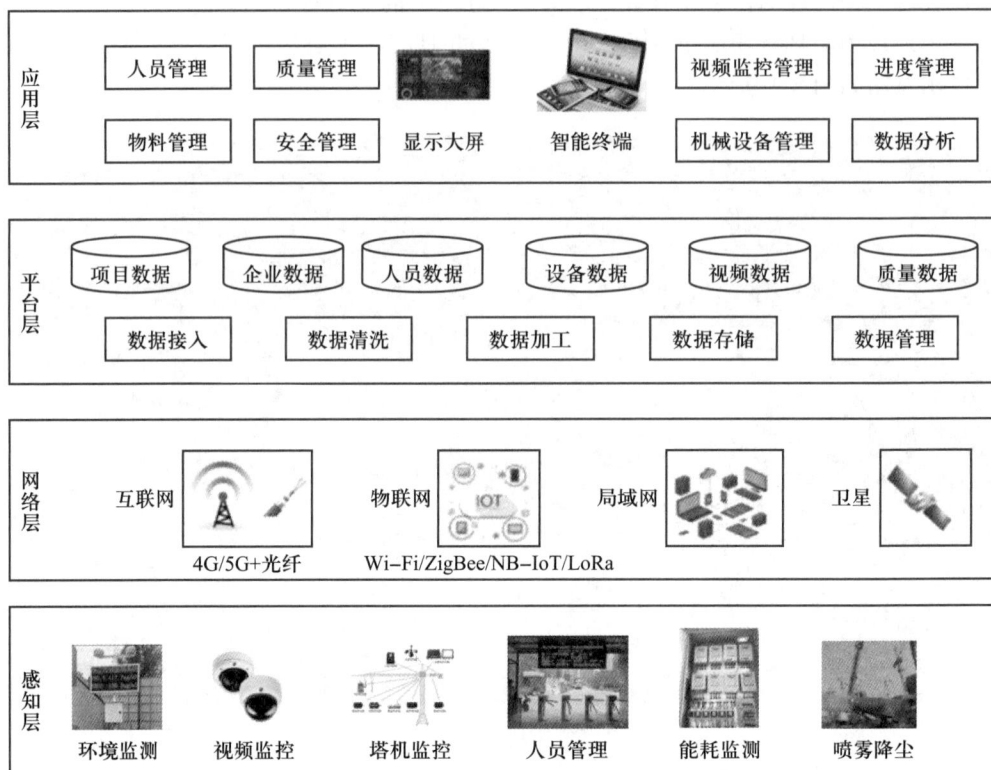

图 2.5　智慧工地系统的典型架构

交换、传递数据的通路。

　　智慧工地网络层主要包括接入网和传输网。智慧工地的接入网包括 Wi-Fi、ZigBee 等短距离无线和以太网等有线接入;传输网主要包括 NB-IoT、LoRa 等专有网络和 4G/5G 等公有网络,目前以公有网络为主。例如,环境监测中,各种监测数据通过以太网等有线方式接入,再通过公有网络上传至"智慧工地"云平台;塔式起重机监测系统中,高度传感器、幅度传感器等监测到的数据通过 ZigBee 等无线方式接入,再通过公网上传至"智慧工地"云平台;视频监控数据则通过以太网接入,并通过公有网络上传至"智慧工地"云平台;人员管理系统识别的各种身份信息和体温、血压、酒精浓度等身体状态信息通过 Wi-Fi 接入,并通过公网上传至"智慧工地"云平台。

　　感知层检测的结果会作为施工场地管理、控制的参数,保证施工场地有一个安全的环境、良好的设备运行状态。管理人员远程即可实现对施工场地的监测与管控。从成本以及实施可行性等角度考虑,智慧工地系统应多采用无线网络传输现场环境信息、设备运行参数和实现喷雾降尘等设备的无线控制。

　　3. 平台层

　　平台层在智慧工地系统中起着承上启下的关键作用,主要是对施工场地产生的大量数据进行存储和处理。它不仅实现了底层终端设备的"管、控、营"一体化,为上层提供应用开发和统一接口,构建了设备和业务的端到端通道;还提供了业务融合以及数据价值孵化的土壤,便于应用层不同的业务需求更好地获取需要的数据。平台层的高效计算、存储及接口服务,让项目参建各方更便捷地访问数据,协同工作,使得施工建造更加集约、灵活和高效。

4. 应用层

应用层主要解决智慧工地系统中信息处理和人机界面的问题。人员管理系统、机械管理系统等系统的信息展示和管理控制都通过应用层的一个个页面展示给用户。项目管理系统是工地现场管理的关键系统之一,应用层应始终围绕以提升工程项目管理这一关键业务为核心,例如,建筑信息模型技术的可视化、参数化、数据化的特性让建筑项目的管理和交付更加高效和精益,是实现项目现场精益管理的有效手段。

应用层按照使用人员和需求的不同,可分为不同的应用系统,不同应用子系统的数据及其呈现方式是不一样的,实现的功能也是不同的。图 2.6 为南京某智慧工地项目可视化界面。

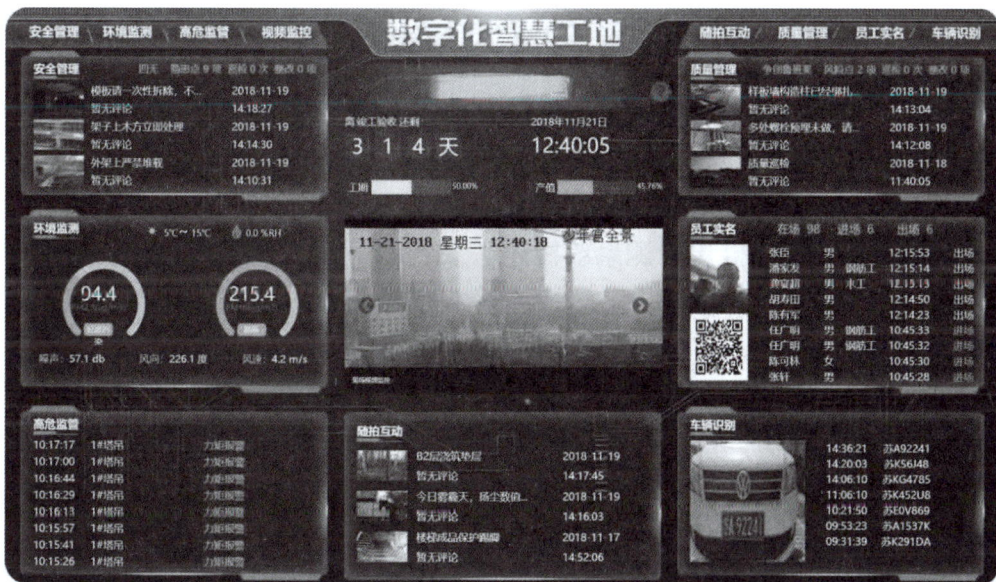

图 2.6　南京某智慧工地项目可视化界面

小　知　识

可视化建模与 BIM

可视化建模(Visual Modeling)是利用围绕现实想法组织模型的一种思考问题的方法。模型对于了解问题、与项目相关的每个人(客户、行业专家、分析师、设计者等)沟通、模仿企业流程、准备文档、设计程序和数据库来说都是有用的。建模促进了对需求更好的理解、更清晰的设计、更加容易维护的系统。可视化建模就是以图形的方式描述所开发系统的过程。可视化建模允许提出一个复杂问题的必要细节,并过滤掉不必要的细节。它也提供了一种从不同的视角观察被开发系统的机制。

BIM（Building Information Modeling）即是建筑信息模型或者建筑资讯模型。BIM 技术由 Autodesk 公司在 2002 年率先提出，并已经在全球范围内得到业界的广泛认可。BIM 技术的核心是通过建立虚拟的建筑工程三维模型，利用数字化技术，为这个模型提供完整的、与实际情况一致的建筑工程信息库。该信息库不仅包含描述建筑物构件的几何信息、专业属性及状态信息，还包含了非构件对象（如空间、运动行为）的状态信息。借助这个包含建筑工程信息的三维模型，大大提高了建筑工程的信息集成化程度，从而为建筑工程项目的相关利益方提供了一个工程信息交换和共享的平台。BIM 技术可以帮助实现建筑信息的集成，从建筑的设计、施工、运行直至建筑全生命周期的终结，各种信息始终整合于一个三维模型信息数据库中，设计团队、施工单位、设施运营部门和业主等各方人员可以基于 BIM 技术进行协同工作，有效提高工作效率、节省资源、降低成本、以实现可持续发展。

讨　　论

通过智慧工地的学习，分析并讨论智慧工地系统中用到了哪些关键技术，这些技术的具体作用分别是什么？

微课扫一扫
施工场地工人健康检测系统概述

2.2　施工场地工人健康检测系统概述

编者团队在进行物联网技术行业应用调研过程中，发现建筑工地工人进行体温、血压和酒精浓度等身体状态检测的需求，创新性地将身体状态的检测应用于建筑工地，设计并研发了施工场地工人健康检测系统，且进行示范应用。同时，编者团队将研究成果和示范应用经验有机融合到编制的地方标准《智慧工地建设与评价标准》中，进一步保证了建筑工地的安全作业，提升了施工项目的管理水平，保障了施工工人的生命财产安全。

2.2.1　施工场地工人健康检测系统的研发背景

重庆市高度重视物联网产业的发展，一直致力于将重庆打造为物联网技术应用的示范高地。为了培养更加契合行业需要的专业人才，2018 年，编者团队对物联网技术在各行各业的应用情况进行了深度的调研，并积极探索物联网技术深度应用的可能。编者团队对智慧工地及施工场地的实际情况进行了详细的了解，得知施工工人信息管理是智慧工地建设的重点和难点，这些信息包括工人的身份信息、考勤信息、薪酬信息、身体健康信息等多个方面。本着实时求是的科研精神，编者团队实地进入施工场地，了解施工场地的作业情况，发现建筑工地是一个危险的作业场景，高处作业、机械伤害、物体打击、深基坑、高切坡、触电等每年都会造成很多建筑安全事故；其次编者团队和施工场地的不同层级的项目管理人员详细了解了施工和管理过程中的一些具体情况，施工工人在大批量进入或离开施工场地时通常会在同一个时间和地点，因此此时会出现大量的人员出入的情况，同时，施工工人是按不同的工种进行管理，工种有工人、班主、主管和项目经理，并对工人的出勤情况、薪资待遇、身体状况、安全教育进行分级管理；然后通过和施工工人接触，全面了解他们的家庭情况、作业习惯、学历与技能等相关信息,发现建筑工人作为一家人的核心劳动力,他们担负着一家人的主要经济来源,常会在有感冒发烧或者高血压等基础疾病的情况下带病上岗作业,加上施工工人大多具有饮酒缓解疲劳的习惯,酒后作业的情况也时有发生,加大了事故发生的概率。因此,建筑工地需要一套施工场地工人健康检测系统,能够在工人进入工地上班前检测其身体状态,并将身体状态信息和工人的身份、考勤、薪酬等基本信息进行相互关联,施工工人和管理人员根据相应的权限能够进行查看和管理。

此时,国内外还没有相应的身体健康检测系统应用于建筑工地。一方面,这是由于医学参数的检测是一个非常严谨的事情,受到医学检测设备和医学知识专业性的约束,体检需要到医院在医生的专业指导下进行。另一方面,施工工人上下班时人员比较集中,时间紧迫,血压检测时间较长,酒精浓度检测速度较慢且需要气嘴等耗材,长期使用耗材管理烦琐且成本高,因此需要一个智能化的快速检测身体状态参数且无须耗材的方案。

因此,编者团队重点对血压的快速检测和酒精无耗材化检测进行了研究。对于血压的检测,目前有水银血压测量仪、光电血压检测仪和电子血压仪(采用示波法),其中水银血压测量仪需一定专业技术,通过听舒张压和收缩压实现,操作较复杂;光电血压检测仪是基于光电脉搏传感器测量基础上用一定算法得到舒张压和收缩压的,操作简单快速,精度较低,实现的成本较高;采用示波法的电子血压仪操作简单,可以快速测量血压,精度高,广泛应用于医院和个人家庭。同时考虑精度和检测速度,采用示波法测量血压,通过选用固定式袖带,对检测设备的结构进行整体规划,结合一定的算法,最终血压检测控制在 1 分钟内完成。对于酒精浓度检测,采用燃料电池型酒精传感器,并设计了气压检测模块和气泵抽气模块;当气压检测模块检测到被检查人员吹气时,启动气泵抽气模块,将气体吸入酒精浓度检测模块,检测完成后,会继续抽入新鲜气体,将残余的检测气体排除,从而实现了酒精浓度的无耗材和快速检测。

基于以上的研究思路,在重庆市科技局"建筑工人安全健康管理关键技术研究与示范应用"等 3 个科研项目的资助下,编者团队设计并研发了一套应用于建筑工地的施工场地工人健康检测系统,该系统在工人每天上班时监测工人的体温、血压和酒精浓度这三个基本体征是否正常,检测结果本地显示并接入"智慧工地"云平台,通过和门禁系统联动,在检测结果不正常时,拒绝工人进入施工场地作业;同时,该系统还有机地融入工人的考勤功能、薪酬计算功能及各种身份信息的管理功能。与此同时,将设计的系统应用于多个施工场地进行示范应用,并不断优化和完善。

为了进一步加快并规范重庆市智慧工地的建设,重庆市 2018 年启动地方标准《智慧工地建设与评价标准》的编制,通过该标准指导重庆市智慧工地的建设,规范智慧工地的评价。编者团队受邀加入该标准编制团队,在编制标准过程中,将前期的科研成果,结合示范应用的经验,有机地将施工工人体温、血压、饮酒状况等健康状态检测的功能和性能要求融入标准中。特别是在 2020 年新型冠状病毒暴发后,人员聚集较为严重的施工场地对体温及时快速检测显得尤为重要,施工场地工人健康检测系统能够有效地应对相应需求。

2.2.2　施工场地工人健康检测系统的结构及功能

施工场地工人健康检测系统通过安装在施工现场各个工作区、办公区、生活区的出入口等位置的施工场地工人身体状态检测仪检测工人的身体状态。检测的数据一方面在本地处理、存储并显示,另一方面通过 Wi-Fi 接入公共网络并传至"智慧工地"云平台,工人或者管理人员可以通过智能管理终端设备进行数据查看和管理,整个系统结构图如图 2.7 所示。

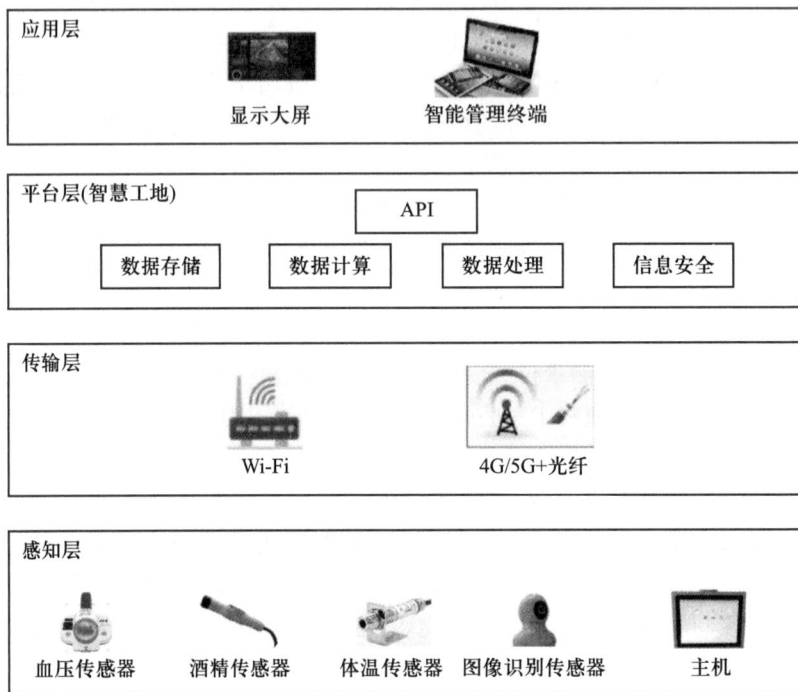

图 2.7　施工场地工人健康检测系统结构图

作为智慧工地系统的重要组成部分,施工场地工人健康检测系统在融入传统人员管理系统的基础上加入了人员健康检测,具体功能包括如下几部分:

1. 注册及登录功能

施工场地相关人员通过系统的智能管理终端软件录入身份证号、工种等身份信息和头像图片进行注册,注册审核通过后可以登录使用系统。

2. 考勤及薪酬计算功能

系统在施工人员进入工作区域前通过摄像头对其进行身份识别,并记录进入日期和时间进而实现考勤,考勤情况和个人岗位等情况结合实现薪酬计算。

3. 身体状态检测功能

施工人员扫描二维码登录后,方可使用身体状态检测仪。具体检测时,被测人员完成检测仪的摄像头身份确认后,按步骤提示完成体温、血压和酒精浓度的检测。检测结果正常则允许进入作业区域,否则不允许进入。体温检测精度达到 0.1 ℃,红外非接触测量;血压检测采用示波法并结合软件算法,测量准确而快速;酒精浓度测量采用无耗材化测量,方便简单。整个检测过程方便快捷,在不超过 1 分钟内快速完成。部分检测界面如图 2.8 所示。

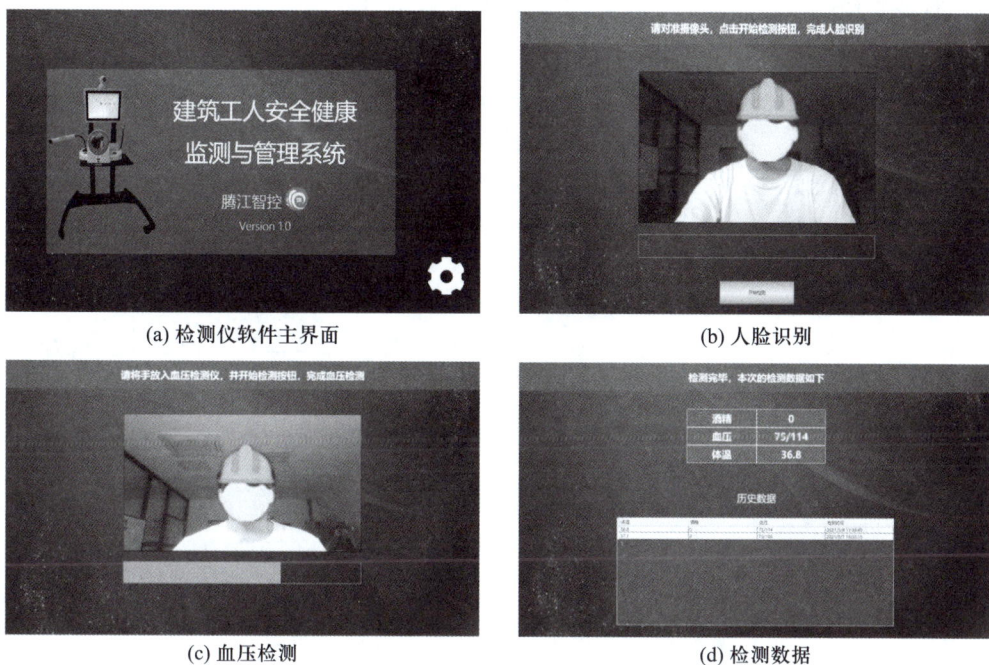
(a) 检测仪软件主界面

(b) 人脸识别

(c) 血压检测

(d) 检测数据

图 2.8　施工场地工人身体状态检测界面

4. 权限与查询功能

施工项目的相关人员可以通过智能管理终端软件进行信息的查询。智能管理终端软件将使用人员分为管理员、技术人员、班主和工人四类,分别对应一级、二级、三级和四级权限,权限不同,则功能不同。一级管理员:系统和数据库管理者,拥有最高权限,可修改查询所有数据;二级技术人员:工地管理者,拥有查看所有数据权限,审核班主数据,无修改数据权限;三级班主:工人小组组长,拥有查看本班组工人数据,审核工人数据,无修改数据权限;四级工人:工地作业实施者,可查看自己相关数据,无修改数据权限。智能管理终端软件功能及用户权限如图 2.9 所示。

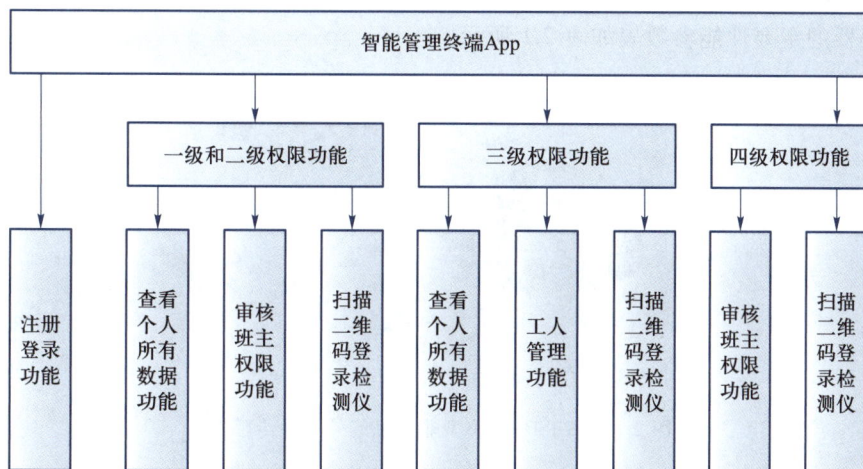

图 2.9　智能管理终端软件功能及用户权限

智能管理终端软件有多种版本,手机端和电脑端,图 2.10 为智能管理终端软件手机端的部分界面。

图 2.10　智能管理终端软件手机端的部分界面

2.2.3　施工场地工人健康检测系统的主要传感器设备

施工场地工人健康检测系统为了实现工人健康状态的监测,用到了体温检测传感器、血压检测传感器和酒精浓度检测传感器。

1. 体温检测传感器

施工场地工人体温检测需要快速完成,精度需要达到一定的等级,且体温检测设备需适用于施工工地这种具有一定防水防尘等级的环境中,因此系统选用某科技公司生产的 ABSD-01A 型非接触红外测温传感器,其实物图如图 2.11 所示。该传感器为一体化集成式温度传感器,温敏元件、光学系统与电子线路共同集成在不锈钢壳体内;可在 1 s 内完成检测,精度达到 0.1 ℃,防护等级 IP65,满足系统要求;检测时调整检测距离和检测角度非常方便且易于安装,能够很好地满足施工场地工人健康检测系统。该传感器的主要性能参数表如表 2.1 所示。

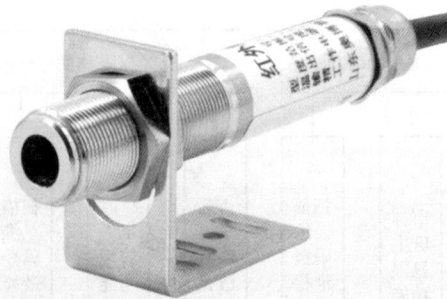

图 2.11　ABSD-01A 型非接触红外测温传感器

表 2.1   ABSD-01A 红外测温传感器主要性能参数表

项目	性能参数
工作电压	24 V DC
输出信号	4~20 mA
光谱范围	9~14 μm
温度范围	0~100 ℃
响应时间	150 ms
测量精度	测量值的±1%
防护等级	IP65

2. 血压检测传感器

本系统平衡了检测时间和检测精度,采用示波法进行血压检测,自行设计电路并利用软件优化精度,选用的 MPS20N0040D-S 型血压检测传感器实物如图 2.12 所示,总的检测时间不超过 1 min,该传感器的主要性能参数表如表 2.2 所示。

图 2.12   MPS20N0040D-S 型血压检测传感器实物图

表 2.2   MPS20N0040D-S 型血压检测传感器主要性能参数表

项目	性能参数
驱动电压	5 V DC
输出信号	4~100 mV
工作温度	-40~125 ℃
测量范围	0~40 kPa
线性度	0.3%FS
重复性	0.2%FS
零点漂移	-30~30 mV

3. 酒精浓度检测传感器

本系统选用 MIX1013 型酒精浓度检测传感器,其外形图如图 2.13 所示,其主要性能参数如表 2.3 所示。通过相应的测量电路,结合进气和出气气体控制装置,实现酒精浓度的快速无耗材检测。

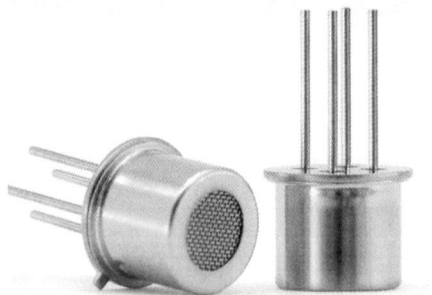

图 2.13   MIX1013 型酒精浓度检测传感器

表 2.3   MIX1013 型酒精浓度检测传感器主要性能参数表

项目	性能参数
回路电压	≤24 V DC
加热电压	5V±0.1 V AC or DC
检测浓度	500~30 000 ppm(酒精)
灵敏度	Rs(in air)/Rs(30 000 ppm 酒精)≥5
输出电压	1.0~3.5 V

2.3   认识传感器

　　传感器是物联网系统中感知外界环境的重要途径之一。在智慧工地特别是施工场地工人健康检测系统中,它需要感知施工人员中的体温、血压和酒精浓度等身体状态参数,进而为人员的健康检测提供可靠的依据。那么,什么是传感器呢?

　　传感器是一种测量装置,它能够将被测量转换为另一种便于应用的某种物理量,二者具有确定的对应关系。传感器的输入量是某一被测量,可能是物理量,也可能是化学量、生物量等;它的输出量是某种物理量,这种量要便于传输、转换、处理、显示,这种量可以是气、光、电量,但主要是电量;输入输出的转换规律(关系)已知,转换精度要满足应用要求。传感器处于观测对象和测控系统的接入位置,是感知、获取和监测信息的窗口。参照我们人类,眼睛、鼻子、耳朵等五官和皮肤就是我们的"传感器",它帮助我们感知外部世界,收集有用的数据,是人类生产活动过程中,进行感知、传输、分析、决策、执行的闭环系统中的第一个环节。传感器技术是测量技术、计算机技术、信息处理技术、微电子学、光学、声学、精密机械、仿生学和材料科学等众多学科相互交叉的综合性和高新技术密集型的前沿研究之一,是现代新技术革命和信息社会的重要基础,是现代科技的开路先锋,也是现代科学技术发展的一个重要标志,它与通信技术、计算机技术共同构成信息产业的三大支柱。

　　传感器应用场合(领域)不同,名称也有所不同。例如,在过程控制中称为变送器(标准化的传感器);在射线检测中则称为发送器、接收器或探头。

2.3.1 传感器的组成

传感器由敏感元件、转换元件和基本转换电路(简称转换电路)3 部分组成,如图 2.14 所示。

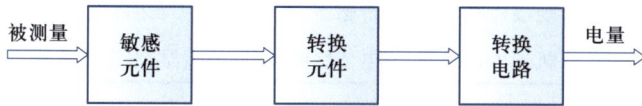

微课扫一扫
传感器的构成

被测量 → 敏感元件 → 转换元件 → 转换电路 → 电量

图 2.14 传感器的组成

敏感元件作为传感器的核心部件,直接感受被测量,如水的温度、氧气浓度等;并输出与被测量成确定关系的物理量。转换元件把敏感元件的输出作为它的输入,转换成电路参量,如电压、电阻变化等。上述电路参数接入基本转换电路,便可转换成电量输出,如电压值、电流值等。图 2.15 所示为声音传感器感受声波,最终转换成数字信号的示意图。

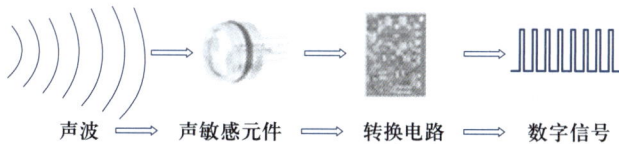

声波 ⇒ 声敏感元件 ⇒ 转换电路 ⇒ 数字信号

图 2.15 声音传感器工作原理示意图

当然,也有敏感元件与转换元件二合一的,其中由半导体材料制成的物性传感器基本就是这种情况,直接能将被测量转换为电量输出,如压电传感器、光电池、热敏电阻等。

2.3.2 传感器的分类

传感器的种类很多,工作原理各异,检测对象门类繁多,因此其分类方法较多,至今尚无统一的规定。人们通常是站在不同的角度,按被测量、输出信号、工作原理、材料、工艺、对象、应用领域等进行分类,从而突出某一侧面。同时,对同一被测量,可以用不同检测原理来测量,比如对于距离的测量,就有基于超声波测距、激光测距和红外测距等原理的各种传感器,它们利用的原理完全不一样;而基于同一种检测原理或同一类技术,又可以制作多种被测量传感器,例如基于压电感应的原理,可以制作成压电式测力传感器、压电式测距传感器和压电式加速度传感器等。表 2.4 给出了传感器常见的分类方法。

表 2.4 传感器常见的分类方法

分类方法	常见传感器类型
按被测量分类	温度传感器、湿度传感器、压力传感器、浓度传感器、加速度传感器
按输出信号分类	模拟传感器、数字传感器
按工作原理分类	电容式传感器、电感式传感器、压电式传感器、热电式传感器
按敏感材料分类	半导体传感器、陶瓷传感器、光导纤维传感器、高分子传感器、金属传感器

续表

分类方法	常见传感器类型
按加工工艺分类	厚薄膜传感器、MEMS(微机电系统)传感器、纳米传感器
按传感对象分类	地震传感器、心电传感器、水质传感器、轮胎传感器、气体传感器
按应用领域分类	机器人传感器、家电传感器、环境传感器、汽车传感器

2.3.3　典型行业的传感器

随着科学技术的发展,传感器在各个领域内的应用越来越广泛。不同应用领域对传感器的性能参数要求不同;而在同一领域内,传感器往往存在一定的共性。考虑到国家的产业主要分为三大类:农业(第一产业)、工业(第二产业)和服务业(第三产业),下面将简单介绍这三大领域中的一些典型传感器。

（1）农业类传感器

广义的农业包括林业、畜牧业和渔业等,随着现代农业的不断发展,涉及的农业传感器品种也越来越多。通常,应用于农业中的传感器和大自然环境接触更"亲密",一些是裸露在农场中,如测量光照度的传感器;也有一些是掩埋在土壤中,如测量土壤温度和湿度的传感器。它们的工作环境随着春夏秋冬的季节变化而变化,所以这类传感器要求具有较高的抗腐蚀能力,也需要做好防潮的准备,但对精度方面的要求相对较低。以下是几种常见的农业类传感器。

① 土壤温度传感器

土壤温度传感器用于检测土壤温度,一般使用的有效温度范围为 10~40 ℃,安装在作物根部土壤中,并根据不同作物根系深度确定埋土深度,以测量作物的生长、发育的土壤温度及浇水后土壤的温度变化情况。一款典型的土壤温度传感器如表 2.5 所示。

表 2.5　土壤温度传感器

名称	图片	主要性能参数
土壤温度传感器		工作电压:3.3~36 V 量程:-40~60 ℃ 或 -50~80 ℃ 精确度:±0.2 ℃ 输出信号:DC 0~2 V 　　　　　4~20 mA 　　　　　RS485

② 风速传感器

风速传感器主要用于检测农作物生长环境中的风速大小,可以安装在农业生态园或者大棚之中,通过测量到的风速结果,进而了解相关气候信息,为农作物生长提供相关的依据。一款典型的风速传感器如表 2.6 所示。

表 2.6　风速传感器

名称	图片	主要性能参数
风速传感器		供电:DC 10～30 V(0～10 V 输出使用 24 V 供电) 量程:0～40 m/s 精度:±0.5+2%FS 分辨力:0.01 m/s 工作环境:-40～80℃,0～95%RH(非结露) 响应时间:1 s 输出信号:RS485、4～20 mA 电流输出、0～5 V 电压输出、200～1 000 Hz

③ 光照度传感器

光照度传感器用于检测作物生长环境的光照强度,以决定是否需要遮阳或补光。一般安装在温室大棚中,用来检测作物生长所需要的光照强度是否满足最基本需要或是否达到作物的最佳生长状态,如与 CO_2 传感器联合使用,可以为何时施加肥料提供参考。安装时考虑向阳并且避免被遮挡。一款典型的光照度传感器如表 2.7 所示。

表 2.7　光照度传感器

名称	图片	主要性能参数
光照度传感器		供电电压:DC 12～30 V 感光体:带滤光片的硅蓝光伏探测器 波长测量范围:380～730 nm 准确度:±7% 重复测试:±5% 温度特性:±%/℃ 测量范围:0～200 000 Lux 输出形式:二线制 4～20 mA 电流输出 大气压力:80～110 kPa

（2）工业类传感器

工业通常包括采矿业、制造业、建筑业等,传感器在工业中应用就会涉及机械制造、工程控制、汽车电子产品、通信电子产品等。随着社会的进步与发展,传感器在工业中的应用也越来越广泛。在现代工业生产尤其是自动化生产过程中,要使用各种传感器来监测和控制生产过程中的各个参数,使设备工作在正常状态或最佳状态,并使产品达到最好的质量。因此可以说,没有众多优良的传感器,现代化生产就失去了基础。工业中有一些特殊的环境,如炼钢锅炉房的高温、煤矿井下的粉尘和高瓦斯及工业自动控制中大功率继电器的电磁干扰等。因此,针对应用在特殊环境下的工业传感器,都有着自身不同的性能特点。以下是几种常见的工业类传感器。

① 煤矿用风速传感器

煤矿用风速传感器主要用于煤矿井下进、回风巷道通风风速、风量和风向的测量。煤矿井下有毒有害气体通过通风方式排出井口外,所以通风的监测是保证煤矿安全生产的重要手段。该传感器的测量范围通常为 0.3~15 m/s,安装位置和数量主要由具体煤矿的巷道分布决定。一款典型的煤矿用风速传感器如表 2.8 所示。

表 2.8　煤矿用风速传感器

名称	图片	主要性能参数
煤矿用风速传感器	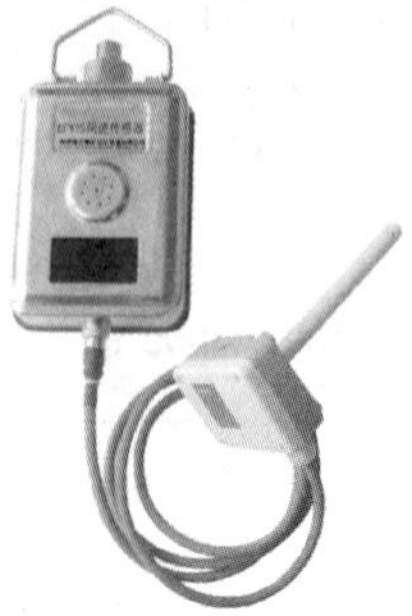	工作电压:DC 9~25 V 测量范围:0.3~15 m/s 基本误差:±0.2 m/s 分辨力:0.05 m/s 风速信号输出制式:电流 DC 4~20 mA、频率 200~1 000 Hz、数字信号 RS485 工作温度:0~40%/℃ 大气压力:80~110 kPa 防爆类型:矿用本安型

② 环境噪声传感器

环境噪声传感器检测环境中声音的大小,广泛应用于各种施工场地、工业生产环境。通过该传感器,可以及时掌握环境中噪声的大小,为工业中的施工和生产提供控制依据。一款典型的环境噪声传感器如表 2.9 所示。

表 2.9　环境噪声传感器

名称	图片	主要性能参数
环境噪声传感器	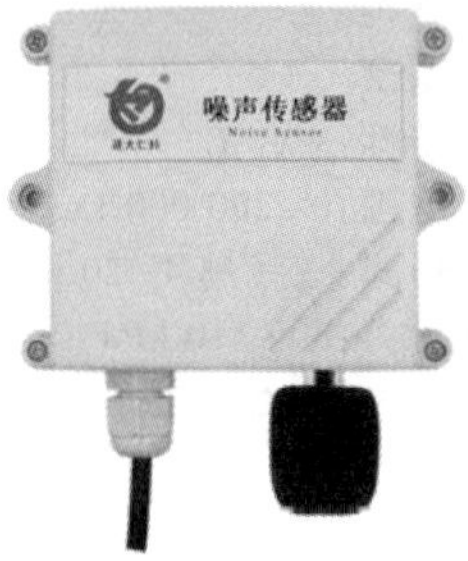	工作电压:DC 24 V(DC 10~30 V) 测量范围:20~120 dB 噪声精度:±0.5 dB 分辨率:0.1 dB 输出信号:485 通信协议,4~20 mA、0~5 V、0~10 V 可选 稳定性:≤2% 响应时间:≤3 s 工作环境:-20~60 ℃,0~95%RH(非结露)

③ 扬尘传感器

扬尘传感器主要用于工地扬尘的监测,具体包括 PM2.5、PM10 和 TSP 等参数。通过对这些参数的监测,实时掌握现场的粉尘情况。一款典型的扬尘传感器如表 2.10 所示。

(3)服务业类传感器

服务业包括金融证券、智能家居、交通运输等,除了第一产业和第二产业,其他产业都可以划分到服务业。这些传感器主要是为生产生活服务的,提高人们的生活品质和效率。

表 2.10　扬尘传感器

名称	图片	主要性能参数
扬尘传感器	粉尘检测仪 DUST DETECTOR	工作电源:电压 8~30 V DC,电流≤250 mA 检测对象:PM2.5(0~2 mg/m³)、PM10(0~4 mg/m³)、TSP(0~10 mg/m³) 测量精度:PM2.5≤±10%、PM10≤±20%、TSP≤±20% 分辨率:1 μg/m³ 输出信号:UART+RS232 或 UART+RS485 重复性:≤10%

① 烟雾传感器

烟雾传感器广泛应用在城市安防、建筑、资源、石油、化工、燃气输配等众多领域,通过监测烟雾的浓度来实现火灾防范。一款典型的烟雾传感器如表 2.11 所示。

表 2.11　烟雾传感器

名称	图片	主要性能参数
烟雾传感器		工作温度:−10~+50 ℃ 报警浓度:0.65%~15.5%FT 工作湿度:10%~90% 工作电源:DC 12 V/DC 9 V 信号输出:常开/常闭 安装方式:吸顶 外　　壳:阻燃树脂 产品尺寸:直径为 105 mm,厚度为 32 mm

② 人体红外传感器

人体红外传感器是一种能检测人或动物发射的红外线的传感器。它目前正被广泛应用于各种自动化控制装置中,比如:用在我们熟知的楼道自动开关、防盗报警上。另外,它在更多领域的应用前景也被看好。比如:在房间无人时会自动停机的空调机、饮水机,电视机能判断无人观看或观众已经睡觉后自动关机等。一款典型的人体红外传感器如表 2.12 所示。

表 2.12　人体红外传感器

名称	图片	主要性能参数
人体红外传感器		工作电压:DC 4.5~20 V 静态电流:≤50 μA 电平输出:高 3.3 V/低 0 V 延迟时间:5~200 s 封锁时间:2.5 s 工作温度:−20~70 ℃

2.3.4   传感器技术发展趋势

随着科学技术的迅猛发展以及相关条件的日趋成熟,传感器技术受到了高度重视并得到了更为广泛的应用。当今传感器技术的研究与发展,已成为推动国家乃至世界信息化产业进步的重要标志与动力,基于这些状况,传感器技术将主要朝着以下几个方向发展。

（1）智能化

当前,在人工智能的催动下,智慧城市、智慧医疗、智能交通、智能家居、智能安防等概念纷纷落地,机器人、无人机等产品也越发智能化,智能化热潮已经在各领域掀起。在此背景下,作为现代生活生产体系中的重要组成部分,传感器的智能化也将是大势所趋。

传感器的智能化,主要表现在自主感知、自主决策等方面能力的升级和增强,同时与人之间也形成流畅交互性。如图 2.16 所示,智能传感器能够与人工智能业态相融合,为各大产业及各类产品的智能化提供坚实支撑。

（2）微型化

为了能够与信息时代信息量激增、要求捕获和处理信息的能力日益增强的技术发展趋势保持一致,对于传感器性能指标的要求越来越严格,而传统的大体积弱功能传感器往往很难满足上述要求,所以它们已逐步被各种不同类型的高性能微型传感器（如图 2.17 所示）所取代;这也导致了 MEMS（Micro-Electro-Mechanical Systems,微机电系统）传感器研发异军突起。随着集成微电子机械加工技术的日趋成熟,MEMS 传感器将半导体加工工艺引入传感器的生产制造,实现了规模化生产,并为传感器微型化发展提供了重要的技术支撑,这类传感器主要由硅材料构成,具有体积小、重量轻、反应快、灵敏度高以及成本低等优点。

图 2.16   传感器与人工智能结合

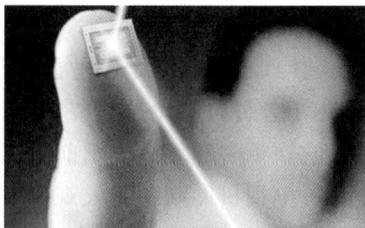

图 2.17   微型传感器芯片

小　知　识

MEMS

MEMS 技术建立在微米/纳米基础上,是对微米/纳米材料进行设计、加工、制造、测量和控制的技术。完整的 MEMS 是由微传感器、微执行器、信号处理和控制电路、通信接口和电源等部件组成的一体化的微型器件系统。

MEMS 传感器能够将信息的获取、处理和执行集成在一起,组成具有多功能的微型系统,从而大幅度地提高系统的自动化、智能化和可靠性水平。它还使得制造商能将一件产品的所有功能集成到单个芯片上,从而降低成本,适用于大规模生产。MEMS 传感器首先在物理量测量中获得成功,代表为微机械压力传感器。目前,以膜片为压力敏感元件的硅机械压力传感器已经占据了压力传感器市场的很大份额,具有体积小、重量轻和批量化生产的特点。MEMS 技术进一步在加速度、角速度、温度等其他物理量测量上得到了迅速的推广。

（3）集成化

传感器的集成化分为传感器本身的集成化和传感器与后续电路的集成化。传感器本身集成化包括两类:一类是同类型多个传感器的集成,即同一功能的多个传感元件用集成工艺在同一平面上排列,组成线性传感器(例如 CCD 图像传感器)。另一类是多功能一体化,如几种不同的敏感元器件制作在同一硅片上,制成集成化多功能传感器,集成度高、体积小,容易实现补偿和校正,是当前传感器集成化发展的主要方向(人体生命特征的多参数传感器,能够同时检测脉搏、心电、体温及身体活动 4 种生命体征信息)。后续电路的集成化是将传感器与调理、补偿等电路集成一体化,使传感器由单一的信号变换功能,扩展为兼有放大、运算、干扰补偿等多功能。图 2.18 所示为多参数水质监测传感器。

图 2.18　多参数水质监测传感器

（4）网络化

传感器与数据、信息紧密相连,收集和传输数据信息是传感器的主要使命。如今,随着进入信息时代,数据的流通进一步扩张,无论是数字经济发展还是互联网普及,抑或信息技术的应用,都对传感器提出迫切需求,使得传感器必须在网络化方面有所升级。

2019 年以来,5G 商用的开启已经为传感器网络化发展带来重大利好,在 5G 网络高速率、低延时、大容量的优势支持下,传感器得以实现更加顺畅、快速的数据传输,自身性能也获得全面提升。接下来,传感器还需加速与 5G 的融合发展,进一步深化自身的应用。

图 2.19 所示为无线传感器网络。

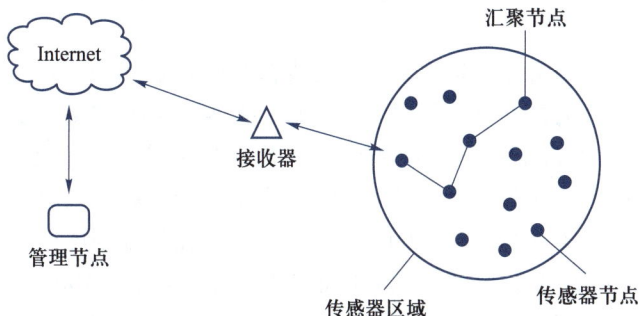

图 2.19　无线传感器网络

2.4　传感器的选型

传感器是对被测量进行测量,不同的应用场景对具体传感器的需求是不一样的。通常情况下,传感器选型涉及其性能参数、硬件接口、信号输出形式、成本、工作环境和其他特殊要求等,并且要满足相关国家、行业或者地方技术标准。下面,主要介绍传感器的特性参数、硬件接口和信号输出形式。

微课扫一扫
传感器的静态性
能参数 1

微课扫一扫
传感器的静态性
能参数 2

2.4.1　传感器的特性参数

不同传感器具有不同的功能,并且它们都有着自己特定的参数。功能明确了传感器的用途,特定的参数则往往决定了它的使用范围和对象。我们知道,传感器作为感受被测量信息的器件,希望它能按照一定的规律输出有用的信号,因此需要了解及研究它的输入与输出关系及特性。通常,传感器的这种特性包括静态特性及动态特性。静态特性是描述输入为不随时间变化的恒定信号时,传感器输出与输入的关系。在实际的传感器应用中,静态特性往往是选型的重要依据。动态特性描述的是输入为随时间变化的信号时,传感器输出与输入的关系,这种特性是在传感器的设计、生产和测试过程中,研发人员需要重点考虑的,一旦传感器完成研发后就无法改变。从应用的角度,这里主要介绍传感器的一些典型静态特性参数:量程、精度、灵敏度、分辨力、线性度、重复性和漂移。

（1）量程

传感器的测量范围是一个确定的量,所能测量到的最小输入量与最大输入量之间的范围称为传感器的测量范围。而量程(x_{FS})就是测量范围的最大值(X_{max})与最小值(X_{min})的差值。量程越大,说明传感器可测量的观测值范围越大,反之亦然。可以通过量程的大小来确定传感器能否覆盖需要测量的被测量取值范围,其计算公式为

$$x_{FS} = X_{max} - X_{min} \qquad\qquad (2-1)$$

如表 2.3 所示的 MIX1013 酒精检测传感器能够测量的范围为 500～30 000 ppm,则该传感器的量程为

$$x_{FS} = 30\ 000\ \text{ppm} - 500\ \text{ppm} = 29\ 500\ \text{ppm}$$

如表 2.5 所示的土壤温度传感器能够测量的范围为 -40～60 ℃,则该传感器的量程为

$$x_{FS} = 60\ ℃ - (-40\ ℃) = 100\ ℃$$

在一些实际应用中,通常用测量范围来描述量程,上述的两款传感器的量程表示分别为"量程:500～30 000 ppm"和"量程:-40～60 ℃"。

（2）精度

传感器的精度是指实际测量观测结果与真值(或被认为是真值)之间的接近程度,即测量值与真值的最大差异。精度越高,说明传感器测量的结果与真实值越接近、误差越小,反之亦然。通过了解传感器的精度,才能够选择满足误差要求的传感器,并对不同传感器的精度进行比较。通常来说,精度越高,性能越好。我国工业仪表精度等级分为 0.1、0.2、0.5、1.0、1.5、2.5、5.0 七个等级,并标记在仪表刻度标尺或铭牌上。

仪表精度 =（绝对误差的最大值/仪表量程）×100%

仪表精度是一个相对值,以上计算公式取绝对值并去掉%就是我们看到的精度等

级。在实际的传感器性能参数表中,精度表述的方式没有那么严格,比如 ABSD-01A 红外测温传感器的精度为测量值的±1%,对应的精度等级为 1.0;而在土壤温度传感器的精度表示为精确度:±0.2 ℃,经过换算,对应的精度等级为 0.2。

（3）灵敏度

灵敏度定义为输出量的增量与引起该增量的相应输入量增量之比,即输出量的变化值除以输入量的变化值。它描述的是单位输入量的变化所引起传感器输出量的变化,对于同一个输入量变化,输出量变化越大,灵敏度就越高。灵敏度越高,说明传感器反应能力越强,反之亦然。通过对传感器灵敏度的分析,从而选择灵敏度适合的传感器来满足应用需求。灵敏度计算公式为

$$S = \frac{Y_{\max} - Y_{\min}}{X_{\max} - X_{\min}} \tag{2-2}$$

如表 2.7 所示的光照度传感器的测量范围为 0~200 000 Lux,传感器输出 4~20 mA 的电流信号,则其灵敏度为

$$S = \frac{20 \text{ mA} - 0 \text{ mA}}{200\,000 \text{ Lux} - 0 \text{ Lux}} = 0.000\,1 \text{ mA/Lux}$$

灵敏度参数多数时候不会在产品性能参数上直接表示出来,它是根据性能参数表中的输入输出信号进行计算得出的。

（4）分辨力

传感器的分辨力是指在规定测量范围内可检测出的被测量的最小变化量。也就是说,如果输入量从某一非零值缓慢地变化,当输入变化未超过某一数值时,传感器的输出不会发生变化,即传感器对此输入量的变化分辨不出来;只有当输入量的变化超过分辨力时,其输出才会发生变化。分辨力描述的是传感器能够感受到的被测量的最小变化的能力。分辨力越小,说明传感器能感知到的被测变化量越小,反之亦然。分辨力的表达式如下

$$R_x = \max |\Delta x_{i,\min}| \tag{2-3}$$

式中,$\Delta x_{i,\min}$ 为在第 i 个测量点上能产生可观测输出变化的最小输入变化量;$\max |\Delta x_{i,\min}|$ 指在整个量程内取最大的 $\Delta x_{i,\min}$。

对于数字式仪表,分辨力就是仪表指示值的最后一位数字所表示的值。分辨力一般用绝对值表示,用与满量程的百分比表示时称为分辨率。实际应用中,分辨力与分辨率没有进行严格区分。表 2.8 中,煤矿用风速传感器的分辨力表示为:0.05 m/s,表明该传感器能够感知到的风速的最小变化量是 0.05 m/s,小于该值的风速变化,传感器就检测不到了。表 2.9 中,环境噪声传感器的分辨力表示为分辨率:±0.5 dB,表明声音变化值在-0.5 dB 至 0.5 dB 之间,传感器是检测不到的。

（5）线性度

通常,我们希望传感器的输出与输入是严格的线性关系(一定斜率的直线),但实际使用中,几乎每一种传感器的输出都是非直线的,所以就用传感器的线性度描述其输出与输入量之间的实际曲线偏离理想曲线(是一条直线)的程度,如图 2.20 所示。

传感器的线性度计算公式如下:

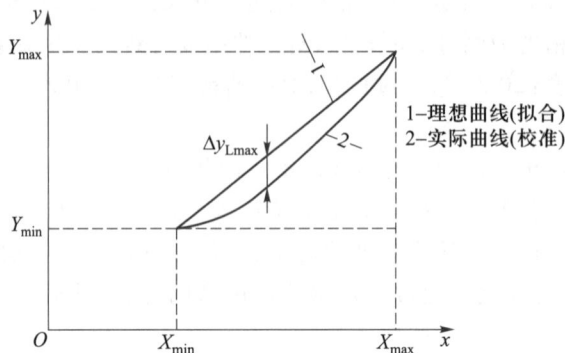

图 2.20　传感器的线性度

$$\xi_L = \frac{\Delta y_{L,max}}{y_{FS}} \times 100\% \tag{2-4}$$

如表 2.2 所示的 MPS20N0040D-S 型血压检测传感器的线性度为:0.3%FS,即满量程的 0.3%,满量程是 40 kPa-0 kPa=40 kPa,0.3%FS 为 0.001 2 kPa,这表明传感器输出校准曲线对于拟合直线的最大偏差为 0.001 2 kPa。

（6）重复性

重复性表示传感器在按同一方向做全量程多次测试时,所得特性不一致性的程度,可以简单地理解为对同一个被测量进行多次测量的结果的一致性。按相同输入条件多次测试的输出特性曲线越重合,其重复性越好,误差也越小,反之亦然。传感器输出特性无法完全一致,这主要是由传感器机械部分的磨损、间隙、松动、部件的内摩擦、积尘以及辅助电路老化和漂移等原因产生。

从表 2.2 所示的 MPS20N0040D-S 型血压检测传感器的性能参数可以看出,它的重复性表示为一个绝对值:0.2%FS,即满量程输出的 0.2%,表明压力传感器对同一个被测量多次测量的结果会有满量程输出的 0.2% 的偏差。

（7）漂移

传感器的漂移是指在输入量不变的情况下,传感器输出量随着时间变化而变化,此现象称为漂移。产生漂移的原因有两个方面:一是传感器自身结构参数;二是周围环境（如温度、湿度等）。最常见的漂移是温度漂移,即周围环境温度变化而引起输出量变化,温度漂移主要表现为温度零点漂移和温度灵敏度漂移。漂移越小,说明传感器越稳定,反之亦然。

如表 2.2 所示的 MPS20N0040D-S 型血压检测传感器的温度漂移参数为:零点温漂移:-30~30 mV,这表明该压力传感器在输入为零的情况下,仍会有-30 mV 至30 mV的电压输出。

线性度、重复性、漂移是传感器的误差特性,通过分析传感器线性度、重复性和漂移参数,能够选择合适的传感器用于科研或者满足应用需求。

2.4.2　传感器的信号输出形式

传感器将被测量按照一定的规律转化为相应的电信号,这些电信号经过相应处理后会传输到下一级设备。根据不同的信号输出形式,可将传感器分为模拟传感器和数字传感器,二者有着各自的特点。

1. 模拟传感器

模拟传感器主要有电流、电压和频率 3 种信号输出形式。

（1）电流输出型

将信号转换为 4~20 mA 电流输出信号是一种典型的电流型信号输出形式,应用非常广泛。电流信号在传输过程中不受电路中电阻的变化影响,在传输中具有抗干扰能力强、传输距离远等优点,而主要缺点是电路调试及数据处理上相对烦琐。传感器的电流输出方式主要有两线制和三线制。所谓两线制输出即采用两根导线对外连接,一条电源线、一条信号线;三线制输出即用三根导线对外连接,通常是两条电源线、一条信号线。电流输出型传感器信号线上传的是电流值,通常需要将电流信号转换成电压信号才能够被测量设备直接采集使用。

图 2.21 是施工场地工人健康检测系统中用到的电流输出型红外测温传感器,采用的是两线制的电流输出。从中可以看到,电流输出的范围为 4~20 mA,当环境温度为 0 ℃时,传感器输出 4 mA 电流信号;当环境温度为 100 ℃时,传感器输出 20 mA 电流信号;环境温度每变化 10 ℃,传感器输出的电流变化为 1.6 mA。

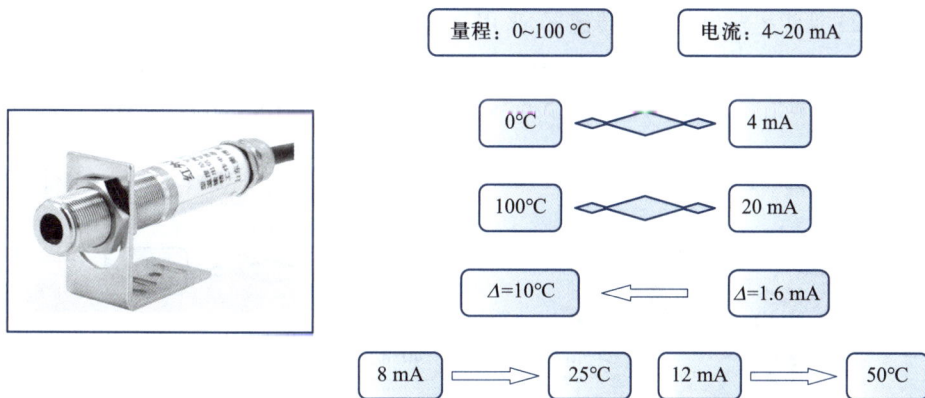

图 2.21 电流输出型红外测温传感器

（2）电压输出型

将传感器测量信号转换为 0~5 V 或者 0~10 V 电压输出,通过 A/D 转换电路转换成数字信号供采集设备读取、控制。因电压受电阻的影响较大,随着传输线路的延长,电压就会降低,所以电压输出型传感器不能够进行长距离信号传输,但这类传感器结构相对简单,成本较低。电压输出型传感器则通常采用三线制传输,信号线上传输的是电压值。

图 2.22 是电压输出型空气质量传感器,采用的是三线制传输,可以用于施工场地、室内环境的空气质量检测。从中可以看到,电压输出的范围为 0~5 V,当检测浓度为 1 ppm（百万分之一）时,传感器输出 0 V 的电压信号;当检测浓度为 30 ppm 时,传感器输出 5 V 的电压信号;检测浓度每变化 0.58 ppm,传感器输出的电压变化为 0.1 V。

（3）频率（脉冲）输出型

传感器将被测量转换成对应的频率信号,一般呈矩形波,频率一般为 200~1 000 Hz,

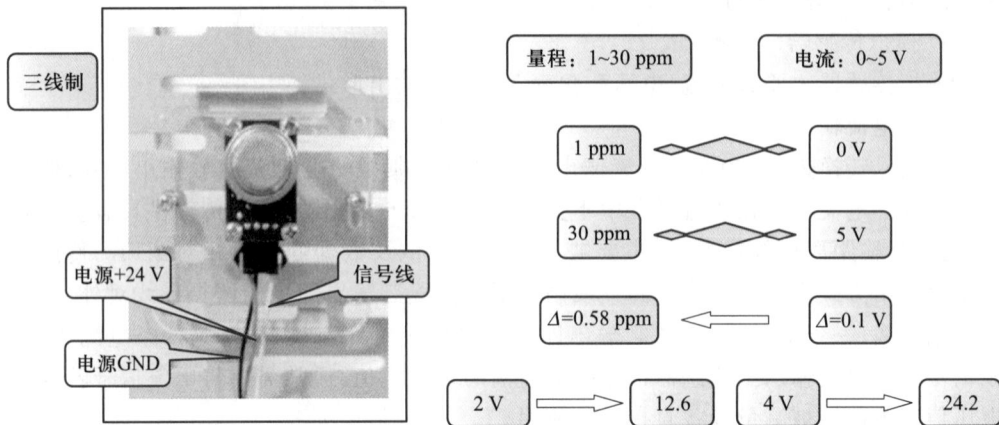

图 2.22　电压输出型空气质量传感器

且与幅度无关。频率输出型具有抗干扰能力强、传输距离远的优点,但频率信号通常还需要转换为电压信号,所以信号处理相对烦琐。对于频率输出型传感器通常采用三线制传输,信号线上传输的是频率值。

图 2.23 是频率输出型风速传感器,采用三线制传输,频率输出范围为 200~1 000 Hz。当风速为 0 m/s 时,传感器输出 200 Hz 的频率信号;当风速为 40 m/s 时,传感器输出 1 000 Hz的频率信号;风速每变化 0.5 m/s,传感器输出的频率变化为 10 Hz。

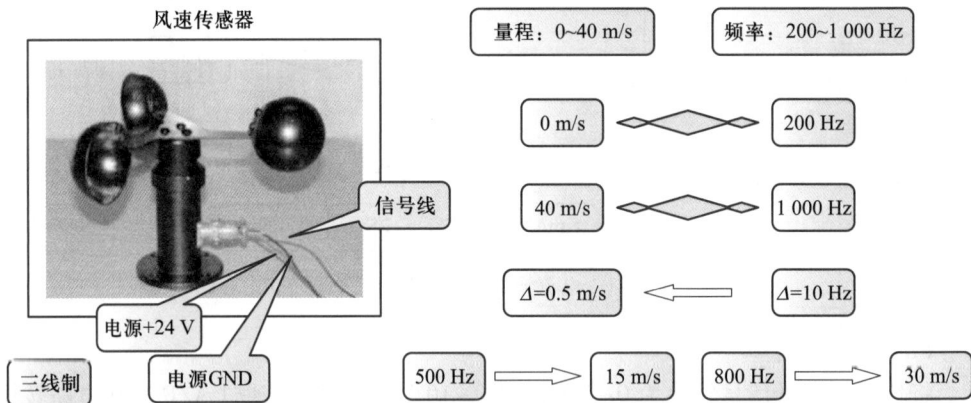

图 2.23　频率输出型风速传感器

2. 数字传感器

相比于模拟传感器的输出,数字传感器的输出信号由"0"和"1"组成,"0"和"1"分别对应的是低电平和高电平。"0"和"1"组成的一串数据与数字传感器测量到的被测量值一一对应。例如日常消费中常用的一款温度传感器——TC77 数字温度传感器,当测量的温度值为 25 ℃ 时,输出的二进制值为"0000110010000111"。在众多的数字传感器信号输出形式中,RS232 和 RS485 是目前最常见的。

（1）RS232 信号

RS232 指符合美国电子工业联盟（EIA）制定的串行数据通信规范的接口标准,全

微课扫一扫
传感器的有线数
字信号输出形式

称是 EIA - RS - 232,广泛应用于计算机串行接口外设连接。RS232 信号则是基于 RS232 接口进行传输的一种数字信号。RS232 接口是 1970 年由 EIA 联合多个厂家共同制定的标准,该标准规定采用 25 个脚的 DB25 连接器,对连接器的每个引脚的信号内容加以规定,还对各种信号的电平加以规定。随着设备的不断改进,出现了代替 DB25 的 DB9 接口。一方面,由于 RS232 接口标准出现较早,难免有不足之处,主要有以下四点:① 接口的信号电平值较高,易损坏接口电路的芯片,又因为与 TTL 电平不兼容,故需使用电平转换电路方能与 TTL 电路连接;② 传输速率较低,在异步传输时,波特率最高为 20 kbps;③ 接口使用一根信号线和一根信号返回线而构成共地的传输形式,这种共地传输容易产生共模干扰,所以抗噪声干扰性弱;④ 传输距离有限,实际最大通信距离约为 50 m。另一方面,RS232 信号对应的接口简单,发展成熟,安装方便,可同时接收和发送数据,应用非常广泛。

小　知　识

TTL 电平

TTL(Transistor-Transistor Logic)电平是晶体管-晶体管逻辑电平的简称。TTL 电平信号被广泛使用的原因是其采用二进制来表示数据,+5 V 等价于逻辑"1",0 V 等价于逻辑"0",这被称作 TTL 信号系统。这是计算机处理器控制的设备内部各部分之间通信的标准技术。TTL 电平信号对于计算机处理器控制的设备内部的数据传输是很理想的。首先,计算机处理器控制的设备内部的数据传输对于电源的要求不高以及热损耗也较低;其次,TTL 电平信号直接与集成电路连接而不需要价格昂贵的线路驱动器以及接收器电路;最后,计算机处理器控制的设备内部的数据传输是在高速下进行的,而 TTL 接口的操作恰能满足这个要求。

（2）RS485 信号

RS485 是一种典型的串口通信标准,通常采用两线制差分信号传输,可以实现点对多通信。在工业控制场合,RS485 总线因其接口简单、组网方便、传输距离远等特点而得到广泛应用。RS485 和 RS232 一样都是基于串口的通信接口,数据收发的操作是一致的。但是它们在实际应用中通信模式却有着很大的区别,RS485 采用平衡发送和差分接收,因此具有抑制共模干扰的能力,通信距离可达上千米。RS485 接口组成的半双工网络,一般是两线制,多采用屏蔽双绞线传输。这种接线方式为总线式拓扑结构,在同一总线上最多可以挂接 32 个节点。在 RS485 通信网络中一般采用的是主从通信方式,即一个主机带多个从机,如图 2.24 所示。

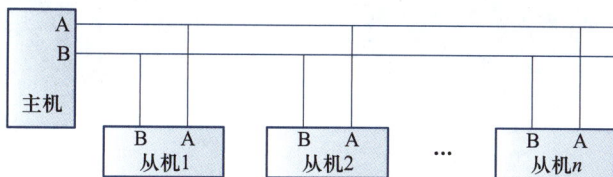

图 2.24　RS485 主机-从机通信图

微课扫一扫
传感器输出信号
的转换

微课扫一扫
传感器数字信号
的协议格式

微课扫一扫
传感器信号的接
口技术

3. 模拟传感器和数字传感器的区别

① 由于数据采集设备往往只能接收数字信号,因此模拟传感器需要外加设备进行 A/D 转换才能转换为数字信号;而数字传感器直接可输出数字信号,无须另外的信号转换环节。

② 模拟传感器容易受到强电干扰(如电焊)和浪涌(如雷击)影响,而数字传感器有各种保护电路和防雷击设计,大大保证了传感器的正常工作。

③ 模拟传感器的信号容易受射频干扰和电磁干扰,而且在信号传输过程当中由于电缆电阻的影响会造成信号衰减,所以传输距离较短;数字传感器的数字信号不易受干扰,按照工业级的现场总线通信协议传输,通信信号强,高速且纠错能力强。

④ 模拟传感器结构简单,价格便宜;数字传感器较复杂,传输遵循一定能够的协议,价格相对较贵。

2.4.3　传感器的物理接口形式

在一个物联网系统中,感知层的传感器在感知到被测量之后,经过传感器转换后输出的信息需要传输到网络层,最终到应用层。在此过程中,传感器输出的信息如何传输到网络层?这就涉及传感器与数据采集设备或网络层设备之间的通信接口匹配问题。通信接口包括无线通信接口和有线通信接口。无线通信接口包括 ZigBee、蓝牙、Wi-Fi、NB-IoT 等。有线通信接口主要有接线端子、RJ45、D 形串口、USB 接口和航空插头等几种形式。如图 2.25 所示,这些硬件接口决定了传感器的选择,也决定了接入设备的选择。那么,传感器到底包括哪些典型的硬件接口?各种硬件接口有什么功能作用?它们之间又有什么区别?

(a) 带接线端子的空气质量传感器和温湿度变送器

(b) 带RJ45接口的机柜温度传感器

(c) 带DB9接口的加速度传感器

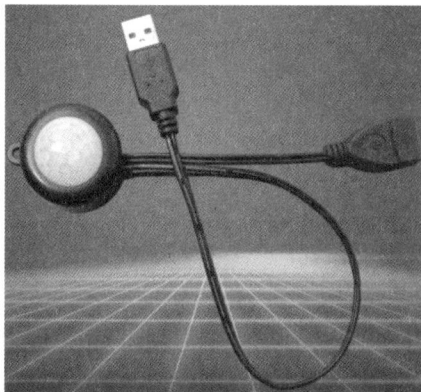

(d) 带USB接口的人体红外传感器　　(e) 带航空插头的甲烷传感器

图 2.25　传感器的各种物理接口

（1）接线端子

接线端子有很多种形式,如图 2.26 所示。根据引脚的数量,常见的包括两线端子、三线端子和四线端子,需要通过线缆将传感器上的端子连接至一些数据采集设备或者数据转接口。实际应用中,也会有其他数量的端子,但基本不会超过 20 个针脚。

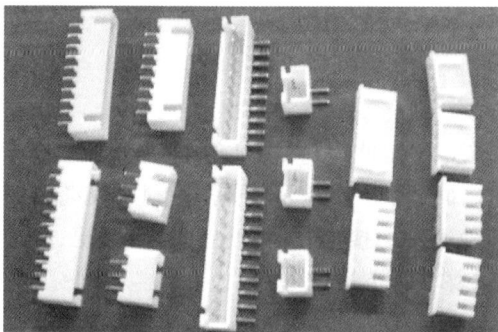

图 2.26　接线端子

这种端子由塑料底座和金属铜插针制成,价格便宜。端子在使用时,利用对应针数的插头插入端子即能实现线路的连接,并可以实现多次插拔。但连接的牢固性不是很好,多次插拔后会影响连接的牢固度。

（2）RJ45 接口

RJ45 是布线系统中信息插座(即通信引出端)连接器的一种,连接器由插头(接头、水晶头)和插座(模块)组成,插头有 8 个凹槽和 8 个触点,如图 2.27 所示。在一些传感器产品中也常用到,一般这种传感器主要通过网线直接连接到一些也具有 RJ45 接口的网络设备,如路由器、集线器、交换机等。

（3）D 形接口

D 形数据接口连接器是用于连接电子设备(比如:计算机与外设)的标准接口。因形状类似于英文字母 D,故得名 D 形接口。通常,用得较多的是 9 引脚的 D 形接口,即 DB9,如图 2.28 所示。

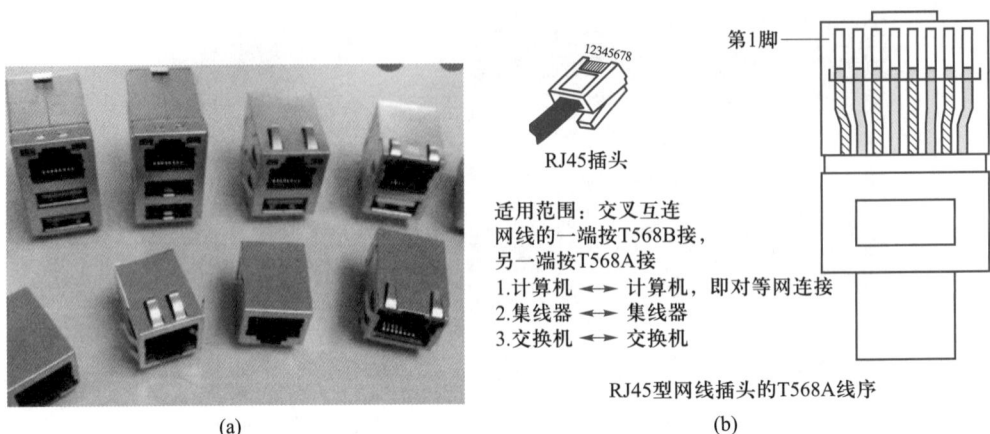

图 2.27　RJ45 接口及其线序

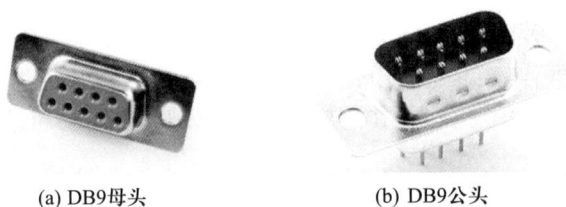

(a) DB9母头　　　　(b) DB9公头

图 2.28　串口接口

DB9 有公头、母头之分,一组公、母头成对连接使用,并可通过螺钉加强连接牢固度。在传感器接口设计时,可以根据需要选择公头或者母头,通信时,利用线缆或者直接连接传感器和其他设备。这种接口是一种通用的接口,价格便宜,使用方便;但是由于该类接口体积较大,不适合于对接口体积要求较小的设备。

（4）USB 接口

USB 即通用串行总线的简称,是目前计算机上应用较广泛的接口规范,由 Intel、Microsoft、IBM 等几个龙头企业发起的外设接口标准。USB 接口是一种四针接口,分别用于数据传输和电源供电,图 2.29 所示。USB 接口速度快、连接简单,传输速率快,支持热插拔。但是该类接口的连接牢固度不高,容易松动。

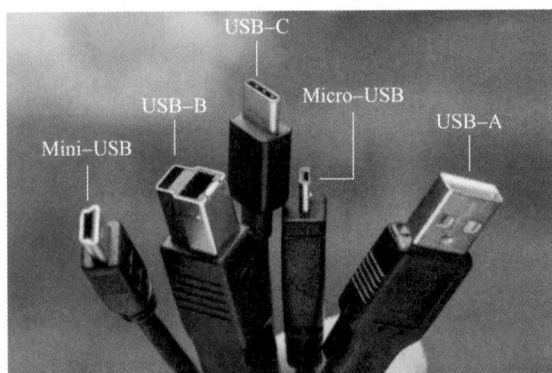

图 2.29　USB 接口

（5）航空插头

在工业应用中，航空插头应用最为广泛。航空插头也可称插头座，广泛应用于各种电气线路中，起着连接或断开电路的作用。航空插头插针的数量是不一定的，1 到 9 针的均有，成对使用，如图 2.30 所示。

航空插头在工业中应用非常广泛，源于其有很多优点：一是具有较长的机械寿命，即插拔寿命，通常可以达到 500～1 000 次的插拔。二是具有较强的防护等级；接口或插头在工作时存在电火花的隐患，航空插头不仅能防止引燃，还能在引燃和起火时短时间内自灭；此外，航空插头经常会应用到一些湿度、温度、粉

图 2.30　航空插头

尘等较为恶劣的环境，达到一定的防水防尘要求。三是提供多种连接方式；航空插头通过插头、插座的插合和分离来实现电路的连接和断开，因此就产生了插头和插座的各种连接方式，对圆形航空插头来说，主要有螺纹式连接，卡口式连接和弹子式连接三种方式，如图 2.31 所示。

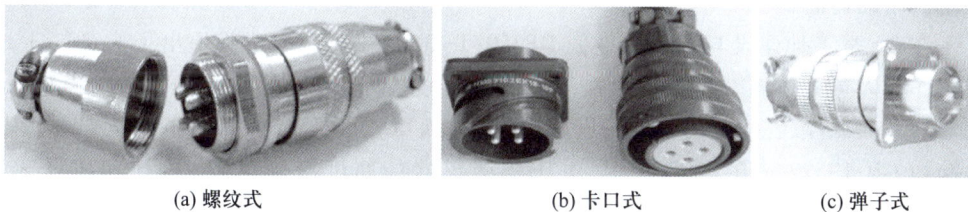

(a) 螺纹式　　　　　　　　(b) 卡口式　　　　　　　　(c) 弹子式

图 2.31　常见的航空插头连接图

2.4.4　传感器的选型依据

传感器测量的效果很大程度上取决于传感器的选型是否合理，那么在选择传感器时，我们需要根据哪些依据呢？在熟悉相关标准的前提下，可结合实际工作环境、具体功能要求、成本分析等方面的因素，通过以下几个原则选择合适的传感器设备。

1. 性能指标

（1）清楚被测量及测量范围

因为不同传感器的功能不同，所以首先需要清楚应用需求，包括：被测量和被测对象的特点。考虑到传感器通常工作在测量范围的上下限附近时，性能相对较差，所以，在成本可控的情况下，使传感器工作在其量程的 30%～70%。在一些特殊应用中，应扩大量程，使传感器工作在其量程的 20%～30%，以保证传感器的使用安全和寿命。

以施工场地工人健康检测系统中测量人体体温的温度传感器为例。被测量为温度，被测对象为人，人体的体温范围一般为 36～41 ℃，所以选择的温度传感器的量程应包括这个范围。前文采用的红外测温传感器量程为 0～100 ℃，是满足测量要求的。血压计选择则在重庆市工程建设标准《智慧工地建设与评价标准》中引用了国家标准《血压计和血压表》（GB 3053—1993），在该标准中，明确指出了血压计的测量范围为 0～

微课扫一扫
传感器的选型依据

40 kPa。MPS20N0040D-S 血压计刚好满足此要求。

（2）关注灵敏度要求

一般来说，灵敏度越高，性能越好。灵敏度高，与被测量变化对应的输出信号幅度变化较大，有利于信号处理。表 2.7 所示的光照度传感器的灵敏度为 0.001 mA/Lux，即测量的光的强度每变化 1 Lux，电流变化 0.001 mA，如果另外有一款光照度传感器的灵敏度为 0.01 mA/Lux，则当光的强度每变化 1 Lux，电流变化 0.01 mA，相对而言，后者就更灵敏，性能更好。但要注意的是，传感器的灵敏度高，与被测量无关的外界噪声也容易混入，也会被放大，影响测量精度，这就得考虑传感器的信号和噪声的比值，在二者之间找到一个平衡点。

（3）了解精度

精度是关系到传感器测量准确性的一个重要性能指标。传感器的精度越高，价格越昂贵，因此，传感器选型时，确保精度满足整个测量系统的精度要求即可，可同时兼顾性能和成本两方面因素。另一方面，如果测量目的是定性或粗略定量分析，宜选用重复精度高的传感器，例如农业类传感器中，测量蔬菜大棚中的光照强度测量，仅需要测量光照强度的大致范围即可，进而为遮阳或者补光提供依据，因此并不需要高精度的传感器。如果是为了精确定量分析，必须获得精确的测量值，就需选用精度等级能满足要求的传感器。

在《智慧工地建设与评价标准》（DBJ50/T-356—2020）中明确提出了对进入工地现场作业人员的体温、酒精浓度、血压检测的精度要求。其中体温检测精度要求需达到 0.1 ℃，酒精浓度检测的仪器精度应满足《车辆驾驶人员血液、呼气酒精含量阈值与检验》（GB 19522—2010）的规定，血压监测仪器的精度应满足《血压计和血压表》（GB 3053—1993）的规定。

（4）其他指标

除了传感器的特性指标以外的其他性能指标，比如功耗，供电等。施工场地工人健康检测系统监测的血压和人体体温检测在相关标准中没有进行明确规定，因此检测这 2 个参数的传感器仪器的要求参照了居家自用进行血压检测和红外人体感应测温的要求。在《新型城域物联专网建设导则》（2020 版）中，具体要求如表 2.13 所示。

微课扫一扫
图像传感器的性能指标

表 2.13　血压计和红外测量仪的相关性能指标要求

传感器	性能指标	具体要求
血压计	功耗	≤100 mW
	使用寿命	不低于 5 年
	超压保护	具有
红外测温仪	供电	支持交流、电池供电方式
	功耗	监视状态下功耗应不大于 1 mW，数据上报状态下功耗应不大于 500 mW
	使用寿命	不低于 5 年
	连续工作时长	不低于 20 000 h

2. 硬件接口和信号输出形式

传感器将被测量经过一定的规律转换成电信号或者其他形式的信号后,还需要接入对应的设备。因为不同的传感器信号输出形式不尽相同,将决定后续处理电路及后续设备的选择,所以在选择传感器时,还需要考虑传感器的信号输出形式,并根据应用需求分析不同信号输出形式的优缺点。前文介绍的几种典型传感器均有相应的输出信号形式,从中不难看出不同的传感器信号输出形式或有不同,单个传感器可能也有多种信号输出形式供选择。

例如:在《智慧工地建设与评价标准》(DBJ50/T-356—2020)中,提出了工地现场网关设备实现 2 种及以上网络接入和数据远传的技术功能。因此,传感器选型时,需要结合系统整体情况,考虑传感器的硬件接口及信号输出形式。

3. 成本分析

在选择一款传感器时,成本是非常重要的一个因素。成本是指传感器的价格吗?答案是否定的,价格只是其中的一部分而已。成本通常要结合工程的经费预算,工程中,会明确地制定或者指导性地给出传感器的价格、数量和性能参数等。那么,需要对传感器的哪些成本进行考虑?

(1)传感器的购买成本

通常传感器分为芯片级传感器以及成品级传感器。市场上,这两种传感器的价格差异较大,一般情况下,成品级传感器进行了完整封装,可直接使用;但芯片级传感器还需要后续的电路处理,进行二次开发。由于二次开发需要花费时间和人力成本,因此这部分也需要计入成本。几种典型的人体温度传感器价格表如表 2.14 所示。

表 2.14　几种典型的人体温度传感器价格表

序号	型号	图片	参考价格/元
1	GY-906		54
2	HYT6832		1100
3	ABSD-01A	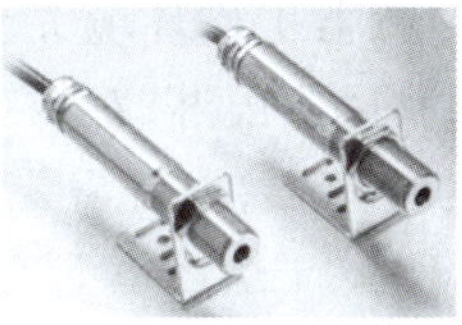	220

以上 3 个系列的人体温度传感器从性能上都满足施工场地工人健康检测系统的需求。考虑到本项目硬件方面更多是集成,因此不考虑 GY-906 系列的模块级别的人体温度传感器。第 2、3 款是产品级别的传感器,安装都非常容易,不存在开发和安装成本,因为第 2 款的性能大大超过需求的性能,且其价格过高,故倾向于选择第 3 款人体温度传感器。

(2) 安装与维护成本

首先是安装。不同的传感器,安装方式不一样。传感器是否需要特制的安装,或者其本身的安装是否灵活? 安装需要花费多长时间? 普通安装工人即可,还是必须技术熟练的技师或工程师? 安装过程是否需要另外购买电缆、连接器等其他配件?

其次是传感器的日常维护。传感器在使用过程中,需要定期进行标定和校准。不同的传感器标定寿命不一样,有半年的,也有不需要标定的。传感器的校准是否可以在其他地点进行,还是必须返厂? 需要每隔多长时间校准一次,成本如何?

最后是传感器的维修。传感器在使用过程中,会因不同原因出现损坏的情况,这就涉及产品可不可以维修,是现场维修还是必须返厂维修? 不能维修的产品需要购买新产品代替,能够维修也需要配件和维修费用,如果是返厂维修还涉及运费及耗费较长的时间。

以上文提到的煤矿用风速传感器为例,它主要用于煤矿井下巷道或者工作面风速的监测,它是悬挂安装,不需要安装板,但需要相应的挂钩并保持规定的高度,这部分通常是由购买单位负责,需要考虑其成本。安装是需要专门的技术员进行现场安装和调试,大的厂家通常在本地有办事处或者服务站,是包安装调试的,但选择小厂家或者经销商则不具备这样的条件,所以需要考虑人员成本。该传感器在日常维护过程中需要按照国家相关标准规定,定期到当地质监部门进行检定,并发放相应证书,需要一定的费用。作为应用到煤矿这种特殊领域的传感器,该传感器的维修也是非常关键的,大厂家都会由本地服务站或者办事处上门维修,在质保期内免费,但小厂家或者经销商的产品很多需要寄回生产厂家维修,手续麻烦且成本高。所有这种传感器通常建议向大厂家选购。

(3) 其他方面

不同的传感器生产厂家,综合实力各不相同(特别是生产能力),这将导致供货周期、运输成本、可靠性等不同,在选择传感器时也需要充分考虑。

4. 工作环境

在选择传感器之前,应了解其使用环境,并根据具体的使用环境选择合适的传感器,或采取适当的措施,减少环境的影响。通常工作环境给传感器造成的影响主要有以下几个方面:

(1) 室内外环境的差异

安装环境是室内还是室外是传感器工作环境关注的重要因素,影响传感器的 IP 防护等级。通常来说,室外环境涉及风吹雨淋,对传感器的 IP 防护等级要求较高,应选择焊接密封或抽真空充氮密封的传感器,或者需要在安装的时候加装防护装置,避免灰尘、碰撞或者雨淋。对于室内干净、干燥环境下工作的传感器,可选择密封胶充填封的传感器,防护等级要求就可以低一些。

（2）环境温度的影响

高温环境对传感器造成涂覆材料熔化、焊点开化、弹性体内应力发生结构变化等问题。温度过低，传感器可能产生严重的漂移现象，导致测量误差变大。不同应用类别的传感器对于环境的要求不同，例如：农业类的传感器工作的环境温度相对没有那么苛刻，而炼钢炉工作环境的传感器，由于环境温度高达 1 000 ℃，这就要求传感器能够耐高温。

（3）腐蚀性的影响

在腐蚀性较高的环境下，如潮湿、酸性对传感器造成弹性体受损或产生短路等影响，并损坏元器件及设备，应选择外表面进行过喷塑或不锈钢外罩、抗腐蚀性能好且密闭性好的传感器。例如：由于土壤较为潮湿且具有一定腐蚀性，因此多数农业类传感器都有抗腐蚀性的要求。

（4）电磁场的影响

电磁场过大的环境容易造成传感器输出信号紊乱。在此情况下，应对传感器的屏蔽性进行严格检查，看其是否具有良好的抗电磁能力。例如：在工业控制中，用到大功率的继电器时，就会产生较强的电磁场环境。

（5）防爆的需要

易燃、易爆隐患不仅对传感器造成彻底性的损害，而且还给其他设备和人身安全造成很大的威胁。因此，在易燃、易爆环境下工作的传感器对防爆性能提出了更高的要求，在易燃、易爆环境下必须选用防爆传感器。例如：国家煤监局要求，煤矿井下使用的设备，包括传感器，需要达到一定的防爆等级才能够使用。

> ## 讨　论
>
> 结合选型依据，分析施工场地工人身体状态检测仪中涉及的温度传感器、血压传感器和酒精浓度传感器的具体选型依据是怎样的？

2.5　传感器的安装调试

传感器需要放置到工作位置，进行安装调试后才能正常工作。因此，这里的安装指按照一定的程序、规则将完好的传感器固定到它需要正常工作的位置，并准确连接传感器所需的电源线路和信号线路等。这里的调试是指传感器在安装完成以后，通过设备上电，对传感器进行通电检测，并利用相关设备或操作检测传感器的通信情况或者数据输出情况是否正常。安装与调试通常是结合在一起的，在具体操作的时候往往会交叉进行。

传感器安装调试正确与否，不仅直接关系到能否获取正确有价值的测量数据，而且不正确的安装调试还会造成传感器的损坏，甚至可能影响到系统中其他设备的正常运行，带来不可预料的后果。因此传感器的安装调试是一项非常专业的工作，有具体的要求和方法，需要专业的人员才能够完成。

2.5.1　传感器安装调试步骤

不同传感器的安装调试步骤有一定区别，但主要包括以下几个步骤。

1. 初步检测

第一步,整体核对传感器型号和数量清单,准确无误后对单个传感器从外观上进行检测,目视传感器外观完好,并检查传感器配套的产品说明书,判别传感器配件清单和数量准确无误。

第二步,根据说明书将传感器电源连接上,通电检测传感器开机是否正常。这个过程中通常要根据传感器的说明书要求提供相应的电源及工具。

2. 安装位置的选择

传感器安装位置的选择非常重要,首先需要参照相关技术标准来进行。表 2.15 为智慧工地系统中扬尘传感器和噪声传感器在相关标准中建议的安装要求。

表 2.15   智慧工地系统中扬尘传感器与噪声传感器在相关标准中建议的安装要求

传感器	安装要求	参照标准
扬尘传感器	颗粒物采样口应设置在距离地面 3.5 m±0.5 m 处,且四周无遮挡	重庆市工程建设标准《智慧工地建设与评价标准》
	安装于施工现场车辆出入口、主作业面及扬尘隐患较大区域;当与其他建设工程相邻时,应避免在相邻边界处设置	《新型城域物联专网建设导则》(2020 版)
噪声传感器	监测点应在设置于施工厂界围墙外 1 m 处,高于围墙 0.5 m 以上,且位于施工噪声影响的声照射区域	重庆市工程建设标准《智慧工地建设与评价标准》
	噪声物联网感知终端安装应牢固、安全,避免外界破坏、干扰,便于日常维护、检修、更换配件;当与其他建设工程相邻时,应避免在相邻边界处设置	《新型城域物联专网建设导则》(2020 版)

除此之外,在安装过程中需要结合传感器的工作环境考虑保护传感器,这样既能够让传感器更好地测量数据,又能够延长传感器的工作寿命。例如,室外环境的传感器,应该考虑到阳光直射和雨露等因素,利用在传感器上方设置遮阳棚;如果传感器安装在一个较为狭小的空间时,可以考虑利用通风设备进行降温处理,避免温度过高影响传感器性能;如果环境中有人或者设备运行,注意传感器的安装位置要尽量不受环境中人和物的影响。

3. 传感器的固定

通过各种紧固件将传感器设备安装固定到指定地点,固定方式通常在传感器说明书上都有说明或者建议,主要有钢螺栓连接、胶合螺栓、石蜡黏结和双面胶带黏结等几种方式。此时需要按照说明书,利用相关工具将传感器与其配套附件进行组装,确保连接牢固。

4. 上电与检测

传感器安装固定后,按照说明书将传感器的电源线进行连接,并做好相关的保护措施,然后利用相关工具进行电源通断检测。虽然传感器在各行各业都有广泛的应用,但很多行业中传感器的工作环境较为复杂,因此,需要对传感器进一步进行上电,并检测传感器是否正常。如遇到相关故障,根据故障现象分析、判断故障原因并定位故障位置,记录故障现象,根据故障原因及故障位置,提出故障解决措施或者联系厂家处理。

5. 通信连接与检测

传感器作为物联网系统的感知设备,通常会和下一级设备进行连接并传输数据。首先,需要根据下一级设备的硬件接口将传感器对应的接口通过线缆或者配套数据线进行连接并确保牢固,然后,通过万用表等设备检测连接是否有效。

6. 参数配置

再次核实传感器说明书,根据说明书,对传感器零点和准确度进行调校,对报警点和信号传输方式等内容进行配置。

2.5.2　传感器安装调试注意事项

针对前面传感器安装调试的整个过程分析总结,传感器在安装调试过程中需要注意以下几点。

1. 使用传感器方面

① 传感器不宜直接安装在阳光直射、温度高、可能会结霜、有腐蚀性气体等位置。

② 连接导线不要和电力线、动力线使用同一配线管或者配线槽,或者使用屏蔽线。

③ 连接导线不能过细,长度不能过长。

④ 接通电源后要等待一定时间才能进行检测。

2. 电路安装工艺方面

① 连接导线的规格选用要正确。

② 电路各连接点连接可靠、牢固,外露铜丝最长不能超过规定长度。

③ 进接线排的导线都要编号,并套好号码管。

④ 同一接线端子的连接导线最多不能超过 2 根。

3. 装调工作安全要求方面

① 正确使用螺丝刀、尖嘴钳、剥线钳等工具,防止在操作中发生工具伤人的事故。

② 安装结束确认接线正确无误后,才能送电进行检测。

③ 传感器拆装要在掉电状态下进行。

④ 使用仪表带电测量时,一定要按照仪表使用的安全规程进行。

⑤ 安装调试时,不能用工具敲击安装调试的器件,以防造成器材的损坏。

2.5.3　物联网系统安装调试内容

传感器作为物联网系统的基础设备,在安装调试过程中往往是和物联网系统的其他设施的安装调试一体化进行的。物联网系统应按统一标准实施物联网感知终端的全生命周期管理,因此物联网系统的安装调试应参考相关标准进行,包括但不限于:以传感器为代表的感知终端的参数管理、安装调试、运行保障等环节。下面以《新型城域物联专网建设导则》(2020 版)的相关内容为例,介绍物联网系统的安装与调试。

1. 物联网感知终端的参数管理

（1）物联网感知终端的属性标识

为了更好地管理物联网系统中的各个终端，通过对物联网感知终端的位置信息和设备信息进行统一编码。物联网感知终端的位置信息，应遵循室内室外统筹，经纬度和门牌号兼顾的原则。

室内应包含省（自治区、直辖市）+市+区+街道+社区+道路+号/门牌+小区/栋+楼号+楼层+室号+房间+位置等具体参数，并具备相应的经纬度信息，精度至少保持小数点后 6 位（分米级）。

示　例

上海市+虹口区+江湾镇街道+＊＊社区+凉城路＊＊号+＊＊＊小区+＊＊＊单元+＊＊室+＊＊＊房间+121.＊＊＊＊＊＊（经度）+31.＊＊＊＊＊＊（纬度）。

室外位置应以道路、河道、门牌为参照，使用方位、距离等方式描述，并具备相应的经纬信息，精度至少保持小数点后 6 位（分米级）。

物联网感知终端的设备制造商应按本标准要求，在设备投入使用前生成终端编码，终端编码格式应至少包括设备 ID、设备型号、MAC 地址/IMEI 码、设备类型、生产日期、生产批次、设备制造商、终端编码版本号、网关识别码、自定义字段等，字节数宜不大于 128 位。

终端编码应具有唯一性，宜采用二维码、NFC 等方式。终端编码应符合国家有关法律法规及标准规范的要求，具有扩展性、规范性、开放性、兼容性和安全性。

（2）运行参数

① 运行参数应包括阈值定义、日常运行数据（变化数据）、终端维护日志等。物联网感知终端的阈值应按照不同的应用场景进行定义，建立规范的阈值标准体系。

② 日常运行数据宜包括终端类型、终端位置、应用场景、工作时段、终端状态、监测值、传输时间、软件版本、电池电量等不同字段。

③ 终端维护日志宜包括日志时间、日志事件、维护人员、维护内容、维护结果等内容。

（3）时间校准

物联网感知终端应定期进行时间校准，误差应不大于 5 s。

2. 物联网系统的安装调试

（1）布局优化

物联网系统的各个设备通常分布在不同的位置，它们之间的位置对它们的正常工作和相互之间的通信联络有一定的影响，因此，需要工作人员结合物联网系统中各个设备所处的现场情况以及前期物联网系统设计时的施工图纸指定局部的网络优化方案，并进行具体实施及制定相应的竣工图。

（2）安装调试准备

首先，根据系统方案准备好相应的设备，核实并确定设备型号及数量正确、外观正常、上电正常。其次，准备好系统安装需要的各种图纸及文档，包括拓扑结构图、接线图、安装图、安装及配置说明书等。然后需要选择并准备合适的安装调试工具、仪表、软件,同时按要求准备好安装调试环境,搭建安装调试系统。

（3）系统设备安装

系统设备安装包括3方面内容。一是系统安装:类似于传感器设备的安装调试,对物联网系统涉及的所有设备进行独立的安装与调试,位置固定、设备上电检测、通信检测、参数配置等。二是系统联调:具体包括对系统电源及通信的功能性测试,对有线传输和无线传输的通信链路测试,对感知模块的数据有效性进行测试,对系统主要参数进行测试。三是系统排故:对系统出现的各种故障进行记录、分析、制定解决方案,并解决各种问题。

3. 物联网感知终端的运维保障

物联网感知终端的运维保障包括日常维护、定期维护和突发性维护。日常维护是指通过心跳包、自检指令等方式对终端的电池电量、工作状态、传输质量等进行监控管理。定期维护是指定期对终端进行的巡检、预修、检测等工作,包括终端的软件升级、清洁、电池更换等。突发性维护是指终端发生非正常拆除、掉线、故障时进行的应急响应处置。物联网感知终端的运维保障应建立准确、完备的终端维护日志,并具备统计查询、远程管理等功能。

讨　论

结合施工场地工人健康检测系统和安装调试的理解,分析施工场地工人健康检测系统的安装调试过程中应注意哪些细节,应具备怎样的职业素养?

【项目实施】

虚拟仿真动画
施工场地工人健康检测系统安装调试

安装调试:施工场地工人健康检测系统

为了实现对施工场地工人身体状态实时监测及施工人员的有效管理,需要对施工场地工人健康检测系统进行安装调试。请结合施工场地工人健康检测系统的拓扑结构图和系统的功能原理,利用虚拟仿真软件完成以下要求:

① 分析传感器的指标要求,选择外形、接口、信号输出形式、性能参数合适的传感器进行数据调试。

② 按照图纸对传感器进行安装和线路连接。

③ 按照图纸及系统组成对系统进行安装和线路连接。

④ 按照系统功能和原理对系统进行功能验证和测试。

【项目评价】

项目名称： 施工场地工人健康检测 系统的安装调试	项目承接人姓名：	日期：
项目要求	得分标准	得分情况
项目分析(10 分) 　项目分析合理,项目准备 单填写准确	项目准备单填写合理性评价(每合理 1 条得 1 分, 满分 10 分)	
关键要求一(15 分) 　体温、血压、酒精浓度传 感器的选型依据罗列合理, 并能分析现有传感器的性 能参数,选出合理的传感器	1. 每款传感器选型依据分析占 3 分,选型 2 分,共 计 3 款传感器,总计 15 分; 　2. 每款传感器的选型依据分析与罗列占 3 分,静态 参数、接口及信号输出形式各占 1 分; 　3. 每款传感器的各项指标满足选型依据并选出的 传感器合理占 2 分	
关键要求二(15 分) 　能将系统中各个传感器 按照图纸安装到指定的位 置,并连接好线路	1. 能够将对应的传感器放置到系统对应位置(得 6 分); 　2. 能识读传感器的信号接口及形式,并和关联设备 准确连线和设置(得 9 分)	
关键要求三(15 分) 　将系统中除传感器以外 的其他所有设备按照相应 的图纸安装并连接起来	能够准确找到对应的设备,放置到图纸对应位置, 并准确将系统各设备连接起来(错一处,扣 1 分)	
关键要求四(15 分) 　根据系统功能和工作流 程对整套系统进行安装 调试	能够进行系统功能和性能的调试与验证(错一处, 扣 1 分)	
项目汇报(10 分) 　汇报内容清晰、重点突 出、时间把握合理,衣着整 洁、仪态自然大方	1. 汇报内容不清晰(每处扣 1 分); 　2. 重点不突出(根据情况酌情扣分,最多扣 2 分); 　3. 衣着不整洁(根据情况酌情扣分,最多扣 2 分); 　4. 仪态自然大方(根据情况酌情扣分,最多扣 2 分)	
职业道德与职业核心能 力(20 分) 　尊重劳动、解决问题、精 益求精	1. 团队成员无有效参与项目的完成及佐证(最多扣 10 分); 　2. 问题发现及解决记录不清晰,项目完成过程的步 骤不清晰(根据情况酌情扣分,最多扣 10 分)	
创新创意(附加 5 分)	在项目完成过程中,能结合国家对行业发展新要 求,应用新技术、新方法、新理念等,创新解决低碳、健 康、高质量发展等方面问题(每个点附加 1 分,最高附 加 5 分)	

【拓展项目】

物联网创意设计之选题

　　物联网技术在深刻地改变着我们的生产生活方式,细心观察你身边的点点滴滴,释放想象力、创造力,小组各成员完成一个物联网创意畅想,小组成员共同从背景、意义、价值等方面进行对比与探讨,选出小组最终的创意方案,并完成小组创意畅想,包括:畅想的来源、意义、功能、价值,字数不少于 1 500 字。

项目 3
城市交通卡口监控系统
需求分析

【引导案例】

安全、高效、便捷、经济、绿色的出行，一直是人们所追求的。如今，物联网、云计算、人工智能、大数据等正与交通行业加快融合，智能交通建设提速，人们离这一目标更近了。

"有了这趟公交车，我每天能多睡半个小时。"这是 2021 年 5 月长沙市首条试运营的智慧通勤公交带给市民真切的便利。如图 3.1 所示，利用物联网技术，长沙市改造了沿线 26 个路口的红绿灯，在保障安全的前提下，当该公交车行驶到红绿灯路口时，红灯会自动切换成绿灯，保证公共交通优先通行。同时，该公交车可通过 App 进行预约乘车。

2022 年 7 月 20 日起，北京的自动驾驶出租车迎来主驾无人、副驾有安全员的商业化试点阶段。首批获许企业将在北京经济技术开发区核心区 60 平方千米范围内投入 30 辆主驾无人车辆，开展常态化收费服务。北京市高级别自动驾驶示范区将持续深化无人化技术验证迭代，以政策创新赋能商业化探索需求。在保障安全的前提下，有序推进产业步入整车无人化阶段，最终实现民众出行服务体验的变革。图 3.2 所示为北京的无人驾驶。

危险品运输是道路运输安全监控的重点。按规定，运输危险品的车辆只能在特定的时间内沿着固定的路线行驶，然而哪条路线人口少、道路通畅、保障条件好、不易出现安全隐患等，人们并不清楚。而今，借助现代信息技术，通过分析道路沿线人口、拥堵状况、应急处理资源等，能够辅助交管部门规划危险品运输路线、时间，从而保障运输安全。

智能交通是将信息、通信、传感等技术综合运用于交通上的成果。长沙的智慧通勤公交、北京的无人驾驶、危险品运输路线规划，都是智能交通应用场景的有益探索。发展智能交通，符合我国交通行业转型的现实需求，也顺应了技术发展大势，既回应民

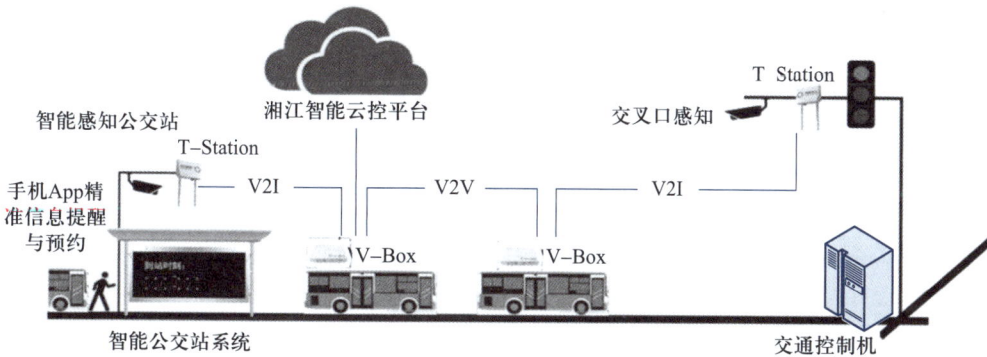

图 3.1　长沙的智慧通勤公交

图 3.2　北京的无人驾驶

生关切,也能牵引产业变革,是我国实现交通运输现代化的必然选择。

【学习目标】

知识目标

1. 了解智能交通的基本概念和具体应用
2. 理解智能交通系统的结构和关键技术
3. 掌握典型自动识别技术的特点及其应用场景
4. 掌握典型自动识别系统结构
5. 理解射频识别技术选型依据

6.理解物联网工程需求分析的要点

能力目标

1.能概述城市交通卡口监控系统结构及关键技术

2.能通过多种渠道收集信息,进行典型物联网系统需求分析

3.能根据需求,进行系统所需自动识别技术选型

4.能根据需求,绘制典型自动识别系统基本连接图

素养目标

1.养成积极沟通的习惯

2.领悟团队合作的精神

3.树立服务意识

项目解析
城市交通卡口监
控系统结构及关
键技术

【项目描述】

城市交通卡口监控系统需求分析

在某高新园区,随着入住率的提高,园区内车流、人流量急剧增加。尤其是在园区的 A 路口,每天早晚高峰经常堵车,交通事故频发。随着人口流动性的增加,园区内近半年发生了多起盗窃案件。因此,在园区 A 入口处建设交通卡口监控系统迫在眉睫。

受建设单位委托,某设计院将根据相关要求完成该路口交通卡口监控系统工程的设计工作。经过前期与客户的沟通交流和现场勘测等需求获取,在该路口建设交通卡口监控系统是必要且可行的。每天早晚高峰,该路口机动车、非机动车和人流混杂,经常出现机动车不按照信号灯、车道线引导行驶导致道路拥堵问题;同时,因为车辆行驶速度过快,发生各种交通事故。由于园区内有大型汽车配件加工厂,每天有各种重型货车经过该路口,路口的路面已经出现变形。另外,建设单位要求:该卡口监控系统必须按照全市智能交通建设规划,支持电子车牌的应用。

作为设计单位,经过充分地与客户沟通交流,对该交通卡口监控系统进行功能需求分析,为该系统的前端采集子系统选择合适的车辆检测和自动识别技术,并绘制整个系统基本连接图,形成《××园区城市交通卡口监控系统需求分析》报告。

报告模板
系统需求分析报
告模板

【知识准备】

3.1 认识智能交通系统

城市交通卡口监控系统,作为智能交通管理系统的重要组成部分,是指依托道路上特定场所,如收费站、交通或治安检查站等卡口点,对所有通过该卡口点的机动车辆进行拍摄、记录与处理的一种道路交通现场监测系统。

那么,到底什么是智能交通?智能交通又是如何利用物联网技术改造传统交通,为我们的生活提供便利和安全的呢?下面就让我们一起来认识智能交通。

3.1.1 智能交通的概念

智能交通系统(Intelligent Traffic System,ITS),是基于电子信息技术面向交通运输

的服务系统。它是将先进的信息技术、通信技术、传感器技术、控制技术及计算机技术等有效地集成运用于整个地面交通管理体系,加强车辆、道路、使用者三者之间的联系,从而形成一种保障安全、提高效率、改善环境、节约能源的综合交通运输管理系统。

随着国民经济快速发展,我国综合国力不断增强,交通基础建设大为改善,尤其以高速公路为主骨架的覆盖全国范围的高等级公路网络逐步形成。截至 2020 年年底,全国公路总里程为 519.81 万千米,其中高速公路里程为 16.1 万千米,为交通事业跨越式发展奠定了坚实的基础,在某种程度上缓解了交通在经济建设中的瓶颈制约作用。但是,随着经济的持续快速增长,公路网的通行能力已不能满足日益增长的交通需要,例如,交通拥挤、阻塞等现象的存在,交通污染和事故越来越引起社会普遍关注。如广佛高速公路,自建成通车后的 6 年间,交通量增加了 5 倍,原来的四车道逐步扩展成八车道。然而,持续不断的交通增长需求显然不能由无止境的车道扩展来满足。北京、上海、广州等多个城市为缓解这一压力,已经推出了限牌举措。

从国内外的实践经验来看,当一个国家交通发展到一定程度,再想单纯依靠修建道路设施来解决交通拥挤问题,不仅受投资等诸多条件的制约,而且效果非常有限。如何实现各类车辆的有效指挥、协调控制和管理已经成为交通运输和安全管理部门面临的一个重要问题。

经过长期和广泛的研究,很多国家已从主要依靠修建更多的公路,扩大路网规模来解决不断增长的交通需求,转变成用高新技术来改造现有公路运输系统及管理体系,从而达到大幅度提高路网通行能力和服务质量的目的。为了解决共同面临的交通问题,各国竞相投入大量资金和人力,开始大规模进行公路交通运输智能化的研究实验。美国 20 世纪推出的智能车辆公路系统(Intelligent Vehicle Highway System,IVHS),就是针对公路功能和车辆智能化的研究。随着研究的不断深入,系统功能扩展到公路交通运输的全过程及其有关服务部门,发展成为带动整个公路交通运输现代化的智能交通系统。

智能交通系统可以使人、车、路能够更和谐、密切配合,从而有效地利用现有交通设施、减少交通负荷和环境污染、保证交通安全、提高运输效率,因而,受到各国的日益重视。

3.1.2　智能交通的发展现状

1. 国外发展状况

国际上,美国、日本和欧洲的智能交通系统开发、应用较早,已从对系统的研究与测试转入全面部署阶段。其他一些国家和地区的智能交通研究也初具规模,如韩国、马来西亚、新加坡和澳大利亚等。

(1)美国 ITS 发展状况

美国在 20 世纪 60 年代就开始了电子路径诱导系统的研究,在 20 世纪 80 年代正式着手 ITS 的研究和规划。美国 ITS 发展至今,基本形成了出行和运输管理系统、公共交通运输管理系统、电子收费系统、商业车辆运营系统、应急管理系统、先进的车辆安全系统、信息管理系统、养护和施工管理系统八大研发领域和研究内容。

2020 年,美国交通部发布《智能交通系统(ITS)战略规划 2020—2025》,明确了"加速应用 ITS 转变社会运行方式"的愿景,描述了美国未来五年智能交通发展的重点任

微课扫一扫
智能交通的概念

微课扫一扫
智能交通的发展

务和保障措施,如从关注自动驾驶和智能网联汽车的研究上,加速 ITS 部署和应用等。

（2）日本 ITS 发展状况

日本从 20 世纪 70 年代开始了对智能交通系统的研究,如今已发展成一套较成熟的应用体系。目前,日本的所有主干道已基本覆盖了智能交通的自动收费、车路协同和导航等功能。

日本道路新产业开发组织每两年发布一次日本 ITS 手册,描述日本智能交通领域重点发展方向及关键举措,描述未来的任务是继续深化其功能研发和普及应用,加强各功能子系统集成度,进一步拓展新一代智能交通车载设备的服务等。

（3）欧洲 ITS 发展状况

欧洲在 ITS 应用方面的进展介于日本和美国之间。欧洲 ITS 未来的发展强调面向服务、高效节能。欧洲十分重视使用者的服务需求,在欧盟的框架下建立一致性的道路基础设施和相关的信息服务,如即时交通路况、即时路径规划、即时地图更新等。

欧盟力争到 2050 年使交通运输行业减少 90% 的碳排放,并出台一系列政策举措。其中,2020 年欧盟公布《可持续与智能交通战略》,并提出一份由 82 项倡议组成的行动计划,以便切实推进绿色与智能交通建设,助推欧洲经济绿色增长。

（4）其他国家 ITS 发展状况

韩国在光州市启动了 ITS 示范工程,耗资约 100 亿韩元,主要建设内容为交通感应信号系统、公交车乘客信息系统、动态线路引导系统、自动化管理系统、及时播报系统、电子收费系统、停车预报系统、动态测重系统、ITS 中心等项。

马来西亚 ITS 建设集中在多媒体超级走廊,从位于吉隆坡 88 层的国油双峰塔开始,南伸至雪邦新国际机场,达 750 平方千米。建成后可利用兆位光纤网络,把多媒体资讯城、新国际机场、新联邦首都等大型基础设施联系起来。

新加坡 ITS 建设主要集中在先进的城市交通管理系统方面,该系统不仅具有传统功能,如信号控制、交通检测、交通诱导外,还可以用电子计费卡控制车流量。在高峰时段和拥挤路段还可自动提高通行费,尽可能合理地控制道路的使用效率。

2. 国内发展状况

从 20 世纪 70 年代末至今,我国交通事业快速发展。智能交通系统作为跨世纪的经济增长点,已得到我国相关部门的高度重视。交通强国、交通新基建、交通数字化转型等行业政策引导我国智能交通发展。各级交通部门通过技术引进和自主创新,将一些先进技术逐渐应用到城市交通中。虽然在整体规模和层次上,我国的智能交通系统有待进一步提高,但在技术领域,已有部分成果处于世界领先地位。在政策和市场的双重作用下,我国智能交通的应用场景越来越多,将推动和引领国内外智能交通的新发展。

（1）政策层面

国家高度重视交通行业的发展。1998 年国际标准化组织智能交通标准化技术委员会中国委员会(ISO/TC204)批准成立,该委员会把推进中国 ITS 标准化作为主要任务。在"十一五""十二五""十三五"期间,相关部门分别发布了智能交通相关政策,为智能交通发展护航。据不完全统计,仅 2021 年,相关部门就出台了 18 个关于促进交通运输领域发展的政策性文件,其中,涉及智能交通发展的政策达 14 个。政策的制定体现出战略与标准并重的特点,聚焦产业支持及测试示范管理政策制定,从法规建设、资金保障和试点城市为智能交通的发展提供支持。从《交通强国建设纲要》《国家综合立体交通网规划纲要》,到《"十四五"现代综合交通运输体系发展规划》,我国交通强国建设路径日益清晰。

（2）技术层面

20 世纪 70 年代中期至 80 年代初期,我国主要研究城市交通信号控制技术。20 世纪 80 年代中期至 90 年代初期,一些大城市如北京、天津、上海引进消化了城市信号控制系统:北京引进了英国 SCOOT 系统,天津、上海引进了澳大利亚 SCATS 系统等。20 世纪 90 年代,一些大城市逐渐建设交通监控系统,一些高速或高等级公路建设监控及电子收费系统,地理信息系统（Geographic Information System, GIS）、全球定位系统（Global Positioning System, GPS）等技术也在管理、运营等领域应用。从"十一五"开始,国家通过"863 计划"等国家科技专项,开展智能交通管理的前沿技术探索和关键技术攻关,获取了一批自主知识产权的新方法、新技术和战略产品。"十三五"期间,物联网、云计算、大数据、移动互联网等新一代信息技术为智能交通的发展提供了强大的技术支撑。当下,基于 5G 通信技术的车路一体智能交通迅速发展,促使交通运输业向安全、高效、低碳进化,也使智能交通将城市与车辆、道路相互打通,助力智慧城市基础设施与智能网联汽车协同发展。在网络强国、交通强国等战略的强力推动下,车路一体正成为中国"十四五"期间智能交通发展的助推器。

3.1.3 智能交通系统结构和关键技术

1. 智能交通系统结构

智能交通系统作为物联网的典型应用,具有典型的物联网层级结构,即由感知层、网络层、平台层和应用层构成,如图 3.3 所示。感知层主要实现交通信息流的采集、车辆识别和定位等。网络层主要实现交通信息的传输,一般包括接入层和核心层,这是智能交通物联网中相对独立的部分。平台层主要实现网络传输层与各类交通应用服务间的接口和能力调用,包括对交通流数据进行分析和数据融合,与 GIS 的协同等。应用层主要包含各类应用,既包括局部区域的独立应用,如交通信号控制服务和车辆智能控制服务等,也包括大范围的应用,如交通诱导服务、出行者信息服务和不停车收费等。

微课扫一扫
智能交通的系统结构

2. 智能交通关键技术

（1）智能交通信息感知技术

实时、准确地获取交通信息是实现智能交通的依据和基础,包括交通流量、车辆识别、车辆位置信息等。智能交通感知层主要通过多种传感器（网络）、射频识别、定位等技术,实现人、车、路等多方面的交通信息的感知和采集。

微课扫一扫
智能交通的关键技术

① 磁频感知技术

在智能交通中,磁频感知技术的主要设备有环形线圈传感器和磁力传感器等。它们一般通过粘贴方式固定在车道表面,或切割路面安装在路面下。该技术常用于事件触发,几乎所有红绿灯、停车场出入口都埋有地感线圈,用以判断车辆通行的事件。磁频感知技术除了用于判断是否有车辆经过,还可以通过一系列算法检测车流量、车道占有率等交通信息,如图 3.4 所示。

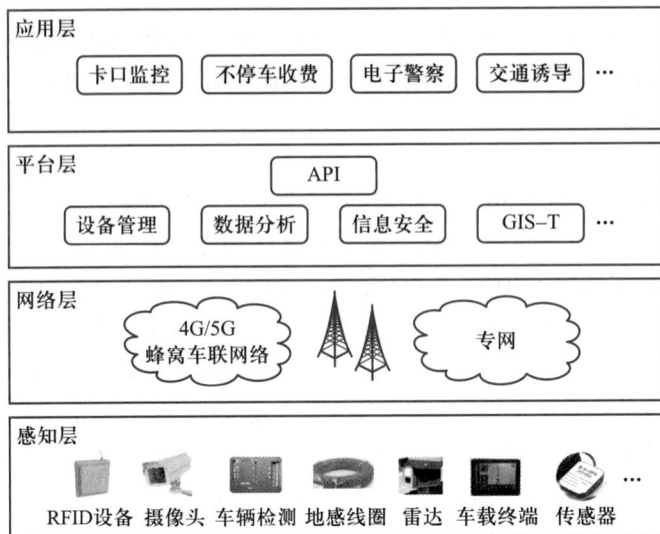

图 3.3　智能交通系统结构

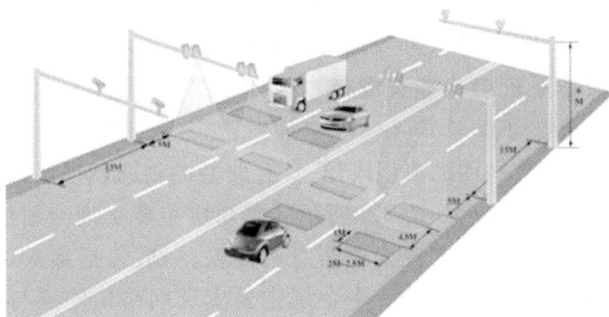

图 3.4　地感线圈区域

小　知　识

　　在地面上先凿出一个圆形的沟槽,直径大概 1 m,或是面积相当的矩形沟槽,再在这个沟槽中埋入两到三匝导线,这就构成了一个埋于地表的地感线圈,如图 3.5 所示。

　　地感线圈需要与多通道车辆检测器相连,才能完成对车辆通过状态信号的采集。当车辆经过地感线圈时,由于线圈电感量的变化,车辆的通过状态将被检测到,同时状态信号传输给车辆检测器,由其进行采集和计算。车辆监测器采集的车辆通过状态信号,常被用于触发智能交通系统工作,例如闯红灯、超速拍照等。同时,也可以获得当前监控路面交通流量、占有率、速度等数据,以此判断道路阻塞情况,并利用外场信息发布系统发出警告等。

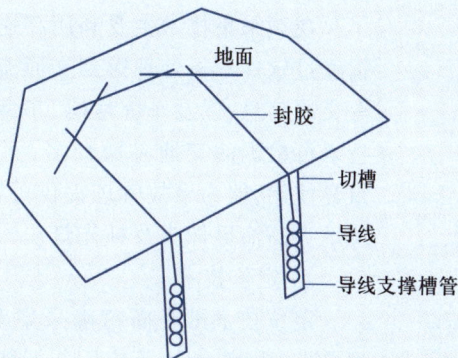

图 3.5　地感线圈

② 波频感知技术

波频感知技术是利用电磁波的发射和接收来获取交通相关参数的一类技术。它在智能交通中的常用技术有雷达和射频识别。利用雷达技术可以检测车辆行驶速度，即雷达测速。利用射频识别技术可实现对车辆的标识，其典型应用包括电子车牌和电子不停车收费系统。

小　知　识

雷达测速的基本流程是雷达设备的发射机通过天线把无线电波能量射向来车方向，处在此方向上的车辆反射碰到的电波；雷达天线接收此反射波，送至接收机进行处理，从而可提取车辆距离、速度等信息。通常在雷达测速时，还利用摄像机进行拍照取证。用于交通领域的雷达测速设备可分为固定式和移动式两种，分别如图 3.6 和图 3.7 所示。

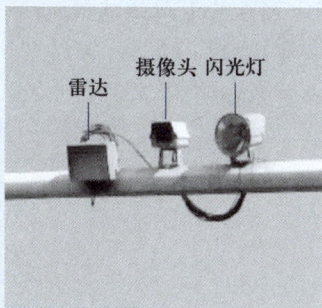

图 3.6　固定式雷达测速

图 3.7　移动式雷达测速

汽车电子标识也称为汽车电子身份证、俗称电子车牌，是将车牌号码等信息存储在射频标签中，通过射频识别系统实现自动、非接触、不停车地完成车辆的识别和监控等。重庆市电子车牌项目，已完成全市 100% 的车辆登记和发卡，可实现基于射频识别的卡口监控、车辆测速、车辆定位、车流量信息采集等功能。

③ 视频采集技术

视频采集技术主要利用高速摄像机对交通状况进行视频图像采集,并将采集的数据经过软件分析处理得到交通流量、车速、占有率等交通信息,以及车牌号码、车型等车辆信息。该技术可检测的交通参数众多,而且采集的图像可重复使用,能为事故管理提供可视化图像。图3.8所示为高清摄像头及补光灯。

图3.8 高清摄像头及补光灯

④ 定位技术

定位技术可全面精确采集车辆位置信息,实现导航、跟踪、测速等应用。智能交通中的定位技术目前主要包括基于卫星通信的卫星定位技术和基于蜂窝网的基站定位技术。

卫星定位是一种使用卫星对某物进行准确定位的技术,用以实现导航、定位、授时等功能。目前典型的卫星导航系统包括:我国的北斗卫星导航系统(BeiDou Navigation Satellite System,BDS)、美国的全球定位系统(Global Positioning System,GPS)、俄罗斯的格洛纳斯系统(俄文 GLObalnaya NAvigatsionnaya Sputnikovaya Sistema,GLONASS)、欧洲的伽利略卫星导航系统(Galileo Satellite Navigation System,GALILEO)。

基于蜂窝网的基站定位技术是利用移动运营商的移动通信网络,通过移动终端与多个基站间的传播信号参数信息来计算目标终端的位置。基站定位作为一种轻量级的定位方法,以其定位速度快、成本低(不需要移动终端上添加额外的硬件)、耗电少、室内可用等优势,应用越来越广泛。

小 知 识

卫星定位技术是利用绕地运行的卫星发射基准信号,接收机同时接收4颗以上的卫星信号,通过三角测量的方法确定当前位置的经纬度;再通过在车辆上部署的专门接收器,并以一定的时间间隔记录车辆的三维位置坐标(经度坐标、纬度坐标、高度坐标)和时间信息,辅以电子地图数据,可以计算出道路行驶速度等交通数据。卫星定位的前提是在室外接收到卫星信号,因此当设备处于室内无法接收卫星信号时,将无法实现卫星定位,卫星定位原理如图3.9所示。

BDS是我国自行研制的全球卫星导航系统,由空间段、地面段和用户段三部分组成,可在全球范围内全天候、全天时为各类用户提供高精度、高可靠定位、导航、授时服务。我国自20世纪80年代开始探索适合国情的卫星导航系统发展道路,形成了"三步走"发展战略,先后建成了北斗一号、二号、三号系统。2000年,建成北斗一号系统,向中国提供服务;2012年,建成北斗二号系统,向亚太地区提供服务;2020年,建成北斗三号系统,向全球提供服务。

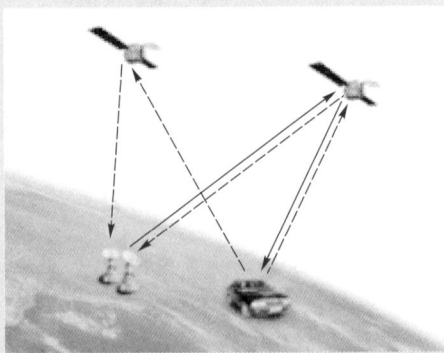

图3.9 卫星定位原理

导航仪是依赖于卫星定位技术运行的典型设备,我们使用最多的是车载导航仪(界面如图 3.10 所示)。而近年涌现出各种实时公交查询 App(界面如图 3.11 所示),也是通过在公交车上安装卫星定位装置来获取车辆位置信息,从而实现掐点等公交功能。

图 3.10 车载导航仪

卫星定位技术具有全方位、全天候、全时段、高精度等特点。在智能交通领域,卫星定位技术应用范围广泛,在导航、跟踪、精确测量方面都有很大的应用;而基站定位技术还可支持 4G、5G 移动应用。但两者的灵活性不足,在室内或者较封闭的场所无法使用。目前 Wi-Fi、蓝牙等短距离无线通信定位虽然覆盖范围小,但灵活性高,适用于室内定位。实际中可根据定位场景的需求选择相应技术,甚至将多种技术混合使用,如辅助全球卫星定位系统(Assisted Global Positioning System,AGPS),通过利用手机基站配合卫星定位,从而使定位更快、更稳定、更准确。

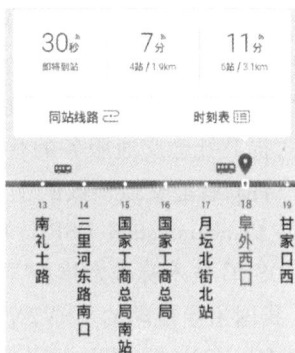

图 3.11　实时公交查询 App 界面

（2）智能交通信息传输技术

智能交通网络层通过泛在的互联功能,实现感知信息高可靠、高安全性传输。随着技术的发展,先后出现了多种智能交通信息传输技术概念,包括车载自组网(Vehicle Ad-hoc Networks,VANET)、车联网和 V2X(Vehicle To Everything)等。

在 2003 年 ITU-T 的汽车通信标准化会议上,各国专家提出了车载自组网络技术。车载自组网是以移动中的车辆及交通设施为通信节点,利用无线通信技术形成的一种移动网络。在该网络中,移动中的车辆自动组成动态的网络,车辆之间相互传递数据。其主要由车载单元(On board Unit,OBU)和路侧单元(Road Side Unit,RSU)构成。其基本架构如图 3.12 所示。

2010 年,在中国国际物联网博览会暨中国物联网大会上,第一次出现车联网的概念。车联网一词引申自物联网,即车辆物联网。狭义上的车联网就是将汽车接入网络,让车辆具有通信功能,从而将车辆位置、速度和路线等信息与外界进行交互,实现智能交通的各种应用。目前,车联网比较公认的含义是"V2X"。V2X 是指车辆与外界环境的信息交互,包括车与车(Vehicle to Vehicle,V2V)、车辆与基础设施(Vehicle to

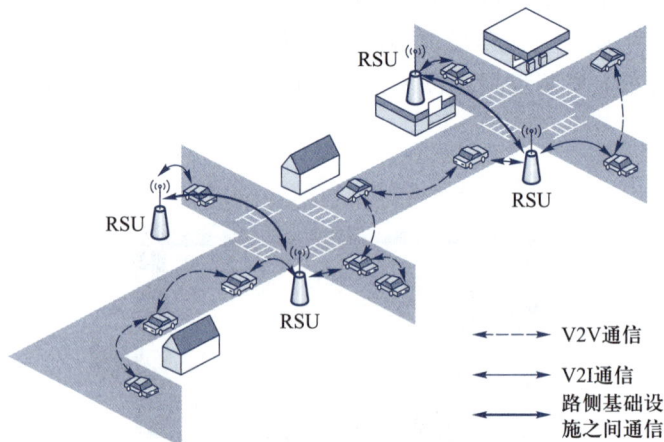

图 3.12   车载自组网基本架构

Infrastructure,V2I)、车辆与行人(Vehicle to Person,V2P)、车辆与网络(Vehicle to Network,V2N)等通信。这些技术是物联网在交通领域的一种应用,其核心是借助新一代信息通信技术,实现车与车、人、路、服务平台之间的网络连接,提升车辆整体的智能驾驶水平,为用户提供安全、舒适、智能、高效的驾驶感受与交通服务,同时提高交通运行效率,提升社会交通服务的智能化水平。

目前,智能交通领域的主流无线通信技术标准包括:专用短程通信(Dedicated Short Range Communication,DSRC)和蜂窝车联网通信(Cellular Vehicle to Everything,C-V2X)。

DSRC 技术标准发展较早,由欧美等国在 20 世纪末主导推出,技术成熟、标准完备。我国主导推动的 C-V2X 技术,包括基于 4G、5G 蜂窝网络设计的车联网无线通信技术 4G-V2X(即 LTE-V2X)和 5G-V2X(即 NR-V2X)。相较于 DSRC,C-V2X 技术具有显著的性能优势和市场前景。LTE-V2X 最早由大唐电信于 2013 年提出,2017 年在 3GPP 完成标准化;5G-V2X R16 标准于 2020 年 7 月冻结。2020 年 2 月,由国家发改委等 11 部委联合发布的《智能汽车创新发展战略》中提到"到 2025 年,车用无线通信网络(LTE-V2X)实现区域覆盖,新一代车用无线通信网络(5G-V2X)在部分城市、高速公路逐步开展应用,高精度时空基准服务网络实现全覆盖"。2020 年 11 月,美国联邦通信委员会将 5.9 GHz 频段划拨给 C-V2X 使用,这标志着 C-V2X 成为全球标准又向前迈进一大步。

(3)智能交通信息处理技术

智能交通信息处理技术直接关系到智能交通的应用价值是否能够实现。在感知层,通过摄像机、基站等,收集各类交通数据。这些采集到的数据均属于未加工过的交通数据,可能是视频信号、电路信息信号、卫星导航的轨迹信息,均不能表现出具体的物理含义。因此,必须进一步地处理,从采集的原始数据中提取有效的交通信息,进而为交管部门、大众和其他用户提供决策依据。其中,模式识别和统计技术是交通信息处理的两大关键技术。

模式识别能够实现从原始的采集数据(可能是图像、图形、文字和语音等)中提取交通相关参数,例如车牌号码、交通状态、交通流量等。车牌识别技术就是典型智能交通模式识别技术。车牌识别是指能够检测到受监控路面的车辆,并自动提取车辆牌照信息(含汉字字符、英文字母、阿拉伯数字及号牌颜色)进行处理的技术。该技术要求能够将运动中的汽车牌照从复杂背景中提取并识别出来,通过牌照定位、牌照字符分割和牌照字符识别等步骤,识别车辆牌号、颜色等信息,目前最新的技术水平为字母和数字的识别率可达到99.7%,汉字的识别率可达到99%。

由于交通信息的采集源多种多样,所以数据采集的方式也多样化,包括固定线圈、监控摄像头、卫星定位浮动车、蜂窝网络等数据收集,还包括利用多种数据源相互检验、互相补充、综合处理,产生高精度的实时交通信息。例如,需要通过预测交通状况,并利用交通诱导系统为出行者提供有效的出行参考,达到缓解交通拥堵、节约能源的目的。在这个过程中,从混沌数据中获取有效分析数据至关重要。其中,统计分析方法是道路交通流状态的多参数融合预测经典方法。

小　知　识

自动驾驶是智能交通领域的一项重要应用。自动驾驶,又称无人驾驶,指车辆主要依靠人工智能、视觉计算、车联网、雷达和定位等技术,使汽车具有环境感知、环境识别、路径规划和自主控制的能力,能够让计算机自主操控车辆,在不受任何人为干预的情况下自动安全地驾驶。自动驾驶是未来汽车产业发展的主流趋势,各国都在持续加大投入开展技术研究和产业化落地。国家发改委于2022年1月发布的《"十四五"现代综合交通运输体系发展规划》中提出,加强交通运输领域前瞻性、战略性技术研究储备,加强智能网联汽车、自动驾驶、车路协同、船舶自主航行、船岸协同等领域技术研发。

讨　论

从出行的角度分析发展智能交通的必要性,探讨需利用物联网技术改造交通行业中的哪些突出问题。

3.2　认识自动识别技术

微课扫一扫
自动识别技术的
概念

在智能交通中,除了上述关键技术,自动识别技术是一种使用率非常高的关键技术。ETC 不停车收费、乘公交车刷公交卡、蓝色火车票可以自动验票……这些都是自动识别技术的应用,它们有着一个共同点——识别,而且是自动地识别出卡片信息。

究竟什么是自动识别技术? 它是如何实现自动识别出信息的? 日常生活中还有哪些自动识别技术的应用? 带着这些问题,让我们一起来认识自动识别技术。

3.2.1　自动识别技术的概念

在高速公路收费站,安装 ETC 的车辆通过 ETC 车道,系统自动识别出车辆信息,并自动从卡中扣除费用,从而实现不停车收费,提高通行效率。在乘公交车时,我们将公交卡贴近公交车上的刷卡机,刷卡机就能自动扣除相应的乘车费。同样,蓝色火车票可以自动验票,也是需要将火车票插入道闸的插卡口,道闸才能判断是否可以在此入口上车,从而决定是否放行。

因此,自动识别技术就是应用一定的识别装置,通过被识别物品和识别装置之间的接近活动,自动获取被识别物品的相关信息,并提供给后台的计算机处理系统来完成相关后续处理的一种技术。

自动识别(Auto Identification)通常与数据采集(Data Collection)连在一起,称为自动识别技术(Auto Identification and Data Collection,AIDC)。自动识别技术是一种高度自动化的信息或数据采集技术,是以机器识别对象的众多技术的总称。

1. 物品识别的发展历程

信息识别和管理过去多采用单据、凭证和传票为载体,手工记录、电话沟通、人工计算、邮寄或传真等方法,对信息进行采集、记录、处理、传递和反馈,不仅极易出现差错、信息滞后,也使得管理者对各个环节难以统筹协调,不能系统控制,更无法实现系统优化和实时监控,从而造成效率低下和人力、运力、资金、场地的大量浪费。

自动识别技术在全球范围内迅猛发展,极大地提高了数据采集和信息处理的速度,改善了人们的工作和生活环境,提高了工作效率,并为管理的科学化和现代化做出了重要贡献。例如,商场的条形码扫描系统就是一种典型的自动识别技术。售货员通过扫描仪扫描商品的条形码,获得商品的名称、价格,在输入商品的数量后,后台 POS 系统即可计算出该批商品的价格,从而完成顾客购物的结算。当然,顾客也可以采用银行卡支付的形式进行支付,银行卡支付过程本身也是自动识别技术的一种应用形式。

2. 自动识别与物联网的关系

自动识别得到的信息,在互联网的基础上,将其用户端延伸和扩展到任何物品,并在人与物品之间进行信息交换和通信,这就构成了物联网体系。自动识别技术在物联网时代,扮演的是一个信息载体和载体识别的角色,实现了物联网"物"与"网"的连接,是物联网的基石。同时,物联网也为自动识别技术提供了前所未有的发展机遇。

3.2.2 自动识别系统的结构

自动识别系统因采用的技术不同,系统构成有所不同。其主要可以分为两类:一类是需要在被识别物体上绑定相应的设备后才能对物体进行自动识别,即用某种设备来标识物理对象,称为标签,例如公交车刷卡时,是用卡代表了乘客;另一类是直接识别物体某一特征,例如手机指纹解锁。然而,不管是识别标签,还是直接识别物体特征,自动识别系统都包括读写器和后台计算机信息系统。公交车上的公交卡读写器识别出公交卡信息,并从公交卡系统中扣取相应公交卡消费费用;手机的指纹识别模块读取当前指纹,并与系统中保存的解锁指纹进行对比,从而判断是否能解锁。自动识别系统两种基本组成分别如图 3.13 和图 3.14 所示。

(1)标签

标签的形式很多,可以是电子标签,也可以是条形码。标签附着在标识目标对象上,每个标签都存储着被识别物体的相关信息。广义的标签还包括以生物识别技术为代表的各种识别对象(例如,指纹、虹膜等)。

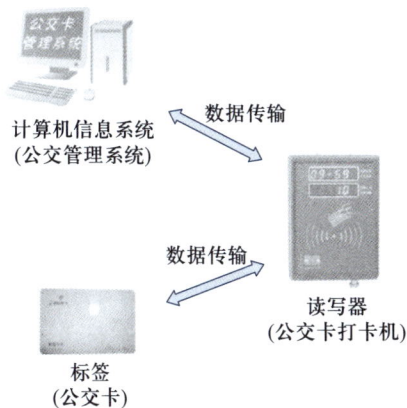

图 3.13　自动识别系统基本组成(一)　　图 3.14　自动识别系统基本组成(二)

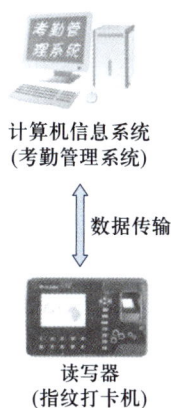

（2）读写器

读写器是读写标签信息或扫描物体特征的设备。当读写器读写标签时,一般由读写器发射一个特定的询问信号,当标签感应到这个信号后,就会给出应答信号,应答信号中含有标签携带的数据信息。读写器接收这个应答信号并对其进行处理,然后将处理后的应答信号传递给后台的计算机信息系统,进行后续的相应操作。

（3）计算机信息系统

自动识别系统的最终目的是要服务于人,所以在读写器获取到物体信息后,应将信息交给与读写器连接的计算机信息系统,进行相应的分析、处理和显示,才能为人类所用。

3.2.3　自动识别技术的分类

微课扫一扫
自动识别技术的分类

自动识别技术在全球范围内迅猛发展,初步形成了一个包括条码、磁条磁卡、IC卡、光学字符识别、射频识别、声音识别及视觉识别等集计算机、光、磁、物理、机电、通信技术为一体的高新技术学科。各种技术特点不同,所以其应用的领域和范围也不尽相同。

1. 自动识别技术的分类标准

自动识别技术的分类标准很多,可以按照国际自动识别技术的分类标准进行分类,也可以按照应用领域和具体特征的分类标准进行分类。

按照国际分类标准,自动识别技术有两种分类方法:一种是按照数据采集技术进行分类,另一种是按照特征提取技术进行分类。数据采集技术分为光识别技术、磁识别技术、电识别技术等;特征提取技术分为静态特征识别技术、动态特征识别技术和属性特征识别技术等。

按照应用领域和具体特征的分类标准,自动识别技术分为磁卡识别技术、IC卡识别技术、条形码识别技术、射频识别技术、生物识别技术、图像识别技术和光学字符识别技术等。自动识别技术的分类方法如图 3.15 所示。

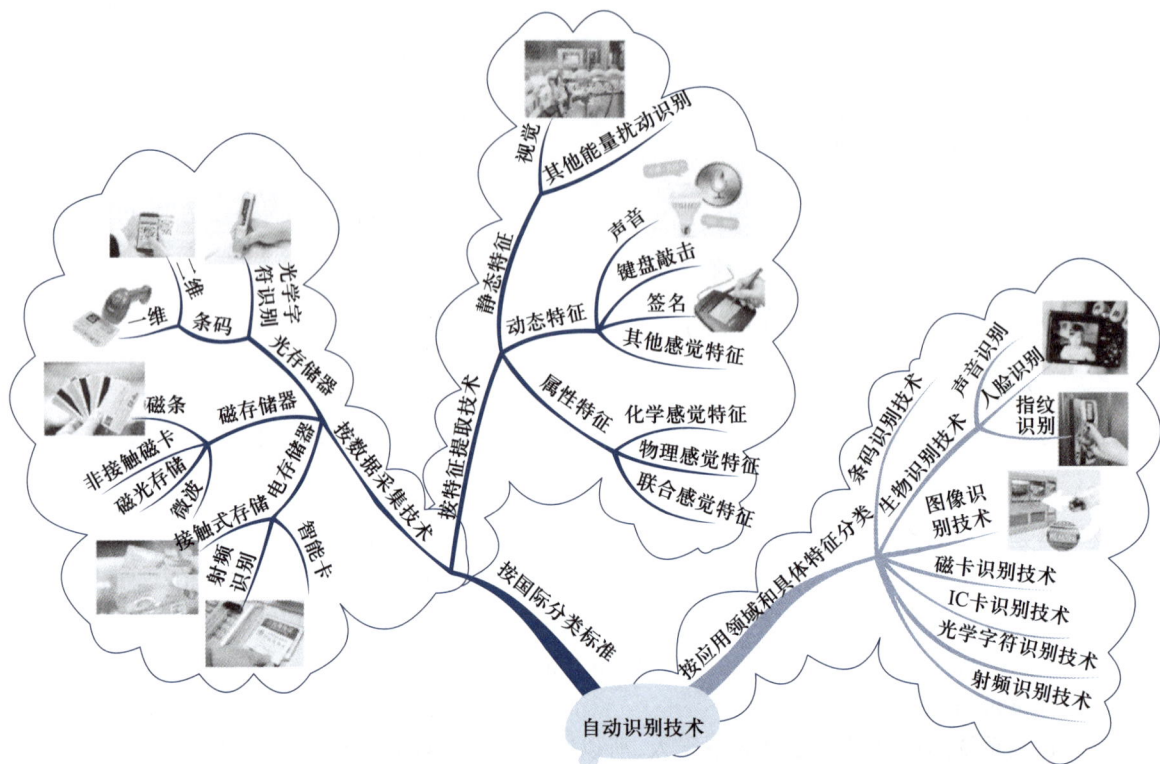

图 3.15   自动识别技术的分类方法

小 知 识

自动识别技术按照数据采集技术分类的特点是需要被识别物体具有特定的识别特征载体,如标签等,但是光学字符识别技术例外。该方法将自动识别技术分为:基于光存储器、磁存储器和电存储器三种。其中,光存储器包括一维条码、二维条码和光学字符识别;磁存储器包括磁条、非接触式磁卡、磁光存储和微波等;电存储器则包括接触式存储、射频识别和智能卡等。

而按照特征提取技术分类的特点是根据被识别物体的本身的行为特征来完成数据的自动采集。按该方法,可以将自动识别技术分为基于静态特征、动态特征和属性特征。其中,静态特征包括视觉识别和其他能量扰动识别等;动态特征包括声音、键盘敲击、签名以及其他感觉特征等;属性特征包括化学感觉特征、物理感觉特征和联合感觉特征等。

2. 典型的自动识别技术

(1) 磁卡识别技术

磁卡识别技术是指利用磁卡记录信息,通过各种磁卡读卡器读取磁卡信息,并提供给计算机信息系统处理的自动识别技术。

磁卡(Magnetic Card)是一种磁记录介质卡片。磁卡的物理结构如图 3.16 所示。它利用磁性载体记录字符与数字信息,通过黏合或热合,与高强度、耐高温的塑料或纸牢固地整合在一起,形成磁卡。磁卡最早出现在 20 世纪 60 年代,当时伦敦交通局将地铁票背面全涂上磁介质来储值。后来由于改进了系统,缩小了面积,成为了现在的磁条。

如图 3.17 所示,根据磁卡的不同属性,可对磁卡进行多种分类。根据磁层构造的不同,可分为磁条卡和全涂磁卡两种,如银行卡为磁条卡,国内蓝色火车票为全涂磁卡。根据抗磁性的高低,又可分为低抗磁力卡和高抗磁力

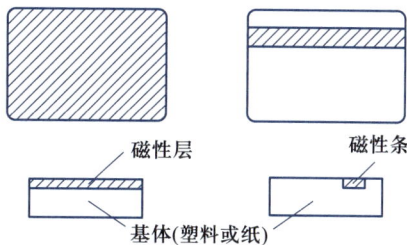

图 3.16 磁卡的物理结构

卡。低抗磁力卡主要用于门票、会员卡及其他普通场合;高抗磁力卡主要适用于安全性较高的场合,如银行卡等。而根据使用基材的不同,常见磁卡又可分为 PVC 卡和纸卡等。纸卡一般用于一次性使用场合,如国内蓝色火车票。PVC 卡印刷稳定,不掉色,且价格实惠,是目前国内最常用的卡基材料,如银行卡、会员卡等一般都采用 PVC 材质。

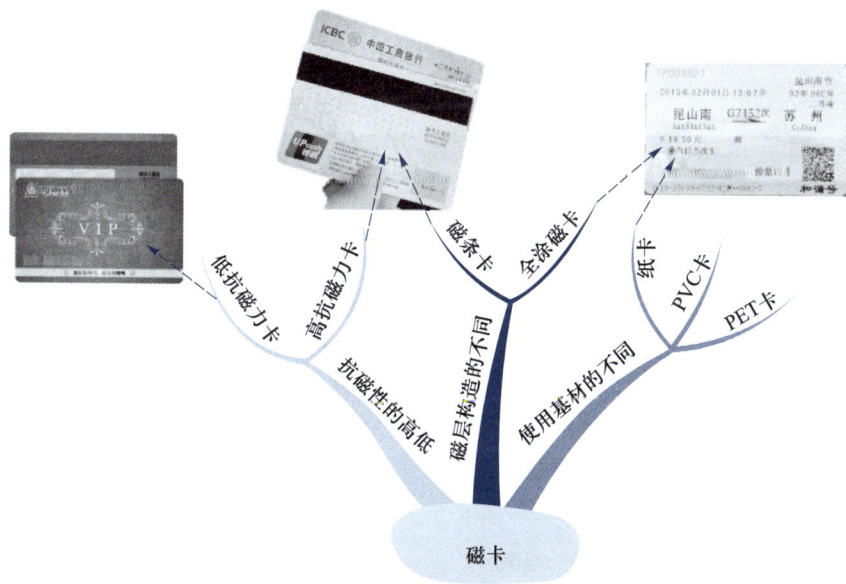

图 3.17 磁卡的分类

磁卡的特点是读写方便、成本低廉,这使得磁卡的应用领域十分广泛,如信用卡、银行 ATM 卡、会员卡、机票和公交卡等。但是,随着磁卡应用的不断扩大,磁卡识别技术的安全性已不能满足对安全性要求较高的应用需求。一方面,磁卡容易磨损和被其他磁场干扰,作为银行卡,其安全性相对较差;生活中很多人都遇到过磁条多次使用后失效,或是被钥匙等硬物划伤磁条的困扰。另一方面,由于其工作的基本原理是依靠自身"卡的号码"来识别不同磁卡,因此在读卡时卡号相对公开,比较容易被复制;因此,在安全性要求较高的领域,磁卡有逐步被取代的趋势。从 2015 年起,我国逐步停止新发磁条卡,取而代之的是芯片卡。但由于磁卡技术成熟和低成本的特点,磁卡识

微课扫一扫
IC 卡识别技术
的特点

别技术仍然会在许多领域应用。

（2）IC 卡识别技术

IC 卡（Integrated Circuit Card）识别技术是指利用 IC 卡记录信息，在使用时通过读卡器读取信息，并提供给计算机信息系统处理的自动识别技术。

IC 卡将一个微电子芯片嵌入卡基中，做成卡片形式。有些国家和地区也称之为灵巧卡（Smart Card）、芯片卡（Chip Card）或智能卡（Intelligent Card）。IC 卡由于其信息安全、便于携带、比较完善的标准化等优点，在身份认证、银行、电信、公共交通等领域得到越来越多的应用。

根据 IC 卡的不同属性，可对其进行各种分类。按界面的不同，IC 卡分为接触式 IC卡、非接触式 IC 卡和双界面卡。接触式 IC 卡是通过卡片表面八个金属触点与读卡器进行物理连接，来完成通信和数据交换，在使用时，需将 IC 卡插入读卡器，如银行 IC卡；而非接触式 IC 卡，与读卡器无电路接触，而是通过非接触式的读写技术进行读写，在使用时，只需靠近读卡器表面接口，如公交卡、二代身份证等；双界面卡是指具有接触和非接触两种通信界面的卡片，一般非接触部分处理电子钱包的消费，而接触部分处理安全性要求较高的交易，如现在很多信用卡都为双界面卡。

表 3.1 列出了按界面的不同 IC 卡分类比较。

表 3.1　按界面的不同 IC 卡分类比较

卡片类型	卡片结构	使用方法	典型应用
接触式 IC 卡	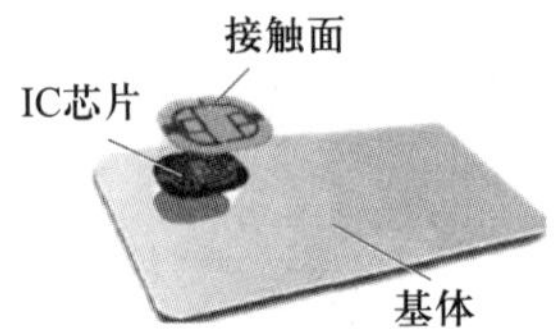	 插卡使用	 银行 IC 卡等
非接触式 IC 卡	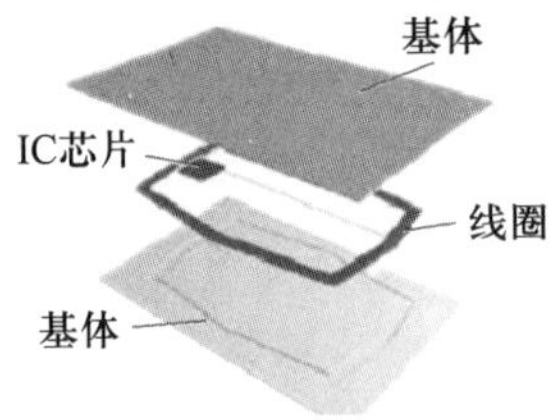	 挥卡使用	 公交卡、二代身份证等
双界面卡	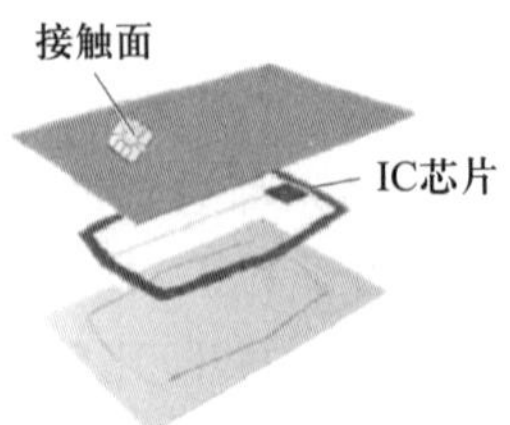	 挥卡或插卡使用	 银行信用卡

按结构的不同,IC 卡又可分为存储卡和智能卡。存储卡其内嵌芯片仅包含存储单元,一般的电话 IC 卡即属于此类。而智能卡的内嵌芯片带有存储单元和微处理器等。因此,智能卡也称为 CPU 卡。它具有数据读写和处理功能,因而具有高安全性、可离线操作等突出优点。银行 IC 卡通常是智能卡。

IC 卡是继磁卡之后出现的一种信息工具,外形与磁卡相似。它与磁卡的区别在于数据存储的媒体不同。磁卡是通过卡上磁介质的磁场变化来存储信息,而 IC 卡是通过嵌入卡中的芯片来存储信息。因此,与磁卡相比较,IC 卡具有明显的技术优势与成本劣势,如表 3.2 所示。

表 3.2 IC 卡和磁卡比较

性能	IC 卡	磁卡
存储容量	根据型号不同,小到几百个字符,大到上百万个字符	大约在 200 个数字字符
安全保密性	IC 卡上的信息能够随意读取、修改、擦除,但都需要密码	磁卡仅仅使用了"卡的号码"。卡内除了卡号外,无任何保密功能,其"卡号"是公开、裸露的,比较容易被复制
数据处理能力	CPU 卡具有数据处理能力。在与读卡器进行数据交换时,可对数据进行加密、解密,以确保交换数据的准确可靠	无此功能
使用寿命	较长	较短,容易磨损和被其他磁场干扰而失效
制造成本	较高	较低

正因为 IC 卡的这些优势,我国的银行卡从 2015 年起,用 IC 卡取代磁条卡,使中国银行卡走入"芯"时代。在全球 IC 产业市场竞争更加激烈的情况下,IC 卡将向更高层次方向发展,诸如从接触型 IC 卡向非接触型 IC 卡转移,从低存储容量 IC 卡向高存储容量 IC 卡发展等。随着新技术的不断涌现,IC 卡已经越来越多地渗入人们的生活中。

（3）条形码识别技术

条形码就是由一组按一定编码规则排列的条、空和数字符号组成的,用以表示一定信息的图形符号。条形码识别技术是一种利用光识别技术对条形码所表示的信息进行自动识别的技术。它利用扫描器发出的光照射条形码,深色的"条"吸收光,浅色的"空"将光反射回扫描器,扫描器将光反射信号转换成数据,最后传至计算机信息系统进行处理。

条形码技术诞生于 Westinghouse 实验室里。一位名叫 John Kermode 的发明家想对邮政单据实现自动分拣,他的想法是在信封上做条形码标记,条形码中的信息是收信人的地址,如同今天的邮政编码。为此,John Kermode 发明了最早的条形码标识。然后,John Kermode 又发明了条形码识读设备,它利用当时新发明的光电池来收集反射

微课扫一扫
条码识别技术的特点

光,"空"反射回来的是强信号,"条"反射回来的是弱信号,通过这种方法,读取条形码符号从而实现直接对信件进行分检。条形码识别流程示意图如图 3.18 所示。

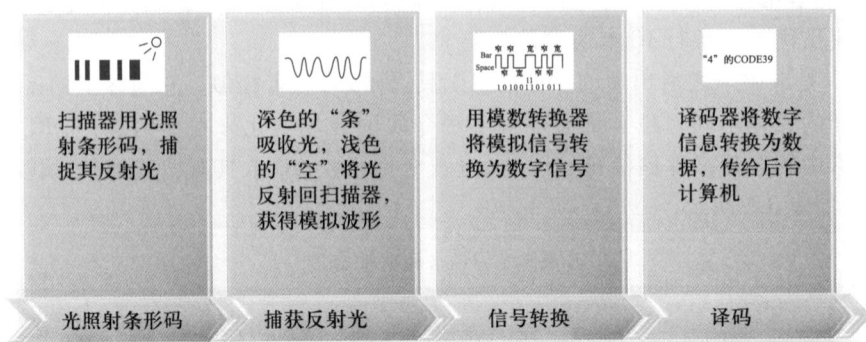

图 3.18   条形码识别流程示意图

条形码识别技术具有输入速度快、准确度高、成本低、可靠性强等优点,因此,广泛应用于商业、邮政、图书管理、仓储、医疗等领域,在当今的自动识别技术中占有重要的地位。但是,条形码存在一个巨大的缺点就是存储的数据不可更改。

目前条形码的种类很多,按照条形码构图的维数,可以分为一维条形码和二维条形码。一维条形码和二维条形码都有许多码制。条、空图案对数据不同的编码方法,称为码制。不同码制有其固有的特点,可以用于一种或若干种应用场合。

① 一维条形码

一维条形码只是在一个方向(一般是水平方向)表达信息,而在垂直方向则不表达任何信息,其一定的高度通常是为了便于读写器的对准。一维条形码有许多种码制,包括 EAN 码、UPC 码、Code 码、库德巴码等,如图 3.19 所示。

图 3.19   典型一维条形码样图

② 二维条形码

二维条形码能够在水平和垂直两个方向同时表达信息。它是用某种特定的几何图形,按一定规律在二维方向上分布的黑白相间的图形,因此能在很小的面积内表达大量的信息。目前有几十种二维条形码,常用的码制有 Datamatrix 码、QR 码、Maxicode、PDF417 码等,如图 3.20 所示。

如表 3.3 所示,相对一维条形码,二维条形码具有存储容量大、编码范围广、容错能力强、译码可靠性高等优势。因此,二维条形码技术自问世以来,发展十分迅速,在产

Datamatrix码

QR码

——定位用图案

——资料存储区

1992年　　1996年

Maxicode

PDF417

图 3.20　典型二维条形码样图

品溯源、手机购物、广告宣传、票证管理等领域得到广泛应用。但是二维条形码识别速度相对较慢,而且识别设备成本相对较高。所以一维条形码通常用于标识物品,而二维条形码用于描述物品。

表 3.3　一维条形码和二维条形码特点比较

性能	一维条形码	二维条形码
存储容量	只能容纳 30 个字符左右	可容纳多达 1850 个大写字母或 500 多个汉字,比一维条形码信息容量约高几十倍
编码范围	英文、数字、简单符号	可以把图片、声音、文字、签字、指纹等可以数字化的信息都进行编码
容错能力	遭到损坏后便不能阅读	因穿孔、污损等引起局部损坏时,照样可以正确得到识读,损毁面积达 50% 仍可恢复信息
保密性	不高	高,可加密
译码错误率	百万分之二左右	不超过千万分之一
识别速度	快	较慢
识别设备成本	低	较高

条形码识别技术作为应用最早、发展最快的自动识别技术,为人们的生活带来了便利、快捷。随着市场的不断发展,条形码识别技术必定会推动人们去体验更优质的生活。

（4）射频识别技术

射频识别技术是利用电子标签来标识某个物体,并通过射频无线电波进行数据传递的非接触式自动识别技术,无须识别系统与特定目标之间建立机械或者光学接触。

其电子标签存储了物体的数据,并通过无线电波将物体的数据发射到附近的射频识别读写器,读写器接收信息,完成自动采集工作。与其他自动识别技术相比,它以特有的无接触、抗干扰能力强、可同时识别多个物品等优点,逐渐成为自动识别技术中最优秀和应用领域最广泛的技术,是目前最重要的自动识别技术。

射频识别电子标签的外形根据应用场景的不同而不同。例如,将电子标签做成各种证件卡片,如二代身份证、公交卡、门禁卡等;做成不干胶形式粘贴到货物上,用于物流管理;将电子标签与商品机械绑定,用于防盗等。图 3.21 所示为不同外形的射频识别电子标签。

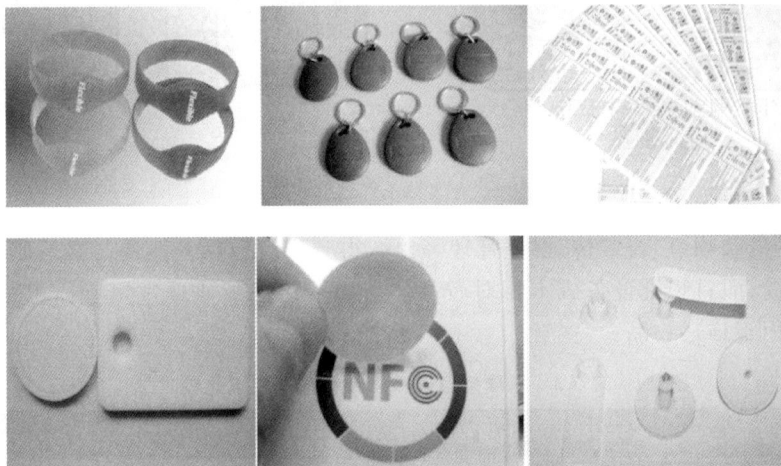

图 3.21   不同外形的射频识别电子标签

小 知 识

射频识别是一种非接触式的自动识别技术,其与非接触式 IC 卡识别技术有什么区别?

其实,射频识别和 IC 卡两个名称是从不同的角度来命名的。IC 卡是根据卡类型而命名,而射频识别是从数据传输技术类型来命名。只要内嵌芯片使用集成电路的卡就称为 IC 卡。如果非接触式 IC 卡使用的集成电路芯片是采用射频识别技术的芯片(集成电路芯片的技术不一定采用射频识别技术),就称为基于射频识别技术的 IC 卡。目前大部分 IC 卡都是基于射频识别技术实现的。

射频识别技术的特点与条形码识别技术相似。条形码识别技术是将已编码的条形码附着于目标物,并使用专用的读写器,利用光信号将条形码表示信息传送到读写器;而射频识别技术,则是利用专门的可附着于目标物的射频识别标签,使用专用的射频识别读写器,利用射频无线信号将电子标签携带信息传送到读写器。但射频识别技术与传统的条形码识别技术相比有很大的优势,主要表现在以下几个方面:

① 射频识别标签抗污损能力强

传统的条形码载体是纸张,它附在塑料袋或外包装箱上,特别容易受到折损。条形码采用的是光识别技术,如果条形码的载体受到污染或折损,将会影响物体信息的正确识别。射频识别采用电子芯片存储信息,可以免受外部环境污损。

② 射频识别标签安全性高

条形码是由平行排列的宽窄不同的线条和间隔组成,条形码制作容易、操作简单,但同时也产生了仿造容易、信息保密性差等缺点。射频识别标签采用的是电子芯片存储信息,其数据可以通过编码实现密码保护,其内容不易被伪造和更改。

③ 射频识别标签容量大

一维条形码的容量有限,二维条形码容量虽然比一维条形码容量增大了很多,但它的最大容量也只可存储 3 000 个字符。射频识别标签的容量可以做到二维条形码容量的几十倍,随着记忆载体的发展,数据的容量会越来越大,可实现真正的"一物一码",满足信息流量不断增大和信息处理速度不断提高的需要。

④ 射频识别可远距离同时识别多个标签

当前的条形码一次只能有一个条形码接受扫描,而且要求条形码与读写器的距离比较近。射频识别采用的是无线电波进行数据交换,射频识别读写器能够远距离同时识别多个射频识别标签,并可以通过网络处理和传送信息。

⑤ 射频识别可进行读写操作

条形码印刷上去就无法更改。射频识别是采用电子芯片存储信息,可以随时记录物体任何时候的信息,灵活进行新增、更改和删除等操作,并通过计算机网络实现互联,随时了解物体的实时信息,实现对物体透明化管理,实现真正意义上的物联网。

微课扫一扫
生物识别技术的特点

（5）生物识别技术

生物识别技术是利用人的生理特征(如指纹、人脸、虹膜等)或行为特征(如笔迹、声音、步态等),来进行个人身份识别的自动识别技术。

自 20 世纪 80 年代末期 90 年代初期,随着信息安全的重要性日益突出,生物特征识别技术研究成为热门课题。尤其是在"9·11 事件"之后,如何快速准确地鉴别个人身份成为各国政府和公众最为关注的一个问题。如今,生物识别技术早已不再是科幻电影中的特技,在任何需要进行身份识别的地方,都能见到生物识别技术的身影。如图 3.22 所示,从个人笔记本计算机、手机的启动到机场、海关的通行;从刑侦破案、银行系统管理,到社会福利、民政管理等,生物识别技术在各个领域都发挥着无可比拟的作用。

| 笔记本计算机登录 | 手机登录 | 公司考勤打卡 |

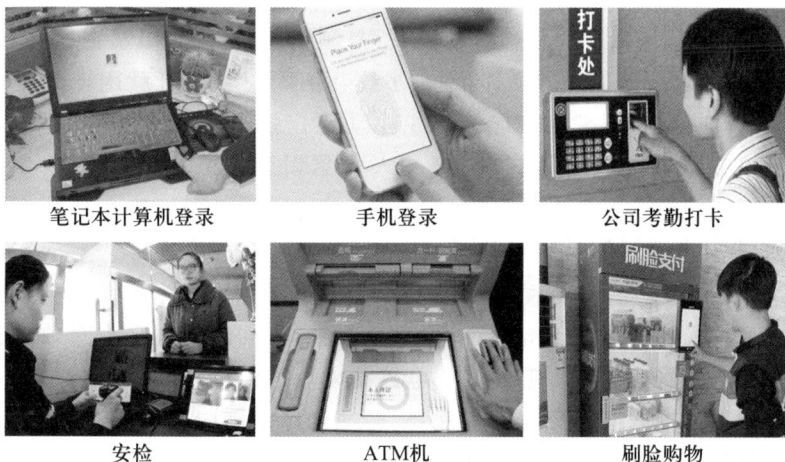

| 安检 | ATM机 | 刷脸购物 |

图 3.22　生物识别技术的应用

现今,已经出现了多种生物识别技术,如指纹识别、掌形识别、视网膜识别、虹膜识别、人脸识别、签名识别、声音识别、步态识别等,部分生物识别手段还处于研制阶段。

其中,指纹识别是目前应用最为广泛的生物识别技术。它利用人的指纹特征进行身份识别。指纹识别技术成熟、设备小巧、成本较低,广泛应用于考勤、门禁、笔记本计算机、手机、汽车等。但由于其接触式的识别特点,具有侵犯性;同时,指纹易磨损,手指太干或太湿都不利于识别。

而人脸识别是近年来非常活跃的研究领域。它通过对面部特征和它们之间的关系来进行识别。人脸识别是一种非接触式识别技术,可以在被测人无意识且不必主动配合的情况下完成自动识别,另外,还可以直观对比以核查身份。但是,由于人脸识别精度受面部位置、周围光环境以及面部本身的相似性和易变性的影响,所以它被认为是生物识别领域最难的课题之一。目前主要的产品应用有数码相机的人脸自动对焦、人脸门禁系统、电子护照及身份证、刷脸支付等。

虹膜识别技术被认为是最安全、最精确的识别方法之一。它是基于眼睛中的虹膜来进行自动识别。虹膜是一种在眼睛瞳孔内的织状各色环状物。虹膜图像采集设备的价格昂贵,而且采集需要人的配合,这些影响了其推广应用。但是由于其具有极高的准确性,能提供准确的身份,是有效验证身份的首选识别方法。目前主要应用于有高度保密需求的场所。

总之,生物识别技术较其他识别技术特征明显。传统的身份认证方法主要借助体外物品,例如,钥匙、证件、银行卡等身份标识物品,或者身份标识知识,如用户名和密码来证明身份。一旦证明身份的标识物品和标识知识被盗或遗忘,其身份就容易被他人冒充或取代。而生物识别技术则通过人的生理或行为特征来证明身份。与传统的身份认证方法相比,生物识别技术具有如下几个非常突出的特点:

① 唯一性:因为生物特征是人本身所固有的、独特且不容易改变的,不可借给其他人使用。所以生物识别技术能"真正"做到判别用户本人的身份。

② 随身性:生物特征不会像口令或者磁卡那样容易被遗忘或者丢失,用户自身就是"通行证",随时随地可用。

③ 不可复制性:随着计算机技术的发展,复制钥匙、密码卡以及盗取密码、口令等都越来越容易,然而要复制人的活体指纹、掌纹、面部等生物特征就困难得多。

④ 主动识别:生物识别技术能够提供主动监控技术。例如,把人脸识别系统的摄像机安装在某些重要场合,可以在被测人无意识且不必主动配合的情况下进行识别。

3.2.4 典型自动识别技术的比较

表 3.4 是几种自动识别技术比较。由此可见,射频识别技术比其他技术识别更准确、识别距离更灵活、受环境影响最小、保密性最强、可同时识别多个对象,因此,在众多自动识别技术中居于首位。随着集成电路的发展,其尺寸越来越小,价格也在逐渐降低。射频识别技术凭借自身的诸多优势,已在全球范围内得到广泛的应用,必将带来巨大的经济效益和社会利益。

表 3.4　几种自动识别技术比较

系统参数	条形码识别	光学字符	生物识别	语音识别	图像识别	磁卡识别	IC 卡识别	射频识别
信息载体	纸或物质表面	物质表面	—	—	—	磁条	EEPROM	EEPROM
信息量	小	小	大	大	大	较小	大	大
读写性能	R	R	R	R	R	R/W	R/W	R/W
读取方式	CCD 或激光束扫描	光电转换	机器识读	机器识读	机器识读	电磁转换	电擦写	无线通信
读取距离	近	很近	直接接触	很近	很近	接触	接触	远
识别速度	低	低	很低	很低	很低	低	低	很快
通信速度	低	低	较低	低	低	快	快	很快
方向位置影响	很小	很小	—	—	—	单向	单向	没有影响
使用寿命	一次性	较短	—	—	—	短	长	很长
人工识读性	受约束	简单	不可	不可	不可	不可	不可	不可
保密性	无	无	无	好	好	一般	好	好
智能化	无	无	—	—	—	无	有	有
环境适应性	不好	不好	—	—	不好	一般	一般	很好
光遮盖	全部失败	全部失败	可能	—	全部失败	—	—	没有影响
国际标准	有	无	无	无	无	有	有	有
成本	最低	一般	较高	较高	较高	低	较高	较高
多标签同时识别	不能	不能	不能	不能	不能	不能	不能	能

3.3　认识射频识别技术

在自动识别技术中,射频识别技术居于首位,是物联网的核心技术之一。如图 3.23 所示,典型的射频识别系统由电子标签和读写器组成。当带有电子标签的物品通过读写器时,标签被读写器激活,并通过无线电波将标签中携带的信息传送到读写器中,读写器接收信息,完成自动采集工作。

微课扫一扫
图像识别技术的特点

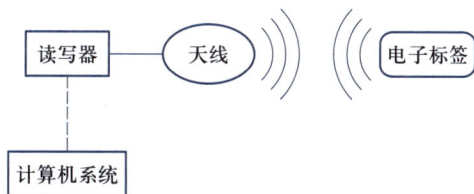

图 3.23　射频识别系统基本结构示意图

微课扫一扫
射频识别技术的特点

射频识别技术在众多自动识别技术中最具有竞争优势,发展最迅速。在实际生活

微课扫一扫
典型自动识别应
用系统的结构

中,到处可见射频识别技术的身影。例如现已推广使用的 ETC 系统,如图 3.24 所示。当车辆经过收费站时,不需要司机停车,也不需要收费人员采取任何操作,利用车载的电子标签和路侧天线的短程通信,完成自动收费的全过程。ETC 系统的应用不仅大大提高了车辆通过率,缓解了交通堵塞,也减少了收费人员的劳动量,有效地避免了偷逃过路费、收费人员徇私舞弊等现象的发生。

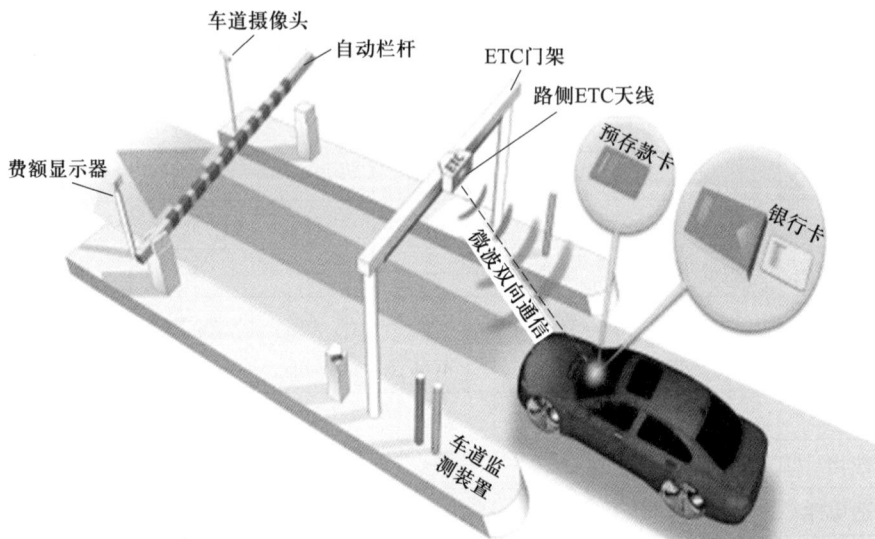

图 3.24　ETC 系统

微课扫一扫
射频识别技术的
发展

3.3.1　射频识别技术的发展

射频识别技术产生于 20 世纪 40 年代,最初单纯用于军事领域,从 20 世纪 90 年代开始,在单位内部等闭环内逐步推广使用。现在随着物联网概念的产生,射频识别技术已经逐步运用到各行各业之中。

1. 射频识别技术的发展

(1) 射频识别技术的产生

20 世纪 40 年代,由于雷达技术的改进和应用,产生了射频识别技术,也奠定了射频识别技术的基础。英国空军首先在飞机上使用射频识别技术,其功能是用来分辨敌方飞机和我方飞机,这是有记录的第一个敌我射频识别系统,也是射频识别技术的第一次实际应用。这个技术在 20 世纪 50 年代末成为世界空中交通管制系统的基础,至今还在商业和私人航空控制系统中使用。

(2) 射频识别技术的探索阶段

1948 年,Harry Stockman 发表的论文《用能量反射的方法进行通信》,是射频识别理论发展的里程碑。Harry Stockman 在论文中预言:"显然,在能量反射通信中的其他基本问题得到解决之前,在开辟它的实际应用领域之前,我们还要做相当多的研究和发展工作。"事实正如 Harry Stockman 所预言,在射频识别技术成为现实之前,人类花了大约三十年时间,才解决了他所说的所有问题。

20 世纪 50 年代是射频识别技术的探索阶段。远距离信号转发器的发明,扩大了识别系统的识别范围,D.B.Harris 的论文《使用可模式化被动反应器的无线电波传送系统》,提出了信号模式化理论和被动标签的概念。在这个探索期,射频识别技术主要是在实验室进行研究,且使用成本高,设备体积大。

（3）射频识别技术成为现实阶段

在 1961—1980 年间,射频识别技术变成了现实。20 世纪 60 年代,欧洲出现了商品电子监视器用以保护财产,这是射频识别技术第一个商业应用系统。随着无线理论以及其他电子技术(如:集成电路和微处理器)的发展,射频识别系统读取速度更快、识别范围更远、设备成本降低体积减小,为射频识别技术的商业化奠定了基础。20 世纪 80 年代,西方发达国家在不同的应用领域安装和使用了射频识别系统,挪威使用了基于射频识别的电子收费系统,纽约港务局使用了基于射频识别的汽车管理系统,美国铁路用射频识别系统识别车辆,欧洲用射频识别的电子标签跟踪野生动物来对野生动物进行研究,射频识别技术及产品进入商业应用阶段。

（4）射频识别技术的推广阶段

20 世纪 90 年代是射频识别技术的推广期,主要表现在发达国家配置了大量的射频识别电子收费系统,并将射频识别用于安全和控制系统,使射频识别的应用日益增多。

射频识别技术率先在美国的公路自动收费系统中得到了广泛应用。1991 年,美国俄克拉荷马州出现了世界上第一个开放式公路自动收费系统,装有射频识别电子标签的汽车在经过收费站时无须减速停车,可以按照正常速度通过,固定在收费站的读写器识别车辆后,自动从汽车的账户上扣费,这消除了因为减速停车造成的交通堵塞。1992 年,美国休斯敦安装了世界上第一套同时具有电子收费功能和交通管理功能的射频识别系统,借助于射频识别的电子收费系统,科研人员开发了一些新功能,一个射频识别电子标签可以具有多个账号,分别用于电子收费系统、停车场管理和汽车费用征收。

20 世纪 90 年代,社区和校园大门控制系统开始使用射频识别系统,射频识别在安全管理和人事考勤等工作中发挥了作用。世界汽车行业也开始使用射频识别系统,日本丰田公司、美国福特公司和日本三菱公司将射频识别技术用于汽车防盗系统,汽车防盗实现了智能化。

20 世纪 90 年代末期,随着射频识别技术应用的扩大,为了保证不同射频识别设备和系统的相互兼容,人们开始认识到建立统一射频识别技术标准的重要性,EPC Global（全球电子产品编码协会）就应运而生。EPC Global 是由 UCC（北美统一码协会）和 EAN（欧洲商品编码协会）共同发起组建的,是专门负责制定射频识别技术和物联网标准的机构。

（5）射频识别技术的普及阶段

20 世纪 90 年代末期至 21 世纪初期,是射频识别技术的普及期。这个时期射频识别产品种类更加丰富,标准化问题日趋为人们所重视,电子标签成本不断降低,规模应用行业不断扩大,一些国家的零售商和政府机构都开始推荐射频识别技术,射频识别技术比想象的更接近现实。

2003 年,世界最大的连锁超市美国沃尔玛宣布,它将要求 100 个主要供应商在 2005 年 1 月前,在其货箱和托盘上应用射频识别电子标签。而且沃尔玛还提出,在

2006 年将扩展到其他的供应商,同时将很快在欧洲实施,然后是剩下的其他海外区域。沃尔玛的这一决定,在全球范围内极大地推动了射频识别技术的普及。当时,沃尔玛的高级供应商每年要把 80~100 亿箱货物运送到零售商店,一旦这些货箱贴上射频识别电子标签,就需要安装相关的射频识别设施,沃尔玛的这项决议,使射频识别技术在各行业的应用迅速扩展。

后勤物资调动是军队重要的保障,但如何把这样庞大烦琐的工作进行得迅速准确,却是一大难题。物质存储的集装箱常常会因为标识不清,被迫重新打开、登记、封装并再次投入运输系统,不仅影响效率,而且还造成浪费。因此,射频识别技术在军用物资管理、跟踪方面得到巨大发展,并以延伸至民用物流、货运以及资产管理领域。

21 世纪初,射频识别技术标准已经初步形成。我国认识到射频识别技术的重要性,已经加入射频识别技术国际标准的制定,并建立自己的射频识别技术标准。在国家政策的大力推动下,物联网产业的快速发展带动了射频识别产业的发展。目前,射频识别技术在金融、移动支付、城市公共事业、交通、医疗卫生、食品安全以及商品防伪等领域都有所应用。二代居民身份证项目是射频识别在电子证照市场第一个规模性的应用;央行力推金融 IC 卡迁移工作,从 2015 年起逐步停止新发磁条卡,直接发芯片 IC 卡;城市一卡通是射频识别技术在城市公共事业中应用的亮点。随着国家专项资金的继续支持,商务部、人民银行、交通运输部、国家卫生健康委员会、农业农村部等部委支持政策的持续出台,射频识别应用试点项目进一步增多,是目前我国射频识别应用发展的主要推动力。

2. 射频识别技术的应用现状

如今射频识别已经应用于各行各业,射频识别的产品种类也十分丰富。据统计,在我国,射频识别的应用在金融支付领域占比最高,约为 18%;零售和交通管理领域分别为 15% 和 13%;其次是军事与安全、身份识别、物流仓储、资产管理、防盗防伪和公共事业等。

图 3.25 给出了射频识别应用领域。在金融支付领域,射频识别技术主要用于银行和零售等部门,采用银行卡或充值卡等方式进行支付。在零售领域,主要用于商品的销售数据实时统计、补货和防盗等。在交通领域,主要用于不停车缴费、出租车管理、公交车枢纽管理、铁路机车识别、航空交通管制、旅客机票识别和行李包裹追踪等。在军事领域,主要用于弹药管理、枪支管理、物资管理、人员管理和车辆识别与追踪等。在防伪安全领域,主要用于贵重物品(烟、酒、药品等)防伪、票证防伪、汽车防盗和汽车定位等。在身份识别领域,主要用于电子护照、身份证和学生证等各种电子证件。在物流领域,主要用于物流过程中的货物追踪、信息自动采集、仓储应用、港口应用和邮政快递等。在资产管理领域,主要用于贵重的、危险性大的、数量大且相似性高的各类资产管理。在制造领域,射频识别技术主要用于生产数据的实时监控、质量追踪和自动化生产等。

3.3.2 射频识别系统的结构和工作流程

1. 射频识别系统的结构

典型的射频识别系统包括硬件组件和软件组件两部分。其中,硬件组件由电子标签和读写器组成,软件组件(计算机信息系统)由中间件和应用软件组成,如图 3.26 所示。

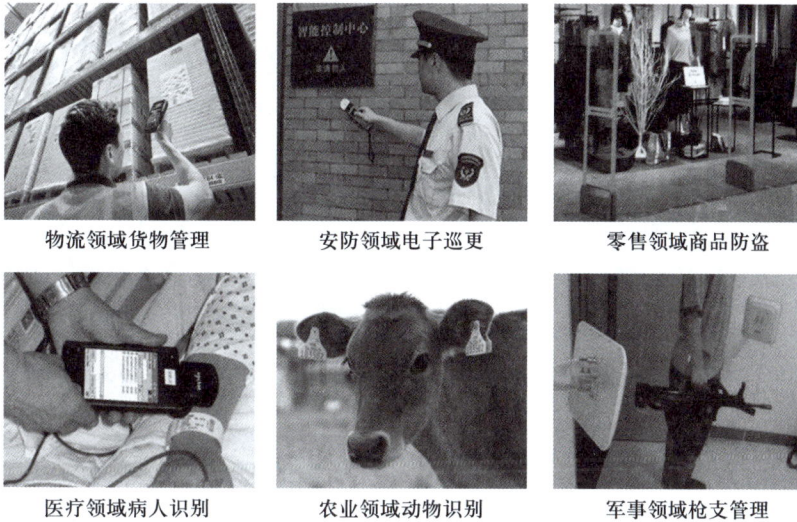

物流领域货物管理　　　安防领域电子巡更　　　零售领域商品防盗

医疗领域病人识别　　　农业领域动物识别　　　军事领域枪支管理

图 3.25　射频识别应用领域

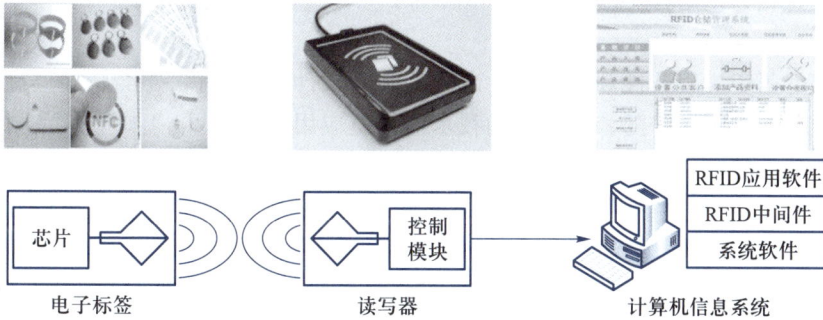

电子标签　　　　　　　读写器　　　　　　　计算机信息系统

图 3.26　射频识别系统结构

（1）电子标签

电子标签是射频识别系统的数据载体。每个标签具有唯一的电子编码，通常用以附着在物体上来标识目标对象，其外形根据应用场景的不同而不同。电子标签由标签芯片和标签天线构成。标签芯片用来存储和处理物体的数据，标签天线用来接收和发送射频无线信号。卡状电子标签的结构图如图 3.27 所示。

（2）读写器

读写器是读写标签信息、并与应用软件系统通信的设备，可分为固定式和手持式，分别如图 3.28 和图 3.29 所示。

读写器由控制模块、射频模块和天线组成，其中天线

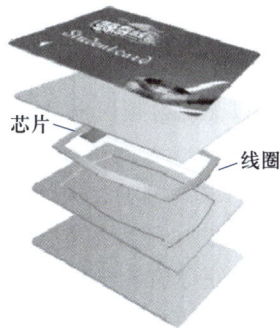

图 3.27　卡状电子标签的结构图

分为内置天线和外置天线。射频模块用于产生高频发射能量，激活电子标签，为无源式电子标签提供能量；对于需要发送至电子标签的数据进行调制并发射；接收并解调电子标签发射的信号。控制模块用于信号的编码、译码，加密、解密；与应用软件系统通信，并执行从应用软件系统发来的命令；执行防碰撞算法。

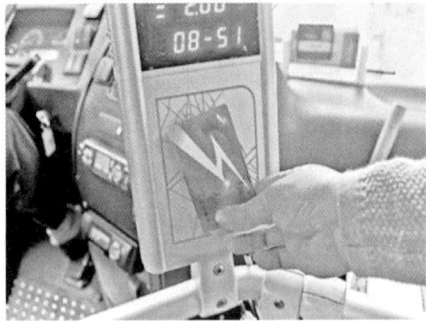

图 3.28   固定式读写器

图 3.29   手持式读写器

（3）应用软件

应用软件是直接面向射频识别应用的最终用户的人机交互界面。在不同的应用领域，应用软件各不相同，因此需要根据不同应用领域的不同企业专门制定，很难具有通用性。它以可视化的界面协助使用者完成对读写器的指令操作等，逐级将射频识别技术事件转化为使用者可以理解的业务事件。

（4）中间件

中间件属于应用软件和系统软件之间的一种软件，为应用软件屏蔽底层硬件设备和系统软件等的不同。随着射频识别技术的广泛应用，采用不同接口标准的射频识别硬件设备越来越多。软件上，应用程序的规模越来越大，出现了各式各样适合不同行业的系统软件及用户数据库。如果每个技术细节的改变都要求衔接射频识别系统各部分的接口改变，那么射频识别技术的发展将会受到严重制约，后期维护、管理的工作量也会大大增加。中间件技术不仅屏蔽了射频识别设备的多样性和复杂性，还可以支持各种标准的协议和接口，将不同操作系统或不同应用系统的应用软件集成起来。当用户改变数据库或增加射频识别数据时，只需更改中间件的部分设置就可以使整个射频识别系统仍然继续运行，省去了重新编写源代码的麻烦，也为用户节省了费用。因此，中间件被称为是射频识别系统运行的中枢。

2. 射频识别系统的工作流程

以无源射频识别系统为例，一般工作流程如下（有源射频识别系统工作流程略有不同）：

① 读写器通过天线发送一定频率的射频信号。

② 当电子标签进入读写器天线工作区时，电子标签天线产生足够的感应电流，电子标签获得能量被激活。

③ 电子标签将自身信息通过内置天线发送出去。

④ 读写器天线接收到从电子标签发送来的信号。

⑤ 读写器对接收信号进行解调和译码，然后送到计算机信息系统。

⑥ 位于计算机信息系统上的射频识别应用软件针对不同的设定做出相应的处理，发出指令信号控制执行机构动作。

通过以上步骤，射频识别系统实现了对物品的自动识别。

3.3.3　射频识别技术的分类

微课扫一扫
射频识别技术的
分类

到目前为止,射频识别技术没有形成统一的分类方式,较常见的分类方式有以下几种。

1. 根据电子标签的供电形式分类

实际应用时,电子标签的功耗是非常低的,但尽管如此,必须给电子标签供电它才能工作。按照为电子标签供电方式的不同,可以把电子标签分为有源标签、无源标签和半有源标签。

有源标签的电能由它内部自带的电池提供,电量充足时,信号的传输距离远,但随着电量的消耗,传输距离会受到严重影响。有源标签可应用于对传输距离要求较高的场合。

无源标签内部不带电池,工作时的电能主要由天线接收到读写器的信号的能量转换而来。这种电子标签具有相当长的使用期,但是由于转换的电能比较弱,导致信号的传输距离比有源标签短。因此,无源标签适用于读写次数多、对信号传输距离要求不高的场合。

半有源标签集成了有源标签和无源标签的优势,内部带电池,但电池只用于标签激活。在平时情况下,其处于休眠状态不工作,不向外界发出信号,只有在其进入低频激活器的激活信号范围,标签被激活后,才开始工作。由于低频激活器的激活距离是有限的,它只能在短距离小范围内精确激活,因此以低频激活器为基点来定位,在不同的位置安装不同的基点,然后在一个大区域用远距离读写器识别读取信号,之后用不同的传输方式将信号上传,即通常所说的"近距离激活,远距离识别"。

2. 根据电子标签的工作频率分类

对一个射频识别系统来说,它的工作频率是指读写器通过天线发送、接收并识读的电子标签信号频率范围。像平时收听调频广播一样,射频识别系统的电子标签和读写器要调制到相同的频率才能工作。因此,电子标签的工作频率也是射频识别系统的工作频率,是射频识别系统最重要的特点之一,直接决定系统应用的各方面特性,如系统的工作原理、识别距离、电子标签和读写器实现的难易程度及设备的成本等。

按照电子标签工作频率的不同,可分为低频(Low Frequency,LF)、高频(High Frequency,HF)、超高频(Ultra High Frequency,UHF)和微波频段等种类,如图 3.30 所示。每一种频率都有它的特点,被应用在不同的领域中,因此要合理使用射频识别系统就要先选择合适的频率。

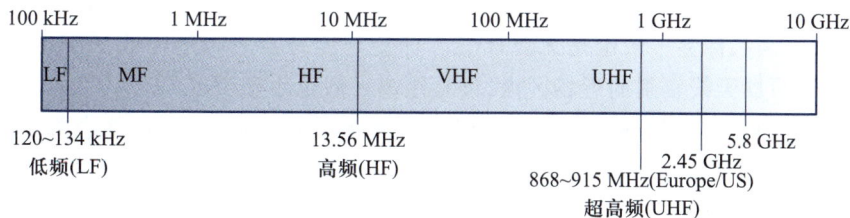

图 3.30　射频识别频率分析

小 知 识

频段,就是一定的频率范围。例如收音机,有的可收中波,有的可收短波,还有调频。人们购置收音机时,先要弄清楚它能收几个波段,这个波段就相当于我们所说的频段。

为了合理使用频谱资源,保证各种行业和业务使用频谱资源时彼此之间不会干扰,国际电信联盟无线委员会(ITU-R)颁布了国际无线电规则,对各种业务和通信系统所使用的无线频段都进行了统一的频率范围规定。这些频段的频率范围在各个国家和地区实际应用时会略有不同,但都应在国际上规定的这些范围内。

按照国际无线电规则规定,现有的无线电通信共分成航空通信、航海通信、陆地通信、卫星通信、广播、电视、无线电导航、定位以及遥测、遥控、空间探索等 50 多种不同的业务,并对每种业务都规定了一定的频段。

（1）低频段射频标签

低频段射频标签,简称为低频标签,其工作频率范围为 30~300 kHz,典型工作频率有 125 kHz、133 kHz。低频标签一般为无源标签,在与读写器传送数据时,低频标签需位于读写器天线辐射的近场区内,读写距离一般小于 1 m。

除金属材料影响外,低频信号一般能够穿过任意材料的物品而不缩短它的读取距离,在全球没有任何特殊的工作频段许可限制。因此,低频标签非常适合近距离、低速、数据量较小的识别应用(例如:动物识别);与高频标签相比,因标签天线匝数更多,低频标签成本更高一些。低频标签的典型应用包括动物识别、容器识别、工具识别、电子闭锁防盗(带有内置应答器的汽车钥匙)等,如图 3.31 所示。

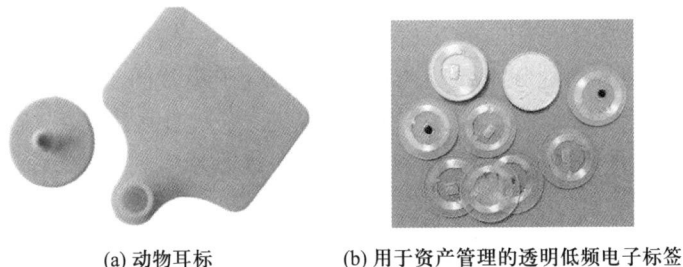

(a) 动物耳标   (b) 用于资产管理的透明低频电子标签

图 3.31   典型低频标签

（2）高频段射频标签

高频段射频标签,简称高频标签,工作频率一般为 3~30MHz,典型工作频率为 13.56 MHz。高频标签一般也是无源标签。标签与读写器之间进行数据交换时,标签必须位于读写器天线辐射的近场区内,读写距离一般也小于 1 m。

除金属材料外,高频频率的波长可以穿过大多数的材料,但是往往会降低读取距离。该频段在全球都得到了认可,没有任何特殊的限制,能够产生相对均匀的读写区域。同时,高频标签具有防碰撞特性,可以同时读取多个电子标签,并把数据信息写入标签中。另外,高频标签的数据传输率比低频标签高,价格也相对便宜,广泛应用于电子车票、电子身份证、电子闭锁防盗(电子遥控门锁控制器)、小区物业管理、大厦门禁系统等,如图 3.32 所示。

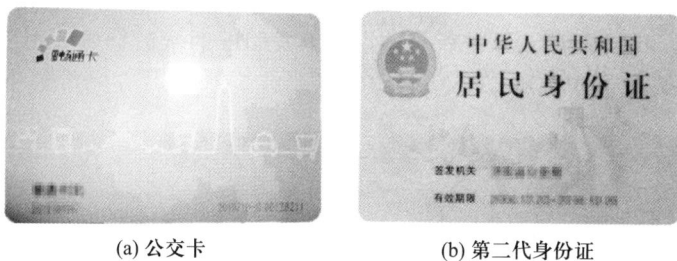

(a) 公交卡   (b) 第二代身份证

图 3.32 典型高频标签

(3)超高频段射频标签

超高频段射频标签,简称超高频标签,工作频段范围较广,典型工作频率有 433.92 MHz、862(902)~928 MHz。超高频标签可分为有源标签与无源标签两种。工作时,标签位于读写器天线辐射场的远场区内,相应的射频识别系统读写距离一般大于 1 m,典型情况为 4~6 m,最长可达 10 m 以上。读写器天线一般为定向天线,只有在读写器天线定向波束范围内的射频标签可被读写。

由于读写距离的增加,应用中有可能在读写区域中同时出现多个标签的情况,从而提出了多标签同时读取的需求,多标签识读效率是射频识别系统的一个重要指标。超高频读写器不仅有很高的数据传输速率,在很短的时间内可以读取大量的电子标签。但是,超高频频段的电波不能通过许多材料,特别是水、灰尘、雾等悬浮颗粒物质;主要用于铁路车辆自动识别、集装箱识别等,我国的电子车牌就是选用的 840~845 MHz 的超高频标签。典型超高频标签如图 3.33 所示。

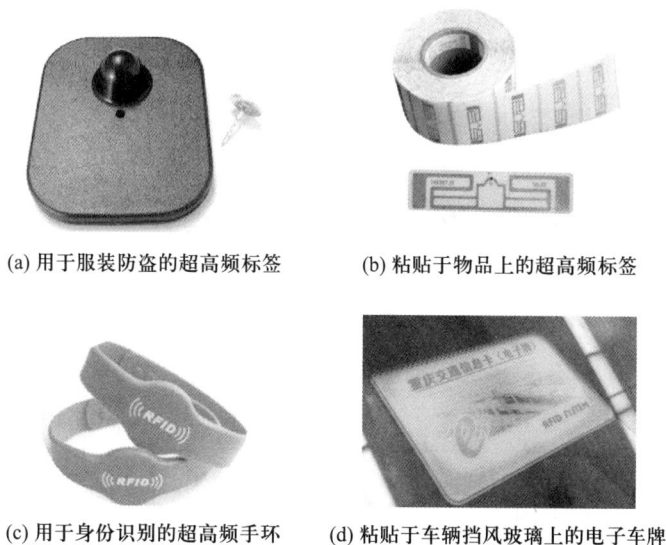

(a) 用于服装防盗的超高频标签   (b) 粘贴于物品上的超高频标签

(c) 用于身份识别的超高频手环   (d) 粘贴于车辆挡风玻璃上的电子车牌

图 3.33 典型超高频标签

(4)微波频段射频标签

微波频段射频标签,简称为微波标签,其典型工作频率有 2.45GHz 和 5.8GHz。微波标签除拥有超高频标签的特点外,由于它多以半有源微波射频标签产品面世(半有源标签一般采用纽扣电池供电,具有较远的阅读距离),所以微波标签比超高频标签的读写距离更远。我国的 ETC 系统就是选用的 5.8 GHz 的微波标签。图 3.34 和图 3.35 分别为 ETC 车载电子标签和 ETC 车道。

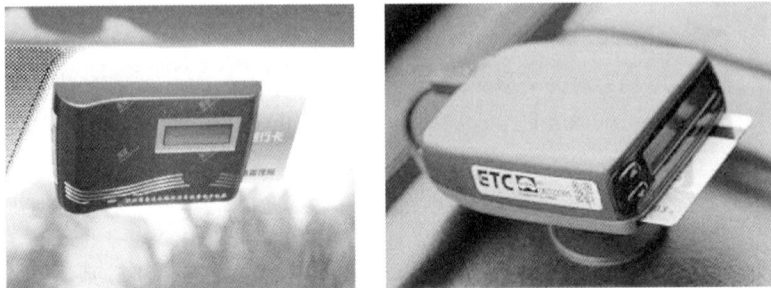

图 3.34   ETC 车载电子标签

从某种意义上讲,采用 5.8 GHz 微波频段的 ETC 系统其实也可实现电子车牌的功能。但是由于现有国标 ETC 系统中的车载单元(OBU)是有源工作,电池有寿命;作为分立元件结构使用成本较高,加之信息读取及转换时间长(一般在百毫秒级以上),需要大大降低车速,所以 ETC 不能作为电子车牌在城市等复杂交通环境中推广应用。随着无源式电子车牌读写距离的加大,读写时间的缩短,安全性的增加,成本的大大降低,无

图 3.35   ETC 车道

源电子车牌已有取代高速公路有源 ETC 系统的趋势,从而能够真正实现高速公路自由流收费(即无道闸、不降速通过,并安全收费)。ETC 系统与电子车牌系统的比较如表 3.5 所示。

表 3.5   ETC 系统与电子车牌系统的比较

比较项	ETC 系统	电子车牌系统
标准制定部门	交通运输部	公安部
应用场景	不停车收费	城市车辆管理
供电方式	有源,依赖车载电池供电	无源,不需要额外电源
使用频段	5.8 GHz 微波	840~845 MHz,920~925 MHz 超高频
识别速度	信息转换时间长,车速需低于 60 km/h	车速低于 180 km/h

(5)不同频段的射频识别系统特点

不同频段的射频识别系统的特点如表 3.6 所示。

表 3.6　不同频段的射频识别系统的特点

分类	工作频段	优点	缺点	典型应用
低频（LF）	30~300 kHz（典型：125 kHz 和 133 kHz）	技术简单，且成熟可靠，无频率限制	通信速度慢，读写距离短（<10 cm），天线尺寸大	动物耳标识别、商品零售、电子闭锁防盗等
高频（HF）	3~30 MHz（典型：13.56 MHz）	相对低频段，有较快的通信速度和较长的读写距离，此频段在非接触卡中应用广泛	受金属材料等的影响较大，识读距离不够远（最大为 75 cm 左右），天线尺寸大	电子车票、电子身份证、小区物业管理等
超高频（UHF）	433.92 MHz 及 860~960 MHz	读写距离远（大于 1 m），天线尺寸小，可绕开障碍物，无须保持视线接触，可多标签同时识别	定向识别；各国有不同的频段的管制，发射功率受限制，受某些材料影响较大	生产线产品识别、车辆识别、集装箱、包裹识别等
微波	2.45 GHz 或 5.8 GHz	除 UHF 特点外，更高的带宽和通信速率，更长的识读距离，更小的天线尺寸	除 UHF 缺点外，此频段产品拥挤、易受干扰，技术相对复杂	ETC 不停车收费、雷达和无线电导航等

3. 其他分类方式

除了以上两种分类方式，按照电子标签的存储器类型，还可以分为只读标签、可读写标签和一次写入多次读取标签；按照射频识别系统基本工作方式分为半双工、全双工和时序三种。全双工表示射频标签与读写器之间可在同一时刻互相传送信息；半双工表示射频标签与读写器之间可以双向传送信息，但在同一时刻只能向一个方向传送信息。

3.3.4　射频识别技术的选择

如何根据实际应用需要，选择合适频段的射频识别技术呢？一般考虑以下几个因素：

① 系统成本。射频识别系统成本包括硬件产品成本和系统集成及软件开发需要的成本。当前系统整体成本主要在应用集成和数据管理软件的开发。

② 通信距离。一般高频系统比低频系统信号接收范围广，但也不能够简单认为某一个频段的射频识别系统的工作距离远于另一个频段的。因为即使同一个频段也会由于硬件不同而影响通信范围。从现有的解决方案来看，超高频和微波射频识别系统的通信距离远（可超过 10 m），并具有较快的通信速率。但是为了降低标签芯片的功耗和复杂度，这两个频段的射频识别系统难以实现复杂的安全机制，仅限于写锁定和密码保护等简单安全机制。

③ 通信速率。理想的射频识别系统的特点是工作距离长，传输速率高，功耗又低；但实际上这三者又是相互制约的。例如，高数据传输率只能在相对较近的距离下实

现;反之,如果要提高通信距离,就需要降低数据传输率。所以如果要选用通信距离远的射频识别技术,往往会牺牲通信速率。

④ 工作环境。除了通信距离、通信速率等关键参数外,系统的所在外部环境、存储器容量、安全特性也是实际应用选型中的影响因素。例如:超高频和微波射频识别系统的电磁波能量在水中衰减严重,所以对于跟踪动物(体内含水量超过 50%)、含有液体的药品等就不合适,此时选择低频和高频系统,但是读写距离通常就不会超过 1m。

总之,不同频率的标签有不同的特点。例如,低频标签比超高频标签便宜,节省能量,穿透能力较强,工作频率不受无线电频率管制约束,最适合用于含水成分较高的物体,如水果等;超高频和微波作用范围广,传送数据速度快,但是比较耗能,穿透力较弱,作业区域不能有太多干扰,适用于监测港口、仓储等物流领域的物品;而高频标签属中短距识别,读写速度也居中,产品价格也相对便宜,例如应用在电子票证、一卡通上。

讨　论

查阅网络资料,分析射频识别技术通信距离与其工作频率的关系,请列举至少五个场景并分析其应使用的射频识别技术频段。

3.4　认识物联网工程需求分析

3.4.1　需求分析的概述

1. 需求分析的概念

需求分析是指需求分析人员通过对用户和项目的需求进行深入细致的调研与分析,并且将用户非形式化的需求表述转化为完整的需求定义,从而确定项目"必须做什么"的过程。在这个过程中,用户处在主导地位,需求分析人员负责整理用户需求,并形成相应的需求分析文档,为之后的系统设计、实施、运行等环节提供依据。

无论从用户的角度还是物联网工程项目设计与实施方的角度来看,物联网工程需求分析都是必不可少的。物联网工程项目一般是综合性比较强的非标准化项目,需求分析的翔实,直接关系到项目设计及实施效果是否满足用户需求。

2. 需求的分类

需求就是用户的一种期望,项目通过满足用户的期望来解决用户的问题。根据抽象层次不同,需求可以分为业务需求(例如 R1)、用户需求(例如 R2)和系统需求(例如 R3)三个层次,如图 3.36 所示。

R1:在卡口监控系统投入使用 1 个月后,该路口的交通违章现象降低 80%。

R2:系统能帮助交通监管人员自动识别出在该路口闯红灯的车辆信息。

R3:交通监管人员登录进入系统后,能查

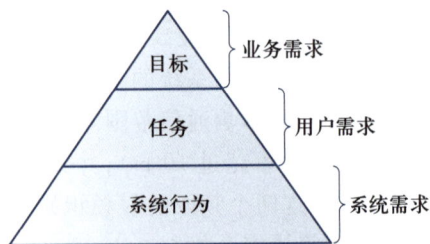

图 3.36　需求的层次

询出该路口指定时间内闯红灯的车辆信息及其违章处理情况。

业务需求反映了对项目的目标和范围。客户或者用户提出建设物联网工程项目的要求,都是为了解决实际业务活动中遇到的问题,业务需求就是要描述清楚要解决哪些问题,要达到什么目标。用户需求是执行实际工作的用户对系统所能完成的具体任务的期望,描述了系统能够帮助用户做些什么。系统需求是用户对系统行为的期望,每个系统需求反映了一次外界与系统的交互行为,或者系统的一个实现细节。

一系列的系统需求联系在一起可以满足一个用户需求,帮助用户完成任务,进而满足业务需求。业务需求描述的系统目标指导着整个需求分析过程。因为即使同样的问题,如果所需满足的目标不同,那么整个系统的解决方案就会有较大的差异。系统需求又可分为功能需求和非功能需求。功能需求是指为满足业务需求和用户需求,系统必须完成的各项功能。功能需求是最常见和最重要的需求,是解决用户问题和产生价值的基础。非功能需求则是需求中除了功能需求以外的需求,包括性能需求、质量需求、对外接口和约束。例如:"卡口监控系统能自动识别出在该路口闯红灯的车辆信息"是功能需求,而"系统能在 3 s 内识别出闯红灯的车辆信息"则是非性能需求。

简而言之,需求分析,需明确项目的业务需求,理清用户需求,逐步细化系统的功能和非功能需求,从而确定项目"必须做什么"。

3.4.2　需求分析的过程

需求分析一般可以分为获取需求、分析需求、输出需求和确认需求四个阶段,如图3.37 所示。

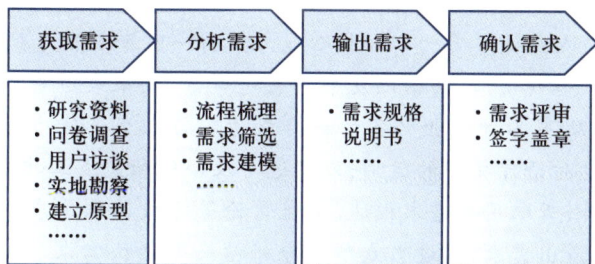

图 3.37　需求分析一般过程

1. 获取需求

获取需求就是从多个方面理解项目建设的各个系统,包括:确定系统的涉众、了解现有的问题、建立新系统的目标、获取为支持新系统目标而需要的业务过程细节和具体的用户需求等。

获取需求是需求分析的基础。为了能有效地获取需求,需求分析人员需采取科学的需求获取方法。在实践中,获取需求的方法有很多种,比如:研究资料、问卷调查、用户访谈、实地勘察、建立原型等。

获取需求和分析需求其实是一个循环往复的过程,需求分析人员需要获取一些信息,随即进行分析和整理,理解、认知到一定程度后再确定进一步获取的内容。

2. 分析需求

在获得需求后,需求分析人员需对需求进行分析综合。分析需求的目的是保证需求的完整性和一致性。该阶段的主要工作任务是根据获取需求阶段输出的原始需求,逐步细化为项目系统所需的功能及非功能需求,分析其是否满足用户需求,剔除不合理部分,增加需要部分。最终形成最优的项目整体解决方案,并给出目标系统的逻辑模型。

逻辑模型是对系统高层次的抽象,通常由一组符号和组织这些符号的规则组成。常用的模型图有数据流图、用例图、E-R 图等,不同的模型从不同的角度或侧重点描述目标系统。绘制模型图的过程,既是需求分析人员进行逻辑思考的过程,也是其更进一步认识目标系统的过程。

3. 输出需求

获取的需求需要编写成需求分析文档。编写文档的目的一方面是用于向用户确认需求,另一方面是作为项目后续设计和实施的重要依据。因此,需求分析文档应该具有清晰性、无二义性和准确性,并且能够全面和确切地描述用户需求。

4. 确认需求

确认需求是指对需求分析的成果进行验证、评审并确定的过程。为了尽可能地不给项目后续活动带来不必要的影响,必须对输出的需求分析文档的正确性、一致性、完整性和有效性等进行验证和评审。评审通过才可进行下一阶段的工作,否则重新进行需求分析。需求评审的参与方一般包括需求分析人员、客户、设计人员及项目后续其他参与人员等。

小 知 识

需求分析过程是一个典型的与人交流的过程。

我国人力资源主管部门将与人交流界定为职业核心能力中的一项基本能力。与人交流是指在与人交往活动中,通过交谈讨论、当众讲演、阅读以及书面表达等方式,来表达观点、获取和分享信息资源的能力,是日常生活以及从事各种职业必备的社会能力。与人交流能力以汉语为媒介,在听、说、读、写技能的基础上,通过对语言文字的运用,以促进与人合作和完成工作任务为目的。

需求分析通过阅读相关资料、听取用户需求描述、交流讨论等方式获取需求,通过分析综合理解需求,通过编写需求分析文档输出需求,通过当众解说分析结果等确认需求。该过程是一个听、说、读、写的综合应用。

讨 论

请与身边的人分享你曾经遇到的一件关于与人交流的趣事,并分析其中问题产生的原因和对应的解决办法。

3.4.3 需求分析的内容

物联网工程需求分析具体内容可分为市场需求分析、技术需求分析和安全需求分析三个方面,作为需求分析的最终结果——需求分析文档必须涵盖这些内容。

1. 市场需求分析

通过调研和分析客户的基本需求,对客户的物联网工程项目实施需求的可行性、可用性、数据安全性等做出相应的描述或者说明。此外,还需要客观地分析和评价客户的项目价值体系以及可以预期的投资价值体系,尽可能地给出定量的分析表格,分析物联网工程实施的意义和价值。

2. 技术需求分析

技术需求分析包括以下 8 个方面。

（1）业务流程需求

需要认真调研、细致分析用户的业务流程以及其中的工作流程和物流等客观存在的业务现状,找出薄弱环节。如果必要,还需要对现有的业务流程做出必要的重组,以适应物联网工程管理的需要。但是,需要注意的是,对业务流程的所有改动都必须和用户方人员反复研讨,并取得他们的签字认可。

（2）产品特性与环境适应性需求

在物联网中,每个产品的特性决定了其应用的局限性。比如:金属材料、液态物质和电磁噪声污染等都会对基于电磁波原理的识读的正确性产生影响。因此,对物联网工程应用环境的调查与分析十分重要。只有这样,才能选择正确的设备,确定合适的方案,取得满意的效果。

（3）系统集成需求

针对用户的业务流程和工作流程,如何整合感知的数据信息与信息管理系统融合,需要考虑到数据的格式、通信的方式、中间件的选择、硬件的连接和系统调试等问题。

（4）业务系统对接需求

充分利用现有的设备布局,尽量不改变现有的设备是系统实施的原则之一,但是如果必须或是一个小小的改动可能会带来很大的效果时,也需要对系统布局进行一些必要的改动。

（5）系统升级需求

系统也可能会遇到需要软件或者硬件升级的问题,要密切注意设备供应商的产品升级通知,使自己的系统时刻保持在较新的技术状态和最好的工作性能。

（6）测试评估需求

系统实施完毕,需要对系统软件进行测试,通常采用一定的测试程序以及不同的测试方法进行测试。只有经过严格测试的系统才是成熟的系统。

（7）系统维护需求

系统维护需求主要通过系统的无故障工作时间来表示系统工作的可靠性。

（8）环境和行业条件及标准需求

特殊的环境和行业条件对系统的选择和安装也有一定的要求,比如气候等。此外,不同的应用环境还需要考虑不同的应用标准许可,如人员识别场合对电磁辐射就应该有较严格的要求等。

3. 安全需求分析

在物联网发展与建设过程中,信息安全建设成为不可或缺的重要组成部分。物联网是一种虚拟网络与现实世界实时交互的新型系统,其无处不在的数据感知、以无线为主的信息传输、智能化的信息处理等特点,一方面有利于提高社会效率,另一方面也会给我们带来诸多信息安全和隐私保护问题。

物联网在多方面存在安全威胁。由于物联网是建立在互联网的基础上的,因此互联网所能够遇到的信息安全问题,在物联网中都会存在,只是可能表现形式不一样。同时,物联网上传输的是大量涉及企业经营的物流、生产、销售、金融数据,以及有关社会运行的一些数据,具有一定的经济价值和社会价值。而且,物联网更多地依赖于无线通信技术,而无线通信技术很容易被干扰和窃听,攻击无线信道是比较容易的。因此,要设计和实施好物联网工程项目,一定要充分考虑网络安全、系统稳定和信息保护等方面存在的问题,做好备选方案,把握好发展需求与技术管理体系之间的平衡。

【项目实施】

1. 城市交通卡口监控系统需求分析

通过各种需求获取方法,获取城市交通卡口监控系统的业务需求、用户需求和系统需求,并逐步细化系统主要功能。

2. 城市交通卡口监控系统技术选型

① 依据相关标准和该卡口监控系统实际需求,结合物联网层级结构,列出该卡口监控系统需求实现的关键技术及其选型的技术要求。

② 结合技术要求,对比查阅系统可选用的关键技术的特点,并从中选出最适合卡口监控系统的关键技术。

3. 绘制城市交通卡口监控系统基本连接图

① 通过"城市交通卡口监控系统设备选型与系统演示"交互动画,模拟搭建卡口监控系统。

② 根据模拟搭建的内容,绘制卡口监控系统连接图。

4. 编制城市交通卡口监控系统需求分析报告

根据以上项目内容实施结果,按照需求分析报告编制要求,编写《××园区城市交通卡口监控系统需求分析》报告,其内容包括但不限于以下关键点:

① 该卡口监控系统业务需求、用户需求和主要的功能需求。

② 针对系统的主要功能,选择了哪些关键技术,并说明理由。

③ 卡口监控系统连接图及相关描述。

虚拟仿真动画
城市交通卡口监控系统设备选型与系统演示

【项目评价】

项目名称: 城市交通卡口监控系统 需求分析	项目承接人姓名:		日期:
项目要求	得分标准		得分情况
项目分析(10分) 项目分析合理,项目准备单填写准确	项目分析合理性评价(每合理1条得1分,满分10分)		

续表

项目要求	得分标准	得分情况
关键要求一(15分) 城市交通卡口监控系统功能需求描述清楚	1. 系统需求分析不完整或不清楚(每处扣5分); 2. 系统功能设计未包括卡口监控系统必要功能(每处扣5分)	
关键要求二(15分) 所选自动识别技术合理,理由充分	1. 所选自动识别技术不合理(每处扣5分); 2. 选择理由不充分(每处扣2分)	
关键要求三(15分) 系统基本连接图绘制正确	系统连接图不正确(每处扣5分)	
关键要求四(15分) 需求分析报告编写规范	需求分析报告编写不规范(每处扣2分)	
项目汇报(10分) 汇报内容清晰、重点突出、时间把握合理,衣着整洁、仪态自然大方	1. 汇报内容不清晰(每处扣1分); 2. 重点不突出(根据情况酌情扣分,最多扣2分); 3. 衣着不整洁(根据情况酌情扣分,最多扣2分); 4. 仪态自然大方(根据情况酌情扣分,最多扣2分)	
职业道德与职业核心能力(20分) 积极与人沟通、合作,具有为他人服务意识	1. 不积极与人沟通、合作(根据情况酌情扣分,最多扣10分); 2. 无为他人服务意识(根据情况酌情扣分,最多扣10分)	
创新创意(附加5分)	项目完成过程中,在内容、形式、方法等方面,能结合国家、行业发展新要求,创新解决低碳、健康、高质量发展等问题(每个点附加1分,最高附加5分)	

【拓展项目】

物联网创意设计之需求分析

根据前期初步的创意设计,通过各种途径进一步进行系统需求调研,描述出系统要实现哪些功能需求和非功能需求;字数不少于500字。

项目 4
智能冶炼工厂的网络规划

【引导案例】

如图 4.1 所示,钢铁冶炼是世界上最复杂的工艺流程之一,也是世界上最高危的工作环境之一。传统的冶炼现场需要人工操作,工作环境非常危险。产品质量检测、设备运行状态等生产数据不能实时反馈,直接影响企业经济效益和发展。

(a) 在危险工作环境下操作的工人　　　　　(b) 机械手臂代替人"开铁口"

图 4.1　钢铁冶炼工厂现场图

随着智能制造时代的到来、新一代信息技术的高速发展,我国钢铁冶炼工厂开始对智能制造战略做进一步落实。设立集中运营管控中心,强化多专业的调度业务整合及协同,打通各专业、全流程的业务系统,实现高度集中、高效快捷的生产模式。原有基础网络已无法支撑工厂的高速发展,急需对现有老旧网络进行升级改造。

工业生产网络覆盖广,网络设备可提供多种接口能力,带宽高、扩展性强、兼容性好。因此,选用工业 PON 网络承载以太网/IP 业务,采用点到多点结构,支持多种工业标准的物理接口,在以太网上提供多种业务并集成无线覆盖。通过 PON 组网实现冗余切换,保证网络的高可用性和设备的健硕性。

如图 4.2 所示,采用 Wi-Fi 6 覆盖整个工厂车间,做到智能工厂中全工业系统全要素的互联互通,实现现场数据实时采集、秒级分析反馈。AGV 小车自如穿梭在车间的各个角落,无须人工帮助就能准确无误地完成各项任务,Wi-Fi 网络完成 AGV 小车漫游 0 丢包,有效保障 7×24 小时稳定运行。利用 Wi-Fi 6 大带宽实现质检全无线化及自动化,节约人力成本,提升产品的检测精度。每个检测工位采用高清摄像机,Wi-Fi 6确保多 AP、多连接连续覆盖组网下的网络高性能业务密度。

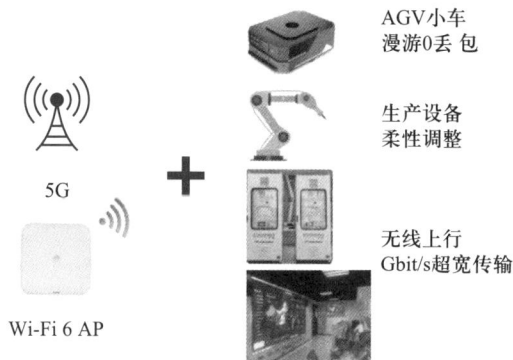

图 4.2　Wi-Fi 6 无线接入生产设备

冶炼工厂的炼铁车间生产的铁水需要运送到炼钢车间进行进一步的锻造,铁水运输也是极其危险的工作。我国创新采用 5G+AI 技术,将无人驾驶首次应用在铁水运输上,实现铁水运输的数字化集中管控。5G 具有高带宽、稳定、远距离传输等特点,适用于室外远距离传输。工作人员只需要坐在远端控制中心远程操作,无人机车通过安装高清摄像头,5G 实时回传影像,对现场进行安全监控、远程处理调度等。

如图 4.3 所示,智能冶炼工厂在 Wi-Fi 6、5G 等新一代网络技术的助力下,推动信息技术网络与生产控制网络融合,优化园区网络规划、部署,提高运维管理效率,加速工业数据采集、分析和人工智能技术深入工厂、车间和生产线,实现远程集控,现场少人化、无人化生产,形成低碳绿色的新业态。

(a) 工作人员在办公室远程操作　　　　(b) 5G基站为工厂提供无线接入支持

图 4.3　智能冶炼工厂

【学习目标】

知识目标

1. 了解智能工厂的基本概念
2. 理解计算机网络的组成与结构
3. 掌握工业互联网的基本概念
4. 掌握新一代移动通信技术的特点

能力目标

1. 能概述智能工厂系统结构及关键技术
2. 能根据需求,进行系统网络技术选型
3. 能根据需求,绘制系统网络结构图

素养目标

1. 树立科技报国的责任感
2. 养成科学思维与探究精神
3. 具有创造性的解决问题能力

【项目描述】

我国国民经济和社会发展"十四五"规划纲要提出,坚持把发展经济着力点放在实体经济上,加快推进制造强国、质量强国建设。推动制造业优化升级,深入实施智能制造和绿色制造工程。我国自主研发 5G+AI 钢铁冶炼智慧管控平台,实现"铁、运、钢"扁平化管控及铁水调度智能化。运用 5G、Wi-Fi 6 等网络通信技术,工作人员在远离冶炼现场的办公室内工作,实现远程控制机械手臂"开铁口",远程调配铁水运输机车、实时跟踪机车位置、道口安全管控、设备状态在线监控等。使人远离危险工作环境,优化产能,推动产业升级。要实现工厂生产智能化升级,设备之间的数据上传下发,那么工厂的通信网络应如何保障?

受建设单位委托,我设计院将根据"智能冶炼工厂"建设需求,完成工厂网络总体规划。经调研,整理网络连接需求,如图 4.4 所示。智能冶炼工厂主要有炼铁车间、炼钢车间和控制中心,其中各自距离约 1 km。车间现场新增机械手臂等自动化设备,代替人在高危环境中操作;铁水运输罐车在炼铁车间和炼钢车间往返,创新实现智能化运输,实现无人驾驶和远程调配;车间内生产线覆盖高清摄像机,实现生产数据实时记录、分析;关键区域覆盖视频安防设备,实现厂区安全监控;控制中心覆盖办公信息网络,实现实时监控关键设备、仪器仪表、铁水运输机车、关键道路、工作人员安全规范等数据上传下发。请结合项目描述分析网络建设需求,根据需求进行网络技术选型,绘制网络拓扑结构图,完成该智能冶炼工厂的网络规划设计,并形成《智能冶炼工厂网络规划设计》报告。

项目解析
智能冶炼工厂概述

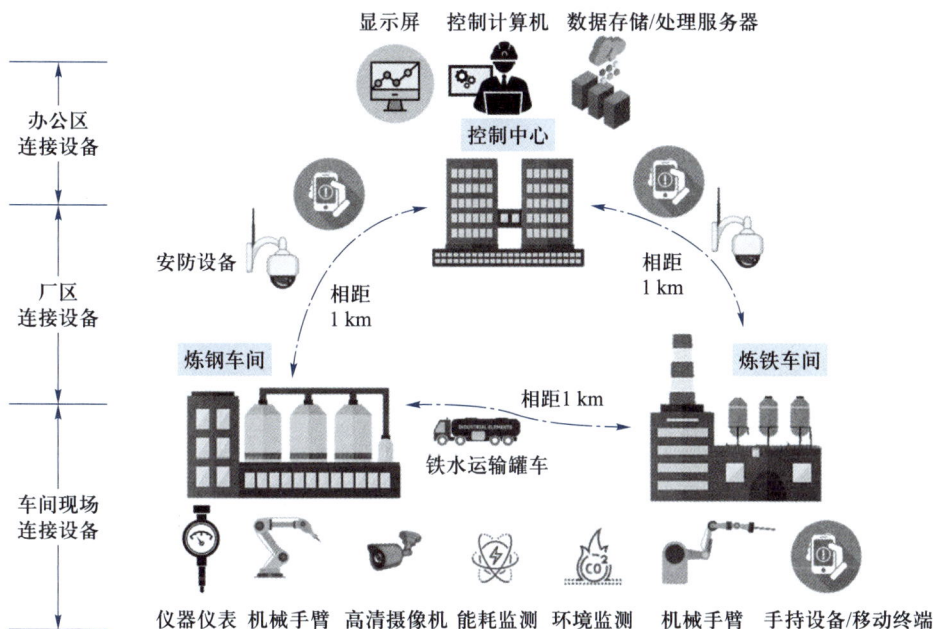

图 4.4　智能冶炼工厂网络连接需求示意图

【知识准备】

4.1　认识智能工厂

进入 21 世纪,随着通信、互联网和数字信息等技术的迅速发展,智能制造的条件逐渐成熟,开始在全球范围内快速崛起,工业发达国家不断推出新举措,通过政府、行业组织、企业等协同推进智能制造发展,以提升工业的制造实力,提高企业的竞争优势。我国立足国际产业变革,做出全面提升中国制造业发展质量和水平的重大战略部署,在国家和各省区市相关政策、资金的支持下,我国制造业的智能化水平实现了快速发展。

微课扫一扫
智能工厂概述

4.1.1　智能工厂的发展

智能制造指基于泛在感知技术,实现面向产品生产全生命周期的信息化和智能化的生产制造,实现智能化控制和管理是现代工业制造信息化发展的新阶段。工业发展经历了机械化、标准化和自动化三次工业革命,第四次工业革命的引发正是将物联网和服务应用到制造业。工业发展的四个阶段如图 4.5 所示。

1. 工业发展的四个阶段

第一阶段:18 世纪 60 年代至 19 世纪中期,通过水力和蒸汽机实现的工厂机械化,被称为"工业 1.0"时代。

第二阶段:19 世纪后半期至 20 世纪初,在劳动分工的基础上采用电力驱动产品的大规模生产,被称为"工业 2.0"时代。

第三阶段:始于 20 世纪 70 年代并一直延续到现在,随着电子与信息技术的广泛应用,使得制造过程不断实现自动化,被称为"工业 3.0"时代。

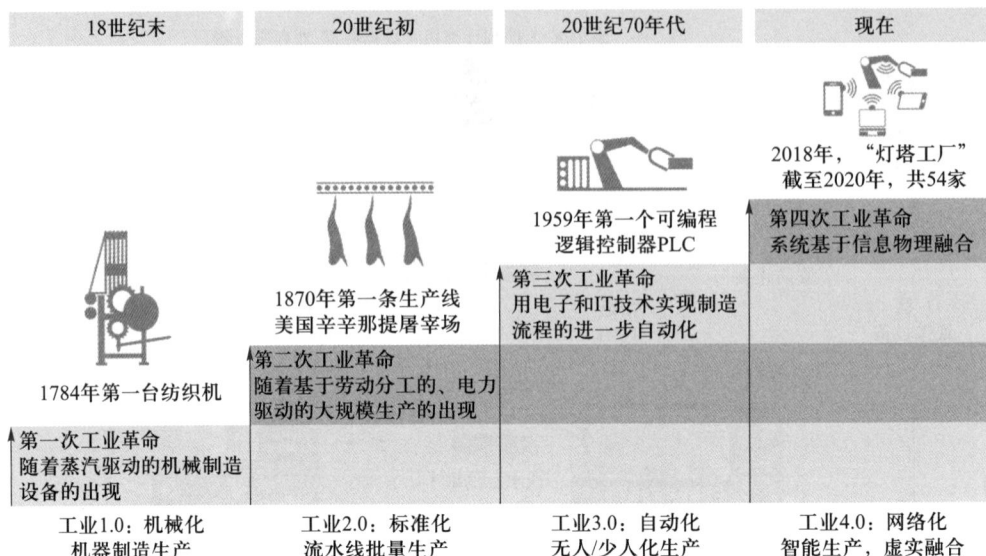

图 4.5   工业发展的四个阶段

第四阶段:智能制造为主导的第四次工业革命,可称为"工业 4.0"时代。"工业 4.0"的目标是建立一个高度灵活的个性化和数字化的产品与服务的生产模式。在这种模式中,传统的行业界限将消失,会产生各种新的活动领域和合作形式。创造新价值的过程正在发生改变,产业链分工将被重组。传统模式中信息技术(IT)网络与生产控制(OT)网络分离,工业 4.0 模式中 IT 与 OT 融合,形成新型网状数据交互架构。"工业 4.0"具有以下几个特点:

(1)网络化(信息物理融合系统)

未来智能工厂信息基础设施高度互联,基于工业互联网,完成各生产要素的全方位连接,包括生产设备、机器人、操作人员、物料和成品,实现从工业研发、设计、生产、销售到服务全生产流程的泛在互联。

(2)智能化(数字化设计与制造协同)

及时进行信息传输和对接。生产过程中的每一步都将先在虚拟世界被设计、仿真以及优化;智能生产装备根据数字化图纸直接生产个性化产品。

(3)柔性化(精益生产与柔性制造)

柔性化制造是基于自动化技术、信息技术和制造技术的基础,将传统相互独立的工程设计、生产制造及经营管理等流程,以计算机技术为支撑,构成覆盖整个生产的完整且有机的系统,从而增强生产制造的灵活性和应变能力,缩短产品生产周期,提高设备利用率和员工劳动生产率。

讨   论

我国是制造业大国,制造行业具有产品"量大面广"的特点,制造业生产线是 IT 与 OT 技术融合的主战场、工业制造业高质量发展的关键领域。查阅相关资料,讨论并举例说一说,我国在建设升级智能工厂中的典型案例。

2. 智能工厂的概念

与智能制造相关的概念还有智能工厂(Smart Factory, SF)。德国斯图加特大学的 Dominik Lucke 认为,智能工厂是帮助人和机器执行任务的情景感知工厂,在这种情景感知的制造环境下,利用分布信息和通信技术来处理生产的实时扰动,实现生产过程的优化管理。

智能工厂是实现智能制造的重要载体,由其制造的产品集成了动态数字存储器,具有感知和通信能力,承载着整个供应链和生命周期中所需的各种信息;整个生产价值链中所集成的生产设施能够实现自组织,根据当前的状况灵活地决定生产过程;其目标是建立一个高度灵活的个性化和数字化的产品与服务的生产模式。

在"工业 3.0"时代,工厂的底层加工单元包括了 3 个环节,分别是传感器(相当于眼睛)、可编程控制器(相当于大脑)和执行器(相当于手足)。"工业 4.0"提出了新的要求,以上系统需要实现横向和纵向全面的集成,从而实现智能化,确保工厂可以自动运转、连接并和机器进行交流,产品设备之间相互通信。

4.1.2 智能工厂系统的组成

智能工厂是"工业 4.0"的典型场景,也是典型的物联网应用。智能工厂基于感知技术、设备监控技术,通过工业网络,完成生产中"人、机、料、法、环"全要素的全连接。如图 4.6 所示为智能工厂实施架构图,主要包括感知层、网络层、平台层和应用层。其中,感知层包含工厂现场的人及各类设施设备,人、生产装备/工具、运输工具、工业产品、物料等相互间互感互联互通;网络层包含各种网络,有工业控制网络、监控网络、管理网络、服务网络等,实现数据和信息的流通和交换;平台层汇聚了各类数据与云,包括设计云、生产云、虚拟工厂云等,以及设计数据、运行数据、维保数据、产品数据、客户数据、订单数据等;应用层涉及实际应用场景的使用,是智能工厂最终应用成效展示的窗口,分为设备运行优化、虚拟设计、工艺管理、制造执行、质量管理、供应链、产品管理、设备远程维护、能源管理、环境监控等。智能工厂在数字化转型中还将创新应用,完善生产、供应、物流和服务管理平台,实现产品的全生命周期管理和全产业链上下游的协同互动。通过工业安全管理,保证工业生产的安全、可靠与可控,形成具有自感知、自调节、自执行、自保护的智能化生产体系。

从技术层面来看,智能工厂融合制造技术、信息技术和通信技术,实现生产设备和流程的智能化工作;从实施层面来看,智能工厂覆盖设备、产线、车间、工厂、供应链、产品以及服务等各个领域,保证产品全生命周期的智能化管理,包含管理、物流、服务等必要流程;从创新层面来看,智能工厂基于全新技术,技术融合、产研协同、产业链协同为支撑,对传统管理、生产和商业模式产生革命性变革。其系统主要组成如下:

1. 智能生产

① 智能监控:车间部署感知传感器和摄像头,结合定位等技术,实时将环境、设备、人员等数据回传至管理中心,实现厂区环境、人员操作、设备运行的实时分析、报警与优化。

② 自动化生产:通过搭建智能工厂神经中枢,结合智能化控制系统,建立生产调度中心。实现由单装置操作向系统化操作、管控分离向管控一体、单工厂向所有分子工厂的转变。

微课扫一扫
智能工业系统的结构

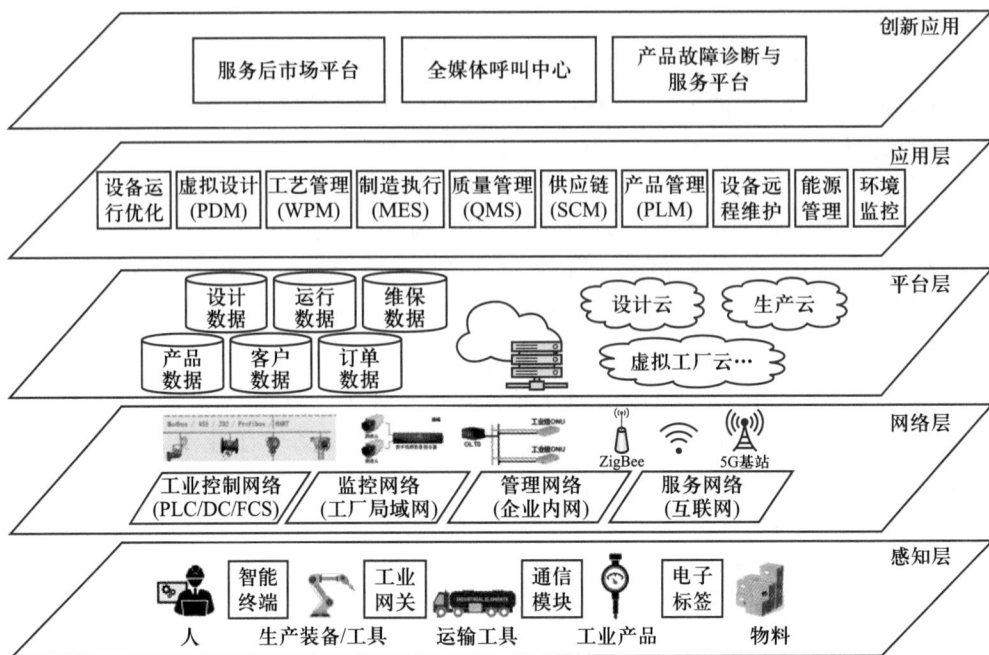

图 4.6 智能工厂实施架构图

③ 远程操作:工业现场部署高清摄像头和感知传感器,将机器人或者重型机械的现场视频和数据,实时传输至远程操控中心,通过 5G 工业网络的低延时高可靠实现远程操控,降低高风险和高危工作环境的风险系数,实现安全、可靠的工业生产。

④ 智能检测:在质量监测中,通过工业相机实时采集产品图像信息,基于机器视觉技术,完成产品的智能化监测,提高质量检测的准确率、检测效率和检测范围。

2. 智慧物流

智慧物流基于新一代通信技术和信息技术,完成物流信息化、网络化改造,实现自动化、可视化、可控化、智能化的物流传输,从而有效提高物流的运输、周转和存储效率。

3. 智慧管理

① 智能安防:通过摄像头采集现场图像,基于视觉识别技术,可实现员工行为和生产环境的实时智能监控,提高安全管理效率。在员工安全着装、机械安全工作、仪器仪表数据监控等自动监测,提高安全防护能力。

② 能耗管理:通过在计量仪表上安装前端传感器,搭建能耗管理的感知层,实现电、气等能耗数据的实时采集,由工业网络上传云平台,实现工厂用能预警和能耗预警,降低能耗成本。

4. 智慧服务

传统工业生产,设备的非计划停机、故障、维修慢、运维成本高等问题,严重阻碍企业正常运转。智慧服务可开展更专业的预测性维护和维修服务,降低运维成本,提高设备利用率。

5. 产业链协同

产业链协同是依托工业互联网平台,实现企业生产上下游各环节的全覆盖,基于

微课扫一扫
智能工业系统的关键技术

云计算和大数据,建立产业链信息模型,实现产业链全方位、智能化协同。贯通生产、流通、销售等各个环节,根据市场和企业需求,动态调整企业需求、采购、生产、库存以及物流之间的协同一致。

6. 产研协同

计算机仿真设计为工业企业、科研机构的重要研发工具,基于计算机仿真设计,"专家"根据业务需求,指定产品机理模型、研发设计数据、研发设计 App 等,通过工业 App 驱动数字孪生模型,与工业数据进行交互,推动产研协同可持续发展。

7. 网络部署

智能工厂网络主要由工业生产网络、企业信息网络、公共服务网络以及云基础设施组成。工业生产网络是指部署在工厂内部,完成工业现场各类生产设备、传感器、人员、物料等互联,用以实现工业监控、工业管理与维护的网络;企业信息网络是指部署在企业办公区域内,以实现企业各部门互联互通的网络;公共服务网络是向企业提供基础公共服务的网络,如供电管理、安全管理、能耗管理等;云基础设施作为工厂信息汇聚的重要基础设施,实现企业私有云和公有云的承载,如图 4.7 所示。

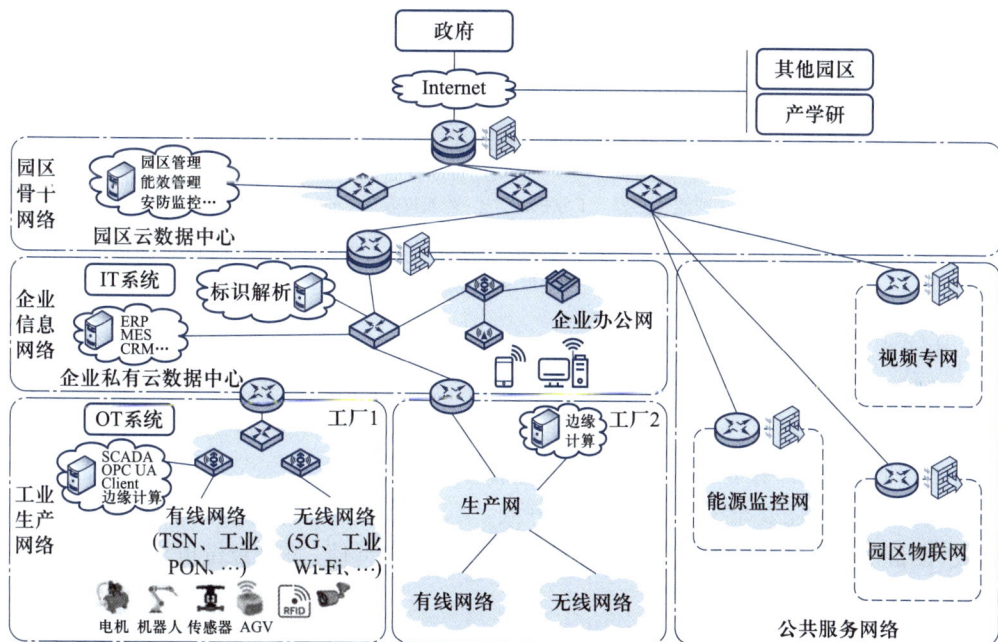

图 4.7 智能制造工厂网络互联示意图

4.1.3 智能工厂安全体系

随着智能工厂发展,很多工业设备、系统都要连到网络上,在安全体系方面,会带来很多挑战与风险。现在工业体系相对封闭,有的企业采用物理隔离或者逻辑隔离方式来保障系统安全,但是智能工厂的发展会慢慢促进工业系统的开发,互联网上的很多安全风险都会延伸到工业互联网中,所以智能工厂安全体系建设是其发展的一个重要的基础与前提。

智能工厂的安全体系包含五个部分:设备安全、控制安全、网络安全、应用安全、数据安全,如图 4.8 所示。每一部分都需要参照《信息安全技术   网络安全等级保护基本要求》(GB/T 22239—2019)的要求具备对应的安全能力。例如:对于"设备安全",需要具备固件增强、漏洞修复加固、补丁升级管理、运维管控等能力;对于"网络安全",需要具备网络边界安全、网络接入认证、通信传输保护、网络设备安全防护、安全监测审计等能力。

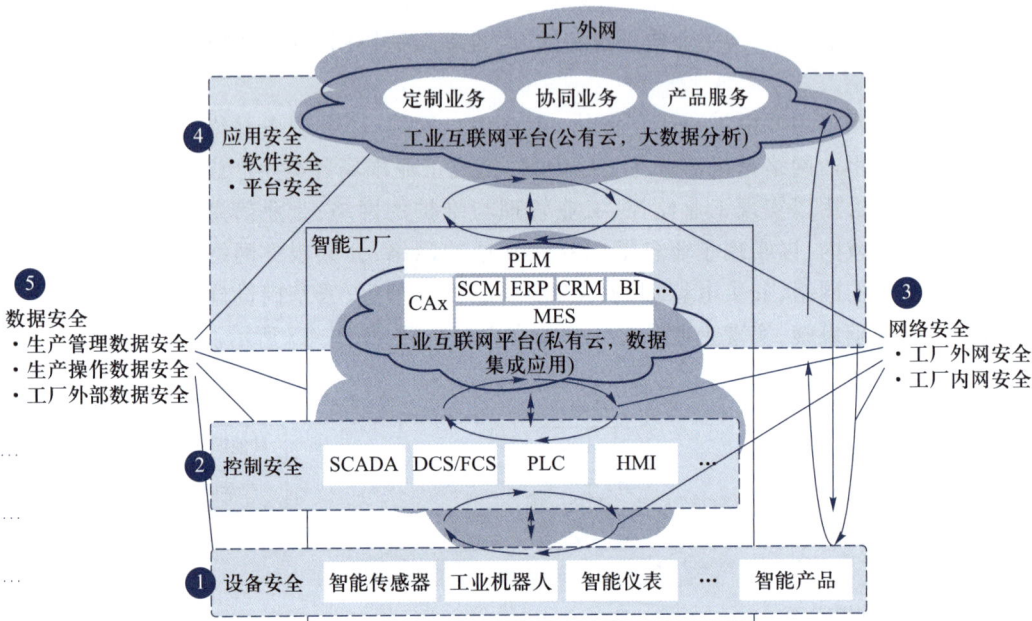

图 4.8   智能工厂安全框架定义的 5 类防护对象

由于智能工厂系统的特殊性,系统需要极高的系统安全保障和稳定性。安全保障主要是防止来自系统内外的有意和无意的破坏,稳定是指系统能够 7×24 小时不间断运行,即使出现硬件和软件故障,系统也不能中断运行。以下是在确保可用性与实时性的基础上,工业网络中应具备的三类关键安全能力。

① 引入零信任安全架构体系,放行好人。默认情况下不信任网络内部和外部的任何人、设备以及系统,持续动态安全评估确保设备安全可信、用户身份可信、行为合规、最小授权,减少风险和攻击面。

② 构筑全网威胁纵深防御体系,拦截坏人。在 IT、OT、IT 和 OT 边界和内部持续监控,感知突破传统防御的未知恶意软件、未知网络流量入侵、威胁传播检测,并进行拦截。

③ 搭建统一网络安全风险管理体系,提升 IT/OT 运营水平。准确识别 IT 和 OT 资产、漏洞等信息,自动识别优先处置事件,自动发现并回溯高级威胁,自动下发全网拦截隔离动作。

4.2   认识计算机网络

计算机网络这个概念大家并不陌生,形象地说计算机网络就如同交通网络一样;计算机网络的目的是实现计算机与计算机之间的信息交换;交通网络的目的是实现人或物从一个地方到另一个地方。交通系统中有多种不同的运输方式,如铁路运输、公路运输、航空运输、骡马运输等,同样计算机网络中信息交换的方式也多种多样,它们具有各自的特点,在计算机网络中发挥着它们特有的作用。

4.2.1 计算机网络的概念

如同交通网络一样,计算机网络是纵横交错的组织或系统。计算机网络是计算机之间通过通信工具进行信息共享和能力共享的网络。人们对于"网"并不陌生,动物也是如此。例如:蜘蛛通过蜘蛛网传递信息赖以生存,许多动物通过"形体语言"传递信息。现实世界更是"网络化",离开了各种"网络"或某些网络遭到破坏,人类几乎无法生存。例如:城市里的水、电、气、通信、交通等。从广义的观点看,计算机网络是以传输"信息"为基础,进一步实现资源共享。

微课扫一扫
计算机网络的概念

人类利用了地球的表面资源(动植物资源),推进了农业革命;人类利用了地球的内部资源(含金属元素各种矿藏资源),推进了工业革命。在近代计算机科学技术的发展和应用中,人类发现世界上还存在着一种能利用的第三类资源,即信息资源,将对人类社会发展起着重要作用,它能创造物质财富,提高人类社会的精神文明。信息可作为人力、资金、设备、原材料等四大资源的综合资源。

网络是信息和服务的共享。人们通常把计算机网络称为信息高速公路,如今人们通过上网就可以得到世界上任何地方的信息,把世界描述为一个地球村甚至小城镇也许更恰当。网络改变了人们的工作方式、经营方式和教育方式,可以说网络改变了人类生活活动的方方面面。

1. 计算机网络的任务与功能

为了方便用户,计算机网络实现了分布在不同地理位置的计算机资源的信息交流和资源共享。计算机资源主要指计算机硬件、软件与数据。数据是信息的载体。网络用户可以在使用本地计算机资源的同时,通过联网访问远地联网计算机上的资源,甚至可以调用网络中的多台计算机共同完成某项任务。

计算机网络的功能包括网络通信、资源管理、网络服务、网络管理和交互式操作的能力。其最基本的功能是在传输的源计算机和目标计算机之间,实现无差错的数据传输。共享的资源一般有硬盘、打印机、文件和各种数据。网络服务部门提供安全可靠的各种浏览、电子邮件、文件传输以及多媒体服务,甚至在安全保密前提下,对网络中的客户机之间以透明的方式进行交互式操作。

2. 计算机网络的分类

计算机网络结构复杂、种类繁多,从不同的角度可以对计算机网络进行不同的分类。最简单的分类是从计算机网络信息传输介质的角度,可以将计算机网络分为有线计算机网络、无线计算机网络和混合计算机网络(既使用了有线传输介质又使用了无线传输介质)。

3. 计算机网络网速和带宽的关系

目前,数据在计算机中存储、发送和接收都是以二进制数的形式进行的。计算机存储的单位一般有:bit、Byte、KB、MB、GB、TB、PB、EB 等;其中 bit 也叫比特,表示"位",是计算机存储信息的最小单位,存放一个二进制数,即 0 或 1;Byte 简称 B 是最常用的单位,表示"字节",在目前的主流计算机体系中,1 个字节等同于 8 个位,也就是说 1B

存放的信息量和 8 bit 存放的信息量相等;1 KB 表示 1 024 字节,即 1 KB=1 024 B,依此类推,有 1 MB=1 024 KB、1 GB=1 024 MB、1 TB=1 024 GB、1 PB=1 024 TB 等。

在计算机网络中经常说的带宽指的是在单位时间内从网络中的某一点到另一点所能通过的数据量。计算机网络和高速公路相似,网络的带宽越大,就类似高速公路的车道越多,其通行能力越强。带宽的单位是 bit/s;在一些非学术场合,描述带宽是常常将 bit/s 省略掉,如 100 M 表示的就是带宽为 100 Mbit/s。当网络带宽为 100 Mbit/s 时,理论上能够达到的最大网速为 100 Mbit/s=12.5 MB/s,但是受制于各种因素往往无法达到这个速度。形象的理解就好比高速公路一共有 4 个车道,单位时间汽车最大理论通行量就是让每个车道同时通过汽车,并且汽车前后紧挨,不留安全距离,以高速公路允许的最高速度行驶;然而事实上不可能让汽车在高速公路上如此行驶,为了保证安全,前后车之间肯定会留出足够的安全距离,在转弯、上下坡等时,司机肯定会减速;对于影响网络的传输速度达到理论最大速度的原因有很多,并且在不同的接入方式中略有差异,但是总的来说主要有以下几大原因:

(1) 网络自身的原因

这里主要是指客户端想要连接的目标服务器带宽不足或者负载过大,这种情况就好比节假日时大量的游客都涌向某一旅游地,必然会造成前往该地的道路拥堵,一般默认核心网是畅通的。

(2) 客户端的原因

客户端在自身资源不足或在加载了太多的运用程序在后台运行导致带宽被占用时,也会导致网速下降无法达到理论网速;因此合理地加载软件或删除无用的程序及文件,将资源空出,可以达到提高网速的目的。这种情况就如同高速公路上行驶的汽车由于自身的原因无法加速到高速公路允许的最高速度,导致高速公路通行能力下降。

(3) 网线的原因

这里的网线指客户端使用的网线,即双绞线。双绞线由四对线按严格的规定紧密地绕在一起,这里为了减少串扰和背景噪声的影响。未严格按照相关标准(例如:T586A、T568B)制作的网线,存在很大的隐患,该种情况引起的网速变慢还同时和网卡的质量有关。如同高速公路本身路口质量不高,导致高速公路通行能力受限。

(4) 回路的原因

这种情况主要发生在网络节点数较多、网络结构较复杂的网络中。在结构较复杂的网络中,常有多余的备用线路,如果在无意间连接上时会构成回路,使得数据包不断发送和校验数据,从而影响整体网速。为了避免这种情况的发生,铺设网线要养成良好习惯:网线标注标签,有备用线路要做好记录。如同在铺设高速公路时,需要提前进行合理的布局,避免道路反复绕行,影响车流通行速度。

(5) 共享带宽的原因

带宽包括独享带宽和共享带宽。顾名思义独享带宽就是独自享用的带宽资源,该接入方式收费较贵,但是网络质量稳定;共享带宽方式就是运营商会默认地为每个局域网提供一定的带宽资源,然后局域网内的用户去共享这些带宽,此方式可以降低运营成本,收费相对低廉。但是局域网内的单个用户被分配的带宽与网络中的用户数量成反比,即网络中的用户越多,单一用户的网速将越慢。

（6）病毒的影响

如果计算机被蠕虫、ARP 等病毒感染,也会造成网络拥塞,网速明显下降。病毒影响网速的机制比较复杂,不同类型的病毒影响网速的原理略有不同。典型的 ARP 病毒是这样影响网速的:当局域网内有某一台电脑运行了 ARP 欺骗木马的时候,其他用户将不再通过路由器上网,而是通过感染了病毒的主机进行上网,同时 ARP 欺骗木马会发出大量的数据包导致局域网通信拥塞,用户的直观感觉就是网速越来越慢。

（7）网络设备硬件故障的影响

广播是发现未知设备的主要技术手段,在网络中起着非常重要的作用。然而,随着网络中计算机数量的增多,广播包的数量会急剧增加。当网络中广播包的数量达到30%时,网络的传输效率将会明显下降。当网卡或者网络设备损坏后,会不停地发送广播包,从而导致广播风暴,使得网速下降,甚至使得网络通信陷于瘫痪。

4.2.2　计算机网络的组成与结构

1. 计算机网络的组成

计算机网络由网络硬件系统和网络软件系统组成。其中硬件系统是基础,是计算机网络的骨架;软件系统是升华,是计算机网络的筋脉灵魂;硬件和软件的有机结合才构成了完整的计算机系统。

微课扫一扫
计算机网络的组
成与结构

（1）硬件系统组成

计算机间的通信系统是数据通信系统,其结构模型一般如图 4.9 所示,分为四部分。

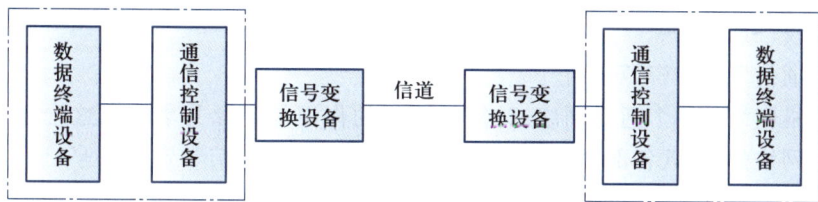

图 4.9　数据通信系统结构模型

① 数据终端设备

数据终端设备是计算机网络中数据的起始地和目的地。计算机是最典型的数据终端设备,但是随着技术的进步,越来越多的设备(例如:手机、PAD 乃至智能工厂的机械手臂等)都成了数据终端设备。根据计算机在网络上的角色,可以分为多种,分别具有不同的硬件配置。例如,作为服务器的计算机硬件配置要求高,CPU 速度要快,内存和硬盘容量要大;作为客户机(个人电脑),由于可以访问服务器中的共享资源,所以硬件配置相对低些。

② 通信控制设备

通信控制设备主要是网卡。网卡也称为网络适配器,是计算机和有线传输介质访间的物理接口。网卡的基本功能是完成数据的收发、完成串行信号与并行数据之间的转换、网络访问、数据缓冲等,一般在局域网中使用。

③ 信号变换设备

信号变换设备位于数据电路的终端,所以又称数据电路终端设备。计算机网络中,信号变换设备主要是指调制解调器。调制解调器的基本功能是将数字信号转换成模拟信号(调制)和将模拟信号转换成数字信号(解调)。

④ 通信信道

通信信道是指计算机网络中完成数据传输任务的通道与设备。通信信道中的硬件设备主要有传输介质、中继器、交换机、路由器、网关等。

(2)软件系统组成

仅有硬件组成还不够,计算机网络的软件组成也非常重要。要使计算机网络运行起来,必须是计算机网络硬件和软件相互配合。计算机网络的软件系统可分为底层和上层两个层次。

① 底层软件

底层软件包括网卡驱动程序和子网协议。驱动程序完成网卡接收和发送数据包的复杂处理过程。它直接对网卡的控制寄存器、状态寄存器、DMA 和 I/O 端口进行硬件级操作。网卡驱动程序起着联系网卡和子网协议的作用。子网协议是定义和协调网络范围内设备通信方式的协议。如 Netware 应用的 IPX/SPx 协议,用于异种网互联的 TCP/IP 协议等。

② 上层软件

底层软件只是提供了允许网络使用的基础和功能,使用户能够使用网络,而真正完成网络服务功能的是上层的应用协议软件。互联网络中应用广泛的应用层协议有虚拟终端访问协议(Telnet)、文件传输协议(FTP)、简单邮件传输协议(SMTP)、简单网络管理协议(SNMP)等。

(3)通信子网和资源子网

计算机网络是一个通信网络,计算机网络的作用是资源共享。在这个意义上,上述计算机网络的硬、软各部件主要完成两种功能,即网络通信和资源共享。因此,从逻辑上看,一个计算机网络可分为通信和资源两个子网,如图 4.10 所示。

通信子网由实现网络通信功能的设备及相应软件构成。通信子网的硬件设备包括网卡、网线、中继器、路由器、交换机及广域网中使用的专用通信处理机等,软件主要是底层软件。资源子网由实现资源共享的设备及相应软件构成。资源子网的硬件设备由计算机及其他共享的硬件资源组成,软件主要是上层软件。

2. 计算机网络的拓扑结构

计算机网络的拓扑结构是指网络的连接方式,它包括物理拓扑结构和逻辑拓扑结构。物理拓扑结构是指网络硬件的实际布局,逻辑拓扑结构是网络中信号实际的传输路径。下面介绍几种基本的物理拓扑结构以及逻辑拓扑结构。

(1)物理拓扑结构

计算机网络的典型物理拓扑结构主要有五种,分别为总线型拓扑结构、环形拓扑结构、星形拓扑结构、星状总线型拓扑结构和网状拓扑结构。应用中的计算机网络根据实际需求可能非常的复杂,但都可以看作是这五种基本拓扑结构的结合。

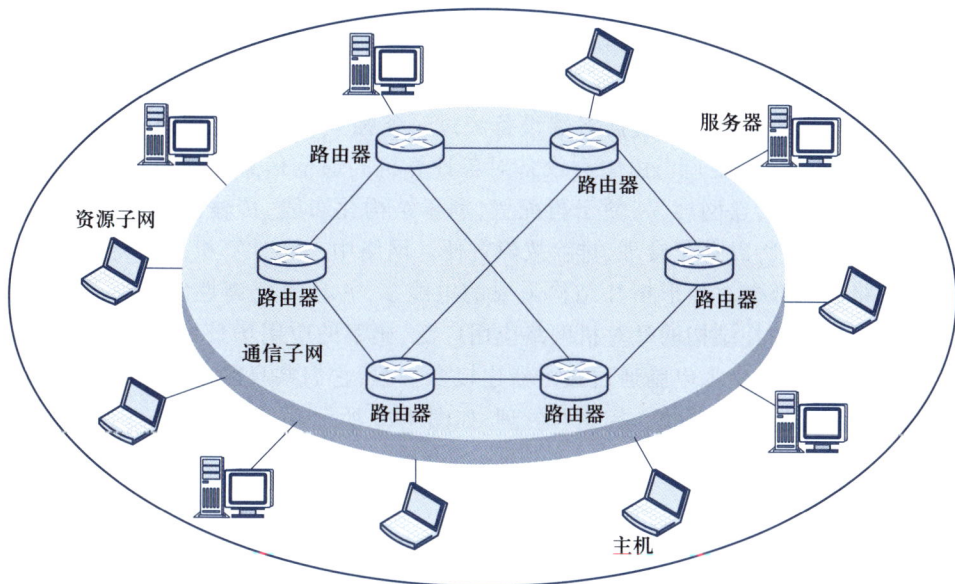

图 4.10 通信子网和资源子网

① 总线型拓扑结构

总线型拓扑结构通常使用一条长电缆作为公用总线,网络中的各个计算机共用这一条总线,在任何两台计算机之间不再有其他连接。其特点是结构简单、易安装、费用低,但总线长度受限制,由于所有设备争抢总线而导致通信效率低,并且一旦总线断开,网络就瘫痪,排除故障困难。传统的工业现场数据采集就是典型的总线型拓扑结构的应用场景,分布在不同地方的数据终端设备将信息采集好后传输到一根线缆上,这些数据终端设备之间不再有其他形式的连接,如图 4.11 所示。

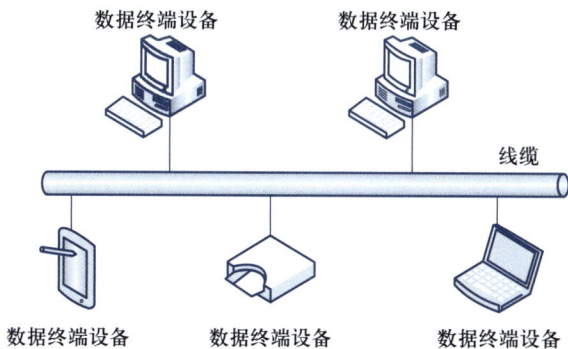

图 4.11 总线型拓扑结构

② 环形拓扑结构

环形拓扑结构中,数据终端设备之间依次连接成一个闭合的环。其结构简单,传输介质的适应性好,即环形拓扑结构中的各段可以采用不同传输介质。由于环形拓扑结构中信号是单向传送的,适合采用光纤来构成高速网,但其可靠性低,扩展麻烦。一个典型环形拓扑计算机网络,它不需要使用交换机等,因此组网成本低,如图 4.12 所示。这样的计算机网络维护非常困难,拓展性非常差,并且它必须使用令牌环技术,在以太网技术飞速发展的今天这样的拓扑结构已不太适应时代的需求。

③ 星形拓扑结构

星形拓扑结构中的所有数据终端设备经过一条独立的连线连接到一台网络信道设备(如交换机、路由器)上,由中心设备对各计算机的通信信息交换进行集中控制和管理。其结构简单,建网容易,便于再配置,利于结构化布线,传输性能优良。由于实行高度集中控制,所以易于管理,排除故障方便。网络中一台计算机出现连接故障,不会影响网络其他部分。星形拓扑结构需要的电缆多,并且需要高性能中央设备,从而费用较高。星形拓扑结构的计算机网络应用广泛,典型的应用场景如寝室内局域网的构建,在寝室内四台个人电脑通过路由器连接在一起,它们共享路由器上的带宽,局域网中的信息交换由路由器统一控制和管理,如图 4.13 所示。

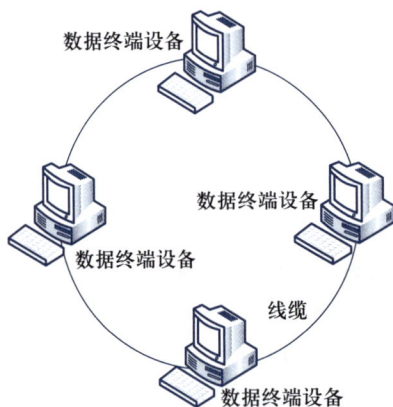

图 4.12   环形拓扑结构   图 4.13   星形拓扑结构

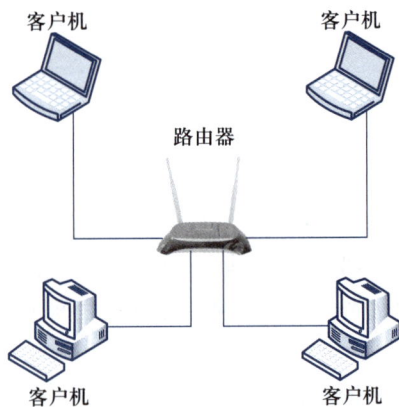

小 知 识

交换机和路由器的区别:交换机的作用可以简单地理解为将一些通信设备连接起来组成一个局域网,每一个端口独享带宽。而路由器的作用在于连接不同的网段并且找到网络中数据传输最合适的路径。一般来说路由器位于交换机之后。路由器主要克服了交换机不能路由转发数据包的不足。

④ 星状总线型拓扑结构

星状总线型拓扑结构是总线型拓扑结构和星形拓扑结构的结合体。它由几个星形拓扑结构的中心设备连接到一条总线上构成。与星形拓扑结构相同,网络中一台计算机出现连接故障,不会影响网络其他部分。但若其中某个星形拓扑结构的中心设备出现故障,仍有可能影响到其他网段的计算机。典型的星状总线型拓扑结构应用场景如几个寝室通过路由器组建的局域网,寝室 A、B、C 分别通过路由器组成星形拓扑结构,寝室 A、B、C 之间再通过一根总线连接在一起,寝室 A、B、C 中的个人计算机之间不再有其他的连接方式,如图 4.14 所示。由于现在的中心设备如路由器和交换机等质量有保障,在非工业环境中这样的网络结构还是比较可靠的,同时由于它的覆盖范围非常广,在办公环境中得到了一定的应用。

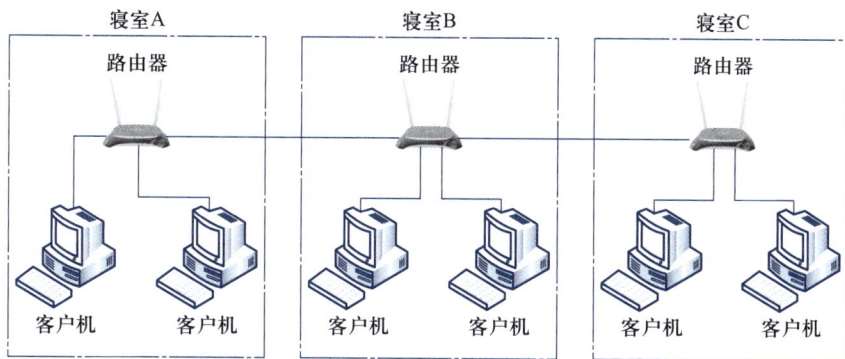

图 4.14 星状总线型拓扑结构

⑤ 网状拓扑结构

网状拓扑结构中的每个数据终端设备之间都有连线直接连接。其结构可靠性高,但建网费用高,不易维护和管理。网状拓扑结构主要应用在网络的核心层中,在我国,核心层由北京、上海、广州、沈阳、南京、武汉、成都、西安八个中心城市的核心节点组成,这八个核心节点提供与国际网络的互联以及大区之间信息的交换;核心节点之间采用网状结构,主要是为了保证网络的可靠性。如图 4.15 所示,网状结构中每台计算机之间都有网线连接。

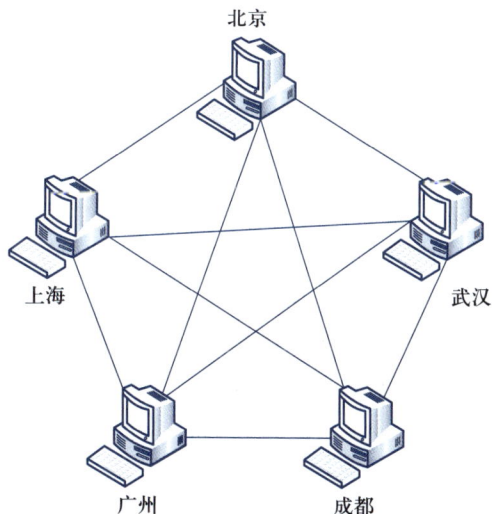

图 4.15 网状型拓扑结构

(2)逻辑拓扑结构

物理拓扑结构是传输介质的结构或物理介质路径。网络中信号并不是完全按照物理介质路径传输的,而是按照逻辑拓扑结构。逻辑拓扑结构使用"争用"和"令牌传递"等特定的规则来控制何时允许网络中的设备传送数据。争用规则使信号在网络中以广播方式传递,即同一时刻只能有一台设备使用线路,而且当一台设备发送信息时,其他设备均能收到。令牌规则是信号由一台设备传递到另一台设备,并形成逻辑回路。可以实现争用规则的物理拓扑结构有总线型拓扑结构和星形拓扑结构;可以实现令牌规则的物理拓扑结构有总线型拓扑结构、环形拓扑结构和星形拓扑结构。为了实现相应规则,产生了有关的争用协议和令牌协议。

物理拓扑结构与逻辑拓扑结构的区别就如同道路和行车路线的区别,在行车时不是道路往哪里延伸就往哪里行驶,决定往哪里行驶是我们自己。例如,老王家在重庆市某十字路口附近,老王最近买了一辆新车要开出去试一试车辆的性能,如图 4.16 所示,老王从图中 A 地起步,驾驶汽车沿图中虚线所示依次经过 B 地、C 地和 D 地,最后又回到 A 地;客观上说老王走过的道路是十字形的,正如计算机网络的星形拓扑一样;但是如果将老王的行车目的地和路线抽象出来,发现它就如图 4.17 所示,实则是一个环形的,绕了一圈之后老王又回到了出发地,这就等同于网络的逻辑拓扑结构。

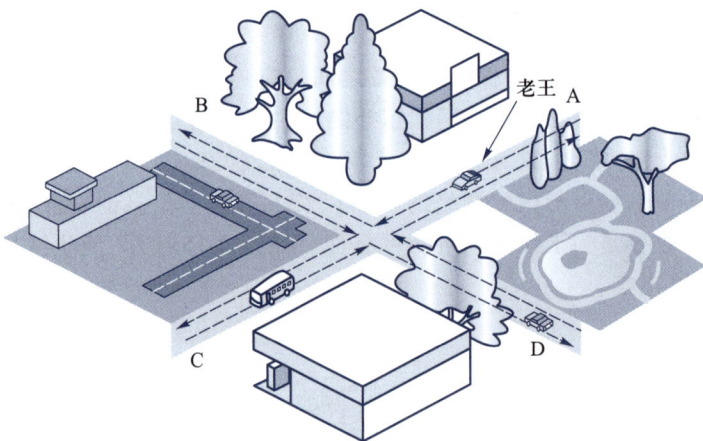

图 4.16   老王试车的路线

4.2.3   计算机网络的互联

前面已经给出了计算机网络的定义,在计算机网络发展的不同阶段,这些定义反映了当时网络技术的发展水平,以及人们对网络的认识程度。我们用网络来指直接相连的网络或交换网络,这样的网络或许只使用一种或两种技术,如以太网或无线局域网等。随着计算机网络的发展,互联网(internet)成为这些网络互联的集合。为了避免意义不明确,我们把互联网

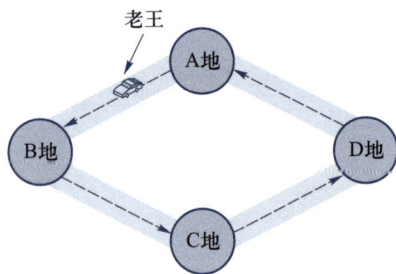

图 4.17   老王试车路线的抽象

的底层网络称为物理(Physical)网络,而互联网是由物理网络集合构成的逻辑(Logical)网络。

1. 网络互联的起源与发展

互联网始于 1969 年美国的阿帕网,通常 internet 泛指互联网,而 Internet 则特指因特网,因特网是互联网的一种,因特网使用 TCP/IP 协议让不同的设备彼此通信,判断自己是否接入的是因特网,首先是看自己电脑是否安装了 TCP/IP 协议,其次看是否拥

有一个公网地址(所谓公网地址,就是所有私网地址以外的地址)。万维网是基于超文本协议的全球性系统,是互联网所能提供的服务之一。互联网、因特网、万维网三者的关系是:互联网包含因特网,因特网包含万维网,凡是能彼此通信的设备组成的网络就称为互联网。

微课扫一扫
计算机网络的发展

互联网是全球性的,这样一个全球性的网络,必须要有某种方式来确定连入其中的每一台主机。在互联网上绝对不能出现类似两个同名的现象,这样,就要有一个固定的机构来为每一台主机确定名字,确定这台主机在互联网上的"地址"。同样,这个全球性网络也需要一个机构来制定所有主机必须遵守的交往规则(协议),否则就不可能建立起全球不同终端、不同的操作系统都能够通用的互联网。

以用户浏览网站为例,我们每天浏览网页、访问网站都在使用着互联网,如何快速识别和找到需要访问的网页或网站,通过输入的网址信息或者某一个 IP 地址;如何标定全球几十亿个网址信息和 IP 地址,域名系统应运而生。通过域名解析完成域名指向、服务器设置、域名配置及反向 IP 登记等。而域名服务器就是守护所有设备接入互联网的基础入口,根服务器是国际互联网最重要的战略基础设施之一,负责互联网顶级的域名解析(如.com、.net、.org、.cn 等)。

在使用的第四代互联网技术,也就是 IPv4 协议中,全球限定 13 台根服务器,唯一主根服务器部署在美国,另外 12 个辅根服务器有 9 个在美国,2 个在欧洲,1 个在日本。作为全球最大的互联网用户,全球规模最大的中国网民,没有分配到一台根服务器。为了改变当时在互联网发展中的被动局面,我国在国产根域名服务器、5G 技术等重点领域取得突破,推动了下一代互联网技术(IPv6)的发展。目前,打破了之前 IPv4 时代只能设立 13 个根服务器的限制,全球部署 25 个 IPv6 根服务器,中国部署了其中的 4 台(1 台主根服务器和 3 台辅根服务器),打破了国外互联网底层技术的垄断。

随着互联网在全球范围内的扩展,中国互联网快速发展,中国互联网业务提供商(Internet Service Provider,ISP)的数量不断增加,提供的业务也不断丰富。中国互联网已经形成规模,互联网应用走向多元化。互联网越来越深刻地改变着人们的学习、工作以及生活方式,甚至影响着整个社会进程。《中华人民共和国 2021 年国民经济和社会发展统计公报》显示:2021 年末,中国互联网上网人数 10.32 亿人,其中手机上网人数 10.29 亿人。互联网普及率为 73.0%,其中农村地区互联网普及率为 57.6%。全年移动互联网用户接入流量 2216 亿 GB,比上年增长 33.9%。

同时,互联网也成为推动社会发展的强大动力,工业制造也进入了互联网时代,工业互联网标识解析体系也成为推动工业企业发展的重要驱动力。我国从 2015 年初就开始了工业互联网标识解析体系的研究,2018 年正式启动各级工业互联网标识解析节点的建设和标识产业应用的探索。目前,我国已经初步建成了一张标识解析节点网络,并在多个行业开展规模性的标识应用实践。随着中国制造业数字化转型全面提速,工业互联网赋能数字化转型正步入快速成长期,也作为制造业新动能带动了产业链协同高效运转,实现提质增效。

2. 网络互联的参考模型

随着计算机网络的快速发展和广泛应用,尤其是近些年来有线传输技术的飞速发展,使得计算机网络的组成、结构越来越复杂。为了解决不同网络的互联问题,多个国

际标准组织致力于提出了一系列模型、协议,其中:最具代表性的是国际标准化组织
(International Standards Organization,ISO)推出的国际标准化组织开放式系统互连参考
模型(ISO/OSI RM),有效地解决了出自不同制造厂家或不同年代的、具有不同复杂程
度的、不同操作系统的计算机之间的互联、信息交换和资源共享。

在 ISO/OSI 参考模型中,计算机网络节点之间传送信息的问题被划分为七个较小
并且容易管理和解决的小问题,每一个小问题都由模型中的一层来解决。ISO/OSI 模
型中的七层从低到高分为物理层、数据链路层、网络层、传输层、会话层、表示层和应用
层,其简要功能和作用如图 4.18 所示。

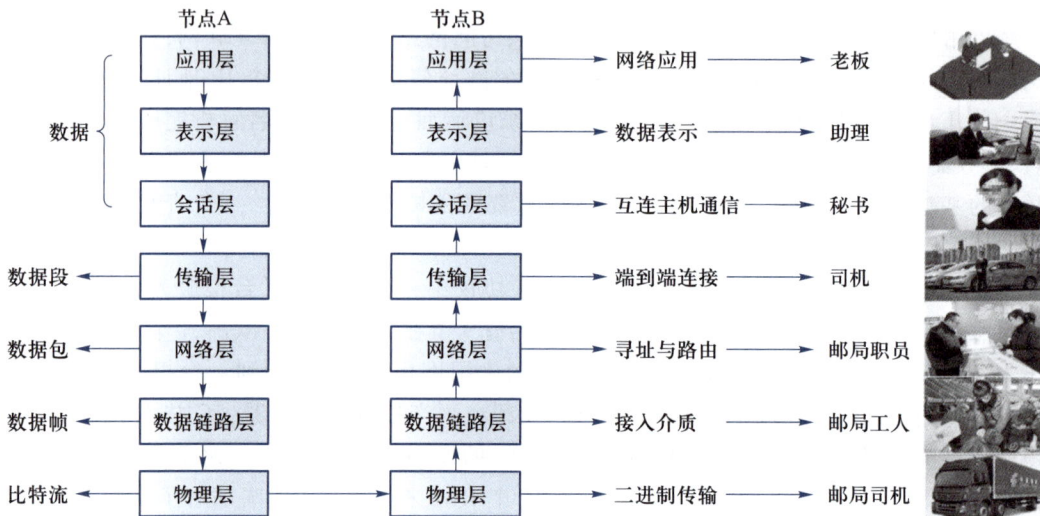

图 4.18   ISO/OSI 模型

按照 ISO/OSI 参考模型,网络中每个节点都有相同的层次结构,不同节点的同等
层具有相同的功能,同一节点内相邻层之间可以进行通信;每一层只可以使用下层提
供的服务,并只向其上层提供服务。ISO/OSI 参考模型中每个层次接收到上层传递过
来的数据后都要将本层次的控制信息加入数据单元的头部,一些层次还要将校验和等
信息附加到数据单元的尾部,这个过程称作封装。每层封装后的数据单元的叫法不
同,在应用层、表示层、会话层的协议数据单元统称为数据,在传输层协议数据单元称
为数据段,在网络层称为数据包,数据链路层协议数据单元称为数据帧,在物理层称作
比特流。当数据到达接收端时,每一层读取相应的控制信息根据控制信息中的内容向
上层传递数据单元,在向上层传递之前去掉本层的控制头部信息和尾部信息,此过程
称作解封装。

以两个陌生老板间邮件沟通过程作对比,来说明 ISO/OSI 参考模型节点之间是如
何实现信息传输的。首先用户输入要浏览的邮箱网站信息,然后由应用层产生相关的
数据,这就相当于老板 A 有事想要通过邮件和老板 B 沟通,并且写好了初稿;接着表示
层将应用层的数据转换成为计算机可识别的 ASCII 码,这个过程相当于老板 A 的助理
对老板的初稿进行整理修改;然后会话层在表示层给出的数据上加入相应的主机进程
并传给传输层,这个过程相当于老板 A 的秘书找出老板 B 的联系方式等信息填好信

封;传输层将以上信息作为数据并加上相应的端口号信息以便目的主机辨别此报文,这个过程相当于老板 A 的司机将信件送到最近的邮局;网络层对传输层给出的数据加上 IP 地址使报文能确认应到达具体某个主机,这个过程相当于邮局的工作人员对寄往不同地区的信件进行分类;数据链路层对网络层给出的数据加上 MAC 地址,这个过程相当于邮局工作人员对信件进行整理和包装,准备发往目的地;最后物理层对数据链路层给出的数据进行传输,形成比特流,这个过程就相当于邮局工人、司机等将包装好的信件运输到目的地。报文在网络上被各主机接收,通过检查报文的目的 MAC 地址判断是否是自己需要处理的报文,如果发现 MAC 地址与自己不一致,则丢弃该报文,一致就去掉 MAC 信息送给网络层判断其 IP 地址;然后根据报文的目的端口号确定是由本机的哪个进程来处理;这个过程类似于收信件的过程,具体步骤请读者自行类比。

3. 网络互联的结构

公用电信网络可以简单地划分为骨干网和接入网,如图 4.19 所示。骨干网又可以称为核心网,它是由国家批准的,可以直接和国外连接的城市级高速互联网,它由所有用户共享,负责传输大范围的城市或者国家之间的骨干数据流,它的数据承载能力强、传输速度快;骨干网就如同交通系统中的航空运输、高铁和高速公路一样,负责的是城市和城市之间的交通,它的运输能力强、流通速度快、距离远。我国现在共拥有九大骨干网,分别是中国公用计算机互联网、中国金桥信息网、中国联通计算机互联网、中国网通公用互联网、中国移动互联网、中国教育和科研计算机网、中国科技网、中国长城互联网、中国国际经济贸易互联网。

微课扫一扫
计算机网络的典型接入技术

图 4.19　骨干网和接入网

接入网指的是骨干网到用户终端设备之间的所有设备,长度一般为几百米到几公里;骨干网一般采用光纤,传输速度快,从而影响网速快慢的因素不是骨干网,而是接入网,接入网是整个网络的瓶颈,通常形象地被称为"最后一公里"。接入网就如同交通系统中到各位家的那一小段道路,这类道路形式多样,流通速度相对较慢;例如小明从深圳回重庆老家过春节,出了飞机场后很快乘车进入高速公路,出了高速公路后进入县道,最后步行一百米到家,这里县道和最后步行的一百米就类似于接入网。骨干网、接入网和交通系统关系类比如图 4.20 所示。

计算机网络的接入技术解决的就是如何将用户可靠的接入到核心网的问题,换句话说就是接入网的实现方式。通常根据接入网所用传输介质的不同来对其进行分类,一般地,计算机网络的接入技术可分为有线接入技术和无线接入技术两大类。有线接入技术又包括铜线接入、光纤接入以及光纤铜线混合接入;无线接入技术又包括固定终端无线接入和移动终端无线接入两类。在实际生活中,有时会用到多种传输介质,如既用到铜线,又用到光纤,甚至还同时用到无线介质,这就是对多种接入技术的混合

图 4.20　骨干网、接入网和交通系统关系类比

使用。随着技术优势以及成本不断降低，光纤通信目前已经成为有线接入网络的首选。

4.3　认识工业互联网

工业互联网(Industrial Internet)是新一代信息通信技术与工业经济深度融合的新型基础设施、应用模式和工业生态，通过对人、机、物、系统等的全面连接，构建起覆盖全产业链、全价值链的全新制造和服务体系，为工业乃至产业数字化、网络化、智能化发展提供了实现途径，是"工业4.0"时代的重要基石。

4.3.1　工业互联网概述

1. 工业互联网发展现状

2012年，工业互联网的概念正式提出来，从单机控制到工控系统，到ERP等工业的管理系统，工业和互联网逐步融合发展，到新技术、新发展理念引入，工业系统正在从单点的信息技术应用向全面的数字化、网络化、智能化演进。2012年美国政府提出《先进制造业国家战略计划》，推动制造业回流和竞争力提升，在此背景下通用电气公司根据航空发动机预测性维护模式，率先提出工业互联网的概念，强调工业互联网就是将人、数据和机器连接起来。2015年，工业互联网联盟(Industrial Internet Consortium，IIC)发布了第一版标准化的工业互联网参考架构模型。2016年，美国工业互联网联盟与德国工业4.0平台开展合作，对接与融合两种技术架构。随后英国发布《英国工业2050战略》、法国发布《新工业法国计划》、日本提出《工业价值链计划》等，普遍强调利用数字技术推动传统工业转型升级。

2015年，我国提出制造强国战略，提出以"智能制造"为主攻方向，通过"三步走"实现由制造大国向制造强国转变的战略目标。2017年，国务院印发《关于深化"互联网+先进制造专业"发展工业互联网的指导意见》。2019年，我国制定完成了《工业互联网综合标准化体系建设指南》。2020年3月，工业和信息化部又印发《关于推动工业互联网加快发展的通知》，我国加快网络、平台、标识、大数据中心四大基础设施建设，在北京、广州、重庆、上海、武汉建设了工业互联网标识解析国家顶级节点。2021年初，工业和信息化部发布的《工业互联网创新发展行动计划(2021—2023年)》文件中提出了11项重点任务，将"网络体系强基行动"列为首要任务，工业互联网已被定位于新型基础设施。

目前工业互联网有两大内涵。首先是工业互联网是关键网络基础设施，工业互联

网基于现有互联网,同时推动互联网发展和演进,以便满足安全、实时、可靠性等要求,包括工厂内网、工厂外网和标识解析。同时工业互联网还是新业态和新模式,类似互联网和移动互联网,围绕工业生产经营,会产生很多应用场景,主要包括了设计仿真、智能生产、供应协同、售后服务、营销管理和创新应用等。

随着面向工业的 5G 起步,为中国制造业的转型升级提供了历史性机遇,中国工业互联网的发展将进入新一轮的高速发展期。在这一领域,目前大部分技术标准还处于空白,建立自主化的工业互联网标识解析体系将极大提升中国在新一轮工业互联网产业竞争中的话语权,对推动中国智能制造的转型,保证工业网络的安全都具有极其重要的意义。

小　知　识

工业互联网标识是识别和管理机器、产品等物理对象和算法、工艺等数字对象的唯一“身份证”。其作用类似于互联网领域的域名解析系统(DNS)。域名系统将域名翻译为 IP 地址以建立通信连接,标识解析体系承载了更加丰富的内容,标识对象在全生命周期内的所有信息都可以通过标识获得,这为数据驱动下的数字化转型提供了智能化感知能力。

我国工业互联网标识解析体系采用“根节点、国家顶级节点、二级节点、企业节点、递归节点”的分层分级架构,兼容国际主流标识体系。中国工业互联网标识解析体系实践是全球工业互联网重要的产业实践。实现了从 0 到 1 的突破,5 个国家顶级节点平稳运行,建成 85 个二级节点,标识注册量突破 100 亿,标识日解析量近 800 万,接入企业近 1 万家。我国工业标识解析体系建设已经初步形成,一方面,加快构建工业互联网标识解析体系能够为产业发展注入动力,促进工业互联网产业蓬勃发展。另一方面,为摆脱对国外同类标准的依赖,必须尽快建立属于中国自己的工业互联网标识解析体系。

2. 总体架构

工业互联网产业联盟(Alliance of Industrial Internet, AII) 2020 年发布了《工业互联网体现架构(版本 2.0)》,提出了工业互联网体现架构 2.0 总体框架,包括业务视图、功能架构、实施框架,如图 4.21 所示。业务视图明确企业应用工业互联网实现数字化转型的目标、方向、业务场景及相应的数字化能力。功能架构明确企业支撑业务实现所需的核心功能、基本原理和关键要素,细化分解为网络、平台、安全三大体系的子功能视图,描述构建三大体系所需的功能要素与关系。实施框架描述各项功能在企业落地实施的层级结构、软硬件系统和部署方式。

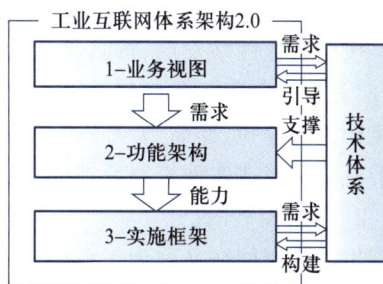

图 4.21　工业互联网体系架构 2.0

工业互联网实施框架是整个体系架构中的操作方案,解决“在哪做、做什么、怎么做”的问题。工业互联网当前阶段的实施以传统制造体系的层级划分为基础,适度考虑未来基于产业的协同组织,按“设备、边缘、企业、产业”四个层级开展系统建设,指导企业整体部署。

如图 4.22 所示,工业互联网的实施重点明确工业互联网核心功能在制造系统各层级的功能分布、系统设计与部署方式,通过"网络、标识、平台、安全"四大实施系统的建设,指导企业实现工业互联网的应用部署。其中,网络系统关注全要素、全系统、全产业链互联互通新型基础设施的构建;标识系统关注标识资源、解析系统等关键基础的构建;平台系统关注边缘系统、企业平台和产业平台交互协同的实现;安全系统关注安全管控、态势感知、防护能力等建设。

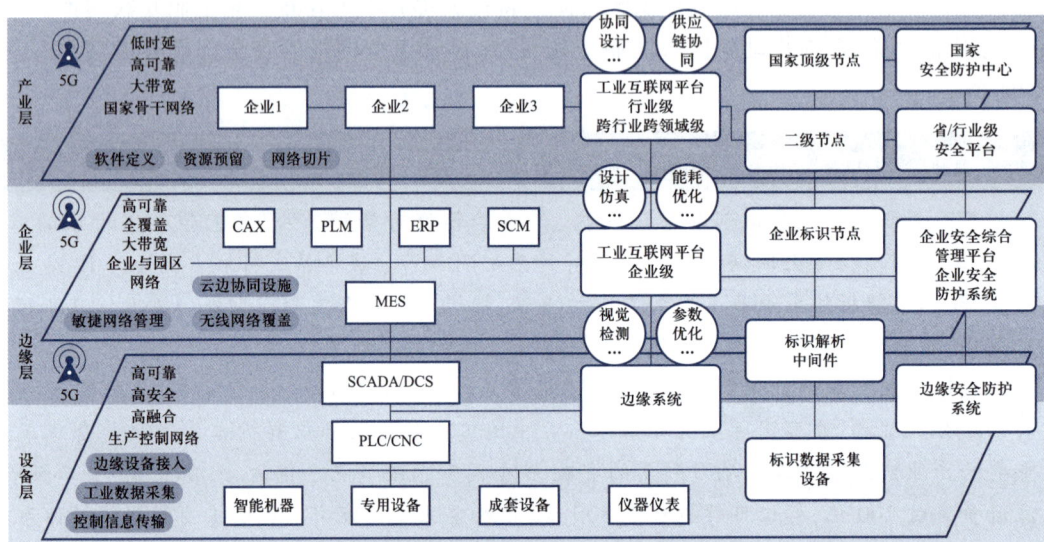

图 4.22   工业互联网实施框架总体视图

4.3.2   工业互联网的网络框架

1. 网络实施框架

工业互联网网络建设目标是构建全要素、全系统、全产业链互联互通的新型基础设施。按照网络覆盖范围,从实施架构来看,分别有生产控制网络,建设在设备层和边缘层;企业与园区网络,建设在企业层;国家骨干网络,建设在产业层,全网构建新型互操作体系。如图 4.23 所示为工业互联网网络实施框架。

按照工业网络发展,按其承载主要功能业务可以分为生产控制网络和工业信息网络,前者主要负责工业控制系统内部以及系统之间的互联互通,承载工业控制信号及系统相关的监控、诊断、管理、操作等相关业务;后者主要支撑原始数据转换为信息应用于业务系统或实现控制反馈的数据互通。

2. 生产控制网络

生产控制网络又称为工业生产网络,主要连接工厂内各生产要素,包括:人员、机器、环境等。实施核心目标是在设备层和边缘层建设高可靠、高安全、高融合的网络,支撑生产域的人机料法环全面的数据采集、控制、监测、管理、分析等。如图 4.24 所示为工业互联网工厂内网络实施参考,生产控制网络通常采用工厂内骨干网络、工控网络、蜂窝无线、Wi-Fi 网络、TSN 以太网等通信方式,通过 PLC、RTU、DCS、工业边缘网关等设备,基于 HMI、SCADA 等应用,完成生产全过程的数据采集、监测、控制和管理。

工业生产控制网络主要部署的设备包括:用于智能机器、仪器仪表、专用设备等边

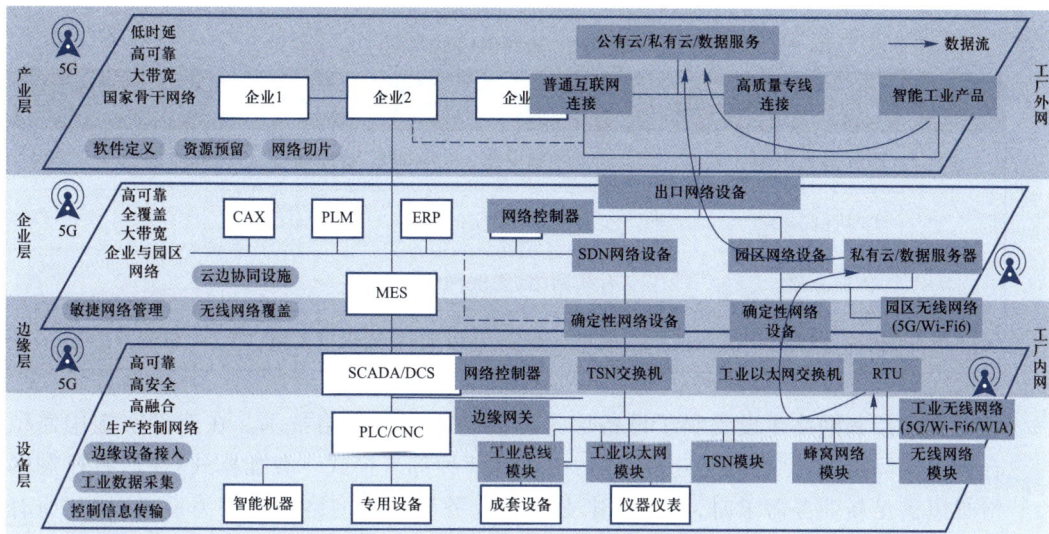

图 4.23 工业互联网网络实施框架

缘设备接入的工业总线模块、工业以太网模块、TSN 模块、无线网络（5G、Wi-Fi 6 等）模块；用于边缘网络多协议转换的边缘网关；用于生产控制网络汇聚的工业以太网交换机、TSN 交换机；用于生产控制网络数据汇聚的 RTU 设备；用于生产控制网络灵活管理配置的网络控制器。

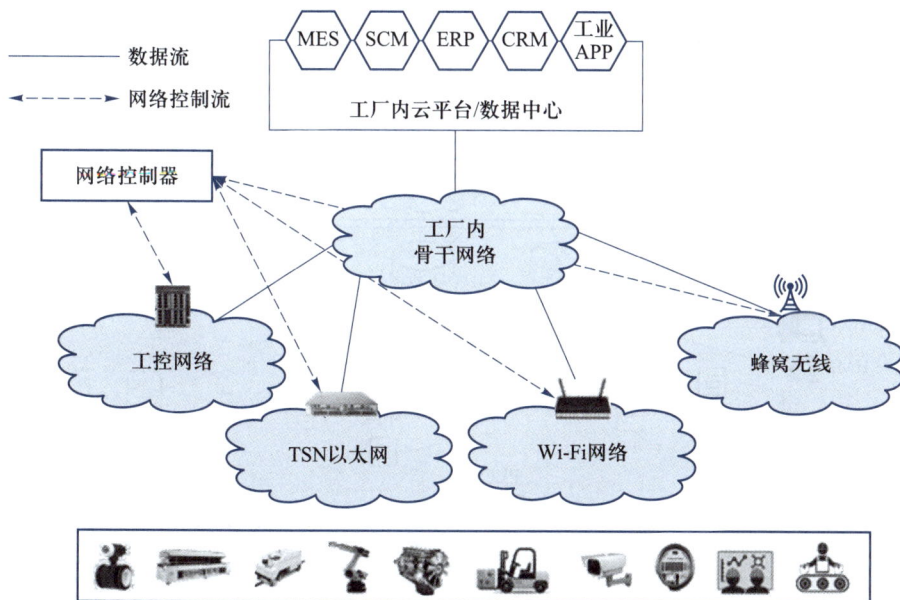

图 4.24 工业互联网工厂内网络实施参考

生产控制网络所连接的资源设备多样化，边缘网络呈现为类型多样化；边缘网络的覆盖范围，可能是一个车间、一栋办公楼、一个仓库等。综合考虑业务需求及成本，选择合适的技术部署相应的边缘网络。表 4.1 所示为边缘网络的类型。

表 4.1　边缘网络的类型

分类方式	类型
业务需求不同	工业控制网络、办公网络、监控网络、定位网络等
实时性需求	实时网络、非实时网络
传输介质	有线网络、无线网络
采用的通信技术	现场总线、工业以太网、通用以太网、WLAN、蜂窝网络等

微课扫一扫
有线传输技术的概述

微课扫一扫
无线传输技术的概述

生产控制网络建设受制于设备层工业装备支持的网络技术。在建设实施中需结合设备实际情况,制定网络建设策略,主要有两种部署模式。叠加模式:在已有控制网络难以满足新业务需求时,叠加新建支撑新业务流程的网络以及相关设备,构建原有控制网络之外另一张网络。升级模式:对已有工业设备和网络设备进行升级,实现网络技术和能力升级。如图 4.25 所示为典型工业互联网工厂内网架构。

按承载网络业务不同,分为现场控制网络、数据采集网、能环网、制造 IT 网、OA 网络。现场控制网络主要承载 PLC 及以下现场的执行器、传感器等通信;数据采集网承载生产车间中企业产生和运行数据的采集;能环网承载环境监测安全保障:视频监控、温湿度监测、给水、空调等环境监测和传输;制造 IT 网部署有线网络承载车间、产线网络有线、数据采集等有线连接网络,无线网络采用 Lora/Wi-Fi/ZigBee/RFID 等提供 AGV 小车、PAD、扫码枪、无线定位、环境监测等无线连接;OA 网络承载生产车间集中办公区域,Wi-Fi 无线覆盖,接入办公笔记本、有线以太网接入 PC 等。

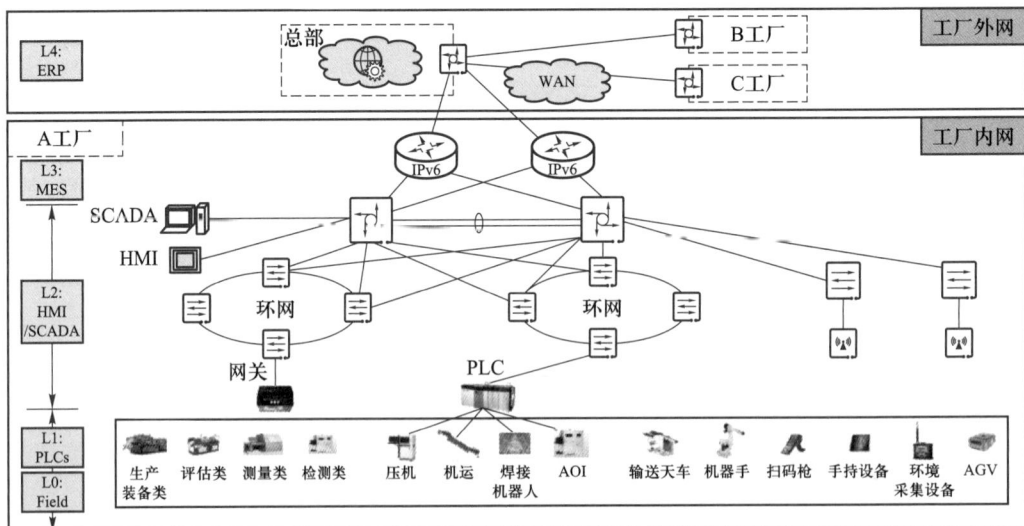

图 4.25　典型工业互联网工厂内网架构

3. 企业与园区网络

　　企业与园区网络实施核心目标在企业层建设高可靠、全覆盖、大带宽的企业与园区网络。企业与园区网络主要部署的设备包括:用于连接多个生产控制网络的确定性网络设备、用于办公系统、业务系统互联互通的通用数据通信设备、用于实现企业/园区全面覆盖的无线网络(5G、NB-IoT、Wi-Fi 6 等)、用于企业与园区网络敏捷管理维护的 SDN 网络设备、用于企业内数据汇聚分析的数据服务器/云数据中心,以及用于接入工厂外网络的出口路由器。

　　在部署方式上,主要是通过工业企业自主建设与第三方网络服务提供商建设结合的模式。一方面工业企业将自主建设网络连接办公系统、应用系统等;另一方面运营商等专业网络服务商以及有需求的工业企业建设园区门禁、监控、数据中心等园区网络基础设施,并进行运营管理维护。

4. 国家骨干网络

　　国家骨干网络实施核心目标在产业层建设低时延、高可靠、大带宽的全国性骨干网络。工业企业使用国家骨干网络主要是普通互联网连接和高质量专线连接两类。普通互联网连接是企业通过"尽力而为"的互联网实现最基本的商务、客户、用户和产品联系;高质量专线连接是企业通过基于互联网的虚拟专线、物理隔离的专线、5G 切片网络等,实现高可靠、高安全、高质量的业务部署。在部署方式上,国家骨干网络的建设以运营商为主,工业企业在企业与园区网络的出口路由器,根据不同的网络需求,引导流量去往不同的网络连接。工业企业梳理自身业务的要求,形成层次化的网络需求。

4.3.3　工业控制网络常用协议

　　目前工业控制领域常用的通信协议分为三类:现场总线协议、工业以太网协议和工业无线网络协议。

1. 现场总线协议

　　现场总线协议主要提供现场传感器件到控制器、控制器到执行器或控制器与各输入/输出控制分站间进行数据通信的支持。工业总线在 20 世纪 80 年代末,实现了不同设备的运行参数与信息,通过产线内部不同设备的数据交换,实现操作控制,主要解决了工业现场的仪器仪表、控制器等现场设备间的数字通信,以及这些现场控制设备和控制系统之间的信息传递。目前市场上常见的现场总线技术有几十种之多,主要包括 Profibus、Modbus、HART、CANopen、LonWorks 等。相比起来,现场总线技术普遍存在通信能力低、距离短、抗干扰能力较差、开放性与兼容性不足等问题,难以成为未来工业互联网的主要方向。

2. 工业以太网技术

以太网是按 IEEE802.3 标准,采用带冲突监测的载波侦听多路访问(CSMA/CD)对共享媒体进行访问的一种局域网。工业以太网技术是随着以太网技术的不断成熟,将其优化后被引入工业控制领域而产生的通信技术。目前众多工业以太网协议已经逐步进入各类工业控制系统中的控制通信应用,其低成本、高效通信能力以及良好的网络拓扑灵活扩展能力,为工业现场控制水平提升奠定了基础。当前主流的工业以太网技术包括 Ethernet/IP、Profinet、Modbus TCP、Powerlink、EtherCAT 等。2005 年,我国自主研发的实时以太网 EPA 通信协议顺利通过 IEC 各国家委员会的投票,成为我国第一个拥有自主知识产权的现场总线技术标准。各种工业以太网技术的开放性和协议间的兼容性相较于现场总线有所提升,但由于其在数据链路层和应用层所采用的技术不同,互联互通性仍有待完善。

3. 工业无线网络技术

工业无线网络技术适用于工厂内移动的设备间通信,或者线缆连接实现困难或无法实现的场合。目前主要的工业无线技术包含:5G、LoRa、NB-IoT、Wi-Fi 6、Bluetooth、ZigBee、RFID 等。无线通信可以解决有线的部署和维护问题,降低部署和维护的成本,支持更高的移动性,更方便产线的灵活配置。

4. 时间敏感网络

时间敏感网络(Time Sensitive Network,TSN)技术基于 IEEE802.1 协议实现,遵循标准的以太网协议体系。TSN 的出现,解决了用单一网络连接不同工业以太网协议的问题,并逐渐实现了企业信息网络与工业生产网络的融合通信。时间敏感网络(TSN)技术作为新一代以太网技术,因其符合标准的以太网架构,具有精准的流量调度能力,可以保证多种业务流量的共网高质量传输,兼具技术及成本优势,在音视频传输、工业、移动承载、车载网络等多个领域成为网络承载技术的重要演进方向之一。

时间敏感网络初步主要满足工厂 OT 网络设备的互联互通以及 OT 网络和 IT 网络互联需求。在 OT 内部,根据网络架构和交换机在网络中的位置,可以分为工厂级、车间级、现场级应用。TSN 制造工业场景网络拓扑结构图如图 4.26 所示。

4.3.4 工业 PON 技术

1. 无源光纤网络(PON)技术

光纤接入是指局端(指提供终端接入的一方,一般是电信局之类的)与用户之间完全以光纤作为传输媒体的接入技术。光纤接入具有带宽大、传输距离远、可靠性高等特点,而且光纤接入是实施"少层次、少局所、大局所"接入网建设原则的最好方式。

无源光纤网络技术(Passive Optical Network,PON)是指不含有任何电子器件及电子电源的光纤网络。一个无源光网络包括一个安装于中心控制站的光线路终端,以及一批配套的安装于用户场所的光网络单元,其基本拓扑结构图如图 4.27 所示。

PON 网络的突出优点是消除了户外的有源设备,在户外不用再安装电源,这样大大降低了维护的成本和难度,所有的信号处理功能均在交换机和用户宅内设备完成。它的传输距离比有源光纤网络稍短,有效的覆盖范围相对小一些,但是它的资金投入小,无须另设机房,维护简单。因此无源光纤网络可以经济地为家庭用户提供服务,并且受到了广泛的欢迎。

微课扫一扫
工业 PON 技术

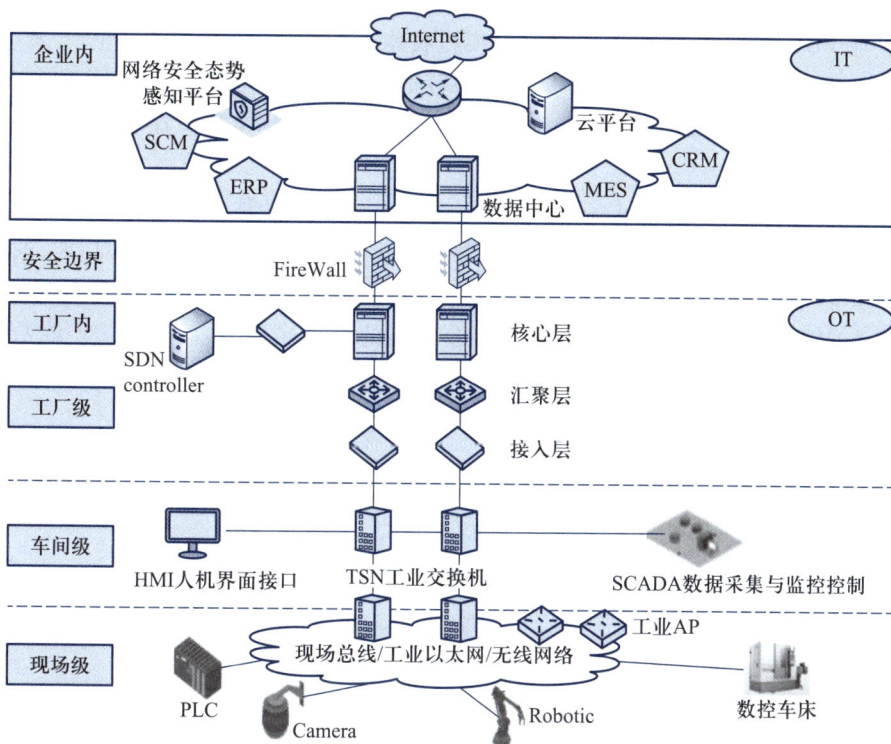

图 4.26 TSN 制造工业场景网络拓扑结构图

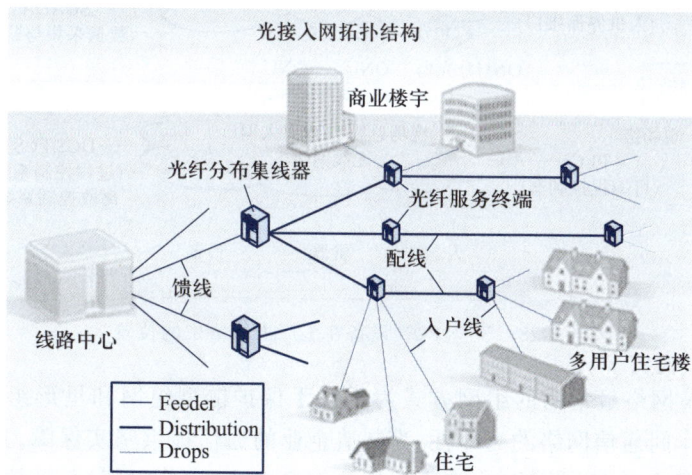

图 4.27 光接入网拓扑结构图

目前用于宽带接入的 PON 技术主要有:以太网无源光网络技术(EPON)和吉比特无源光网络技术(GPON),EPON 可以提供 1.25 Gbit/s 的上下行带宽,传输距离可达 10~20 km,可以大大降低主干光纤的成本压力;GPON 速率高达 2.5 Gbit/s,并且还可以升级到 10 Gbit/s,它提供了足够大的带宽,以满足未来网络日益增长的对高带宽的需求。

2. 工业 PON 网络

工业 PON 网络,相比传统以太网交换机技术,是一套全新的安全、可靠、融合、先进的工业网络综合解决方案,是工厂内车间数据采集组网的全新方案。在工业互联网架构中主要处于车间级网络位置。如图 4.28 所示为工业 PON 设备在工厂内网络中的位置。

通过光网络单元(Optical Network Unit,ONU)设备实现现场级设备与上层网络的连接,实现数据采集、生产指令下达、传感数据采集、厂区视频监控等关键功能;通过光分配网络(Optical Distribution Network,ODN)的汇聚以及光路终端设备(Optical Line Terminal,OLT),实现与企业生产网络和办公网络的融合连接,从而实现生产线数据到工厂/企业 IT 系统的可靠有效传输。

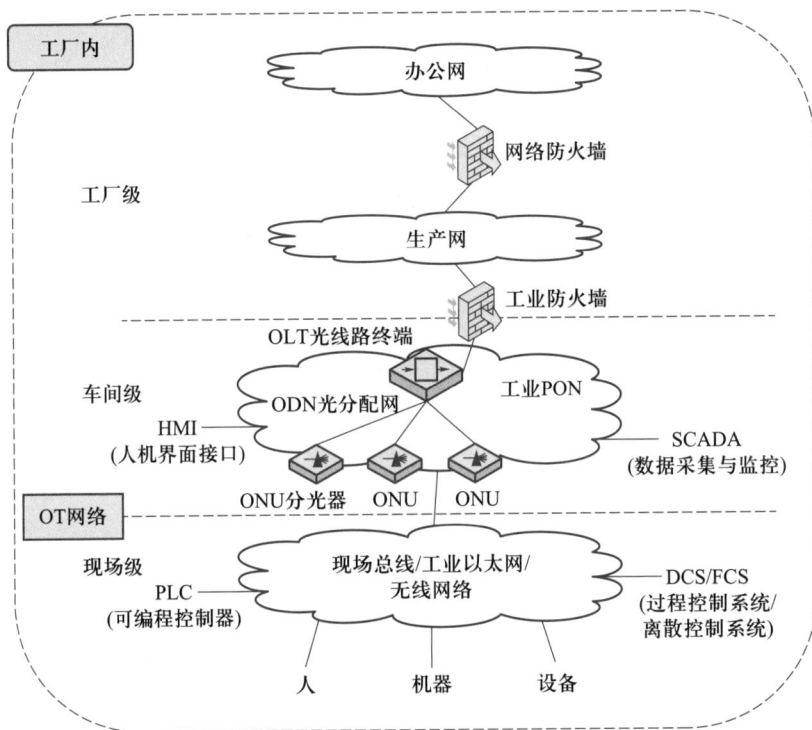

图 4.28　工业 PON 设备在工厂内网络中的位置

工业 PON 网络最常用的组网方式为手拉手保护链型组网和星形组网,实现全光路保护,提高车间通信网络的可靠性,为制造企业的通信提供坚实保障,其具有以下优点:不受电磁干扰和雷电影响;支持多种保护倒换方式,切换时间短、抵抗失效能力强;终端并行接入,部署灵活;仅需单根光纤线传输,最远覆盖 20 km 范围;多业务承载,支持数据、视频、语音、时间同步等多种业务;高安全性。

4.4　认识新一代移动通信技术

随着工业互联网的发展,工业生产过程从工厂内逐步延伸到工厂外网络,将工业生产与互联网业务模式、工厂和产品及客户之间进行深度融合。在一些生产过程中,工厂与厂外设备、传感器间的通信需求也大幅增长。新一代移动通信技术一部分直接作用于工业领域,构成了工业互联网的通信、计算、安全基础设施;另一部分基于工业需求进行二次开发,成为融合性技术发展的基石。通信技术中,5G、Wi-Fi为代表的网络技术提供更可靠、快捷、灵活的数据传输能力。

4.4.1　5G通信技术

1. 5G的内涵特征

5G是第五代通信技术的简称,又称IMT-2020,是面向2020年大规模商用的新一代移动通信系统。国际电信联盟(ITU)对5G的设定,主要应用在增强移动带宽业务(eMBB)、海量机器类通信(mMTC)、超高可靠与低时延通信(uRLLC)三大场景,其主要应用范围包括:增强型移动带宽、工业控制与通信、大规模物联网、增强型车联网等,可实现高速度、低时延、广覆盖、移动性,在流量密度、能效、数量等方面发挥其优势。

5G技术是网络连接技术的典型代表,推动无线连接向多元化、宽带化、综合化、智能化的方向发展,其低延时、高通量、高可靠技术、网络切片技术等弥补了通用网络技术难以完全满足工业性能和可靠性要求的技术短板,并通过灵活部署,改变现有网络落地难的问题。

5G移动通信基础设施,可实现人与人、人与物、物与物的强连接,广泛应用到超高清视频、AR/VR、车联网、工业互联网等垂直行业领域。同时,5G与人工智能(AI)、物联网(IoT)、云计算(Cloud Computing)、大数据(Big Data)、边缘计算(Ddge Computing)融合交织(AICDE),共同构成新一代泛在智能信息基础设施。

> **微课扫一扫**
> 5G技术的概述
>
> **微课扫一扫**
> 5G关键技术

小　知　识

增强移动带宽业务:是在现有的移动带宽业务场景的基础上,极大地提升用户业务体验,特别是给用户带来沉浸式的业务体验。

海量机器类通信:指的是大规模物联网,实现海量数据传输,实现多元的物联网终端链接。

超高可靠与低时延通信:要求网络可靠、低延时,对网络数据传输提出更高要求,应用在无人驾驶、工业机器人等场景。

---

2. 5G的发展现状

我国移动通信技术起步虽晚,但在5G标准研发上正逐渐成为全球的领跑者。我们国家在1G、2G发展过程中以应用为主,处于引进、跟随、模仿阶段。从3G开始,我们国家初步融入国际发展潮流,大唐集团和西门子公司共同研发的TD-SCDMA成为全球三大标准之一。在4G研发上,我国已经有了自主研发的TD-LTE系统,并成为全球4G的主流标准。在5G研发方面,我国政府、企业、科研机构等各方高度重视前沿布局,力争在全球5G标准制定上掌握话语权。华为在5G技术项目研发方面取得了诸多成果,成为全球5G通信标准制定的核心成员。中国5G标准化研究提案在2016世界电信标准化全会(WTSA16)第6次全会上已经获得批准,这说明我国5G技术研发已走在全球前列。

截至2021年9月,全球已经部署了150多万5G站点,有176张5G商用网络提供5G服务,帮助超过5.2亿用户实现跨代体验升级;得益于快速成熟且不断加速发展的终端产业,全球已经有超过1000款5G终端发布,涵盖了个人手机、家庭CPE和行业模组等,为5G的多样化业务提供了丰富生态。

截至2021年12月,我国已建成5G基站超过115万个,占全球70%以上,是全球规模最大、技术最先进的5G独立组网网络,全国所有地级市城区、超过97%的县城城区和40%的乡镇镇区实现5G网络覆盖;5G终端用户达到4.5亿户,占全球80%以上。我国正通过5G+AIoT在智慧能源、远程问诊、智慧仓储、智能制造、智慧农业、智慧教育、数字政务、碳达峰与碳中和等各个方面赋能产业与地区高质量发展,5G给垂直行业带来变革与创新的同时,也孕育新兴信息产品和服务,改变着人们的生活方式。

5G技术对工业互联网赋能作用显著,其主要体现在两个方面。一方面,5G低延时、高通量特点保证海量工业数据的实时回传。另一方面,5G的网络切片技术能够有效满足不同工业场景连接需求。基于5G蜂窝技术的工业传输解决方案提供了工业领域的无线通信技术,适用于制造业的以下场景,如表4.2所示。

表4.2　5G在制造业的应用场景示例

类别	应用场景
运动控制	例如:大型打印机、数控车床、包装设备
机器间控制	多台独立机器间协作
移动面板	装配机器人(或机床)、移动式起重机
工业AR及监控	高清视频、全高清视频
大规模连接	各种传感器连接等,传输的数据量小、连接数多
移动机器人	精准运动控制、机器间控制、协作驾驶、远程视频控制、运行路径管理

5G的到来,为制造业和互联工厂实现网络化、数字化、智能化升级奠定了坚实的网络基础,提供了一个可靠、可预期的网络环境,满足了行业差异化和确定性的网络需求。

4.4.2　LPWAN技术

微课扫一扫
LPWAN技术的概述

低功耗广域物联网(LPWAN)技术是一种新兴的革命性的物联网接入技术,它针对物联网应用中的M2M(机器到机器)通信场景进行优化设计,具有远距离、低功耗、低运维成本等特点,与Wi-Fi、蓝牙、ZigBee等现有技术相比,LPWAN能够真正实现大区域物联网低成本全覆盖。目前LPWAN技术尚未形成统一的标准,LoRa、NB-IoT等都是比较典型的LPWAN技术。

1. LPWAN概述

物联网希望通过通信技术将人与物,物与物进行连接。在智能家居、工业数据采集等局域网通信场景中,一般采用短距离通信技术,但对于广范围、远距离的连接,则需要远距离通信技术。LPWAN技术正是为满足物联网需求应运而生的远距离无线通信技术。传统的远距离无线通信技术指4G、5G等蜂窝网络技术,这些技术虽然覆盖距离广,但是应用在物联网系统中有功耗大、成本高等缺点。因此,为了满足越来越多远距离物联网设备的连接需求,LPWAN应运而生。LPWAN技术是专为低带宽、低功耗、远距离、大量连接的物联网应用而设计的。

LPWAN 技术可分为两类:一类是工作于未授权频谱的 LoRa、SigFox 等技术;另一类是工作于授权频谱下,3GPP 支持的 2/3/4G 蜂窝通信技术,比如 LTE-M、EC-GSM、NB-IoT 等。

2. 典型的 LPWAN 技术

（1）LoRa

LoRa 是目前应用最为广泛的 LPWAN 网络技术之一,它由 Semtech 公司推出。LoRa 无线技术的主要特点有:通信距离长(约 1~20 km)、节点数量众多(万级,甚至百万级)、电池寿命长(3~10 年)、数据速率适中(0.3~50 kbit/s)。LoRa 技术基于 Sub-GHz 的频段,这使其更易以较低功耗远距离通信,并且对建筑物有非常强的穿透能力,同时可以使用电池供电或者其他能量收集的方式供电;较低的数据速率也延长了电池寿命和增加了网络的容量。LoRa 技术的这些特点使其非常适合低成本、大规模的物联网部署。

LoRa 网络应用可以分为大网和小网。小网是指用户自设节点、网关和伺服器,自成一个系统网络;大网则是进行大范围基础性的网络部署,最终形成一个系统全面的 LoRa 网络,类似于移动通信网络。当然大网的建设还存在很多的问题有待解决,主要是随着 LoRa 设备和网络的增多,网络之间的频谱干扰问题逐渐凸显,这就对通信频谱的分配和管理提出了较高的要求。

LoRa 产业链较为成熟、商业化应用较早。2015 年,Microchip 公司宣布推出第一个支持 LoRa 通信的模组,法国电信运营商 Bouygues 宣布将建设一张新的 LoRa 网络。Semtech 公司也与一些半导体公司(如 ST、Microchip 等)合作提供芯片级解决方案,有利于客户获得 LoRa 产品,并采用 LoRa 无线技术并实现物联网应用。另外,LoRa 联盟已于 2016 年初成立,是 LPWAN 领域第一个产业联盟,旨在通过构建生态系统的方式推动 LoRa 的普及。我国 LoRa 率先在园区、建筑楼宇、住宅小区等场景组网应用,主要应用于监测类、抄表类物联网业务。

（2）NB-IoT

NB-IoT(Narrow Band Internet of Things)是基于蜂窝网络的窄带物联网技术之一,它在蜂窝网络的基础上进行构建,可以结合 GSM 网络、UMTS 网络或者 LTE 网络进行部署或独立进行部署,耗费约 180 kHz 左右的带宽,这使得 NB-IoT 部署的成本较低,升级维护较为容易。NB-IoT 以其强覆盖、低功耗、低成本的特点,已经成为 LPWAN 的主流技术,中国主导了 NB-IoT 技术研发和应用推广,在其技术标准化和产业化方面发挥了核心作用。总的来说,NB-IoT 具有以下几个优点:

① 支持深度覆盖:与 LTE 相比,NB-IoT 有 20dB 增益的提高,使其在地下车库、地下室、地下管道、地下隧道等地方也能做到很好的覆盖。

② 支持海量连接:NB-IoT 的一个扇区能够支持 10 万个设备连接,这也就意味着,在同一基站的情况下,NB-IoT 比现有移动通信技术有 50~100 倍的接入量的提升。这么多的连接数量足以满足未来智能穿戴、智慧社区和智慧家庭等场景中大量设备联网的需求。

③ 超低功耗:物联网应用中一项重要性能指标是功耗,特别对于一些不能经常更换电池的设备和场景。在电池制作工艺还无法取得技术突破的前提下,只能通过降低

微课扫一扫
LoRa 技术的概述

微课扫一扫
NB-IoT 省电秘诀

微课扫一扫
美丽乡村新基建
NB-IoT 正在行动

设备功耗和延长电池供电时间来实现低功耗。NB-IoT 主要应用于小数据量、低速率的场景,因此可以进一步降低 NB-IoT 设备的功耗,以保障设备电池更长的使用寿命,使 NB-IoT 终端模块的待机时间长达 10 年。

④ 低成本:速率低、功耗低、带宽低带来的是低成本优势。速率低就不需要设备有大缓存,所以 NB-IoT 设备缓存小;功耗低,意味着 RF 设计要求低;因为带宽低,就不需要复杂的均衡算法,这些因素使得 NB-IoT 芯片可以做得足够小。芯片成本往往和芯片尺寸相关,尺寸越小,成本越低,节点的成本也随之降低。

⑤ 稳定可靠:NB-IoT 直接部署于已经商用的 GSM 网络或 LTE 网络,即可与现有网络共用基站以降低网络部署成本。使用单独的 180 kHz 频段,不占用现有网络的带宽,以保证传统业务和物联网业务可同时稳定、可靠的运行。

NB-IoT 虽然起步较晚,但是发展迅速,在一些行业中已经得到了广泛的应用,对 NB-IoT 有强烈需求的行业主要有:交通行业:主要涉及车载信息服务(信息娱乐、远程诊断、道路导航等)、车载定位监控、车载 Wi-Fi、车载视频监控、车辆防盗等。物流行业:含有物流车辆调度,物流追踪管理等应用。卫生医疗行业:主要为穿戴型应用,含有关爱定位(宠物定位、儿童定位手表、老人智能手表)、无线血压计等。商品零售行业:含有移动货柜、自动售货机、金属 POS 机等。抄表:含有用户水表、家庭燃气表、用户电表等。公共设施:含有城市灯光管控、城市气象监测、城市设施监控等方面的应用。智能家居:含有家居智能控制、家庭安全防护设施等应用。智慧农业:含有农业养殖等实时情况的搜集和监控等方面的应用。工业制造:涉及智能产品(工程器械)售后服务、智能工厂等应用。企业能耗管理:设计园区、大厦、企业等能源监管等应用。企业安全防护、企业电梯监控、企业安防监控等也可以使用 NB-IoT 技术进行实现。

4.4.3　无线传感器网络

物联网系统中信息采集的场景多种多样,在不同的场景中需要采用不同的技术手段来实现信息的有效采集;有线传输技术能够有效地解决部分场景的信息采集问题,但是随着物联网技术的快速发展,物联网技术的应用场景越来越多,使用范围越来越广,有线传输技术的局限性就暴露出来了,单纯地使用有线传输技术早就不能满足实际工程的需求了。

例如智能冶炼工厂网络规划中,现场车间大量的设备通过网络实现远程控制管理,各个车间与控制中心地理位置相对分散,如果使用有线传输技术进行建设,成本高、施工难度大,并且得不偿失。针对这样信息采集量大、信息采集面广的应用场景,有线传输技术的弊端暴露无遗,无法满足实际工程的需求;无线传感器网络采用无线传输技术进行信息传输,不需要建设有线通信网络,并且具有处理大量信息的能力,在这类场景中能够有效地解决信息采集和传输的问题。下面将对无线传感器网络,及 Wi-Fi、蓝牙、ZigBee 等几种典型的短距离无线传输技术进行介绍。

1. 无线传感器网络概述

(1) 无线传感器网络的概念

无线传感器网络是物联网不可或缺的组成部分。无线传感器网络是由大量的静止或者移动的传感器节点以自组织和多跳的方式构成的无线网络,通过电子信息、无线通信、计算机网络等几种技术的融合,能够协作实现网络覆盖范围内的被感知对象的感知、采集、传输、处理。无线传感器网络是以无线的方式进行通信,所以在网络设置时比较灵活,设备的位置部署也比较方便,在实践应用时,具有成本低、操作方便的特点,所以在我国的众多领域中得到了广泛的应用。

（2）无线传感器网络的体系结构

传感器节点是无线传感器网络里面基本的组成部分。无线传感器网络中的节点最主要包括的是数据采集模块、数据处理模块、控制模块、无线通信模块以及供电模块等,因此无线传感器网络中的节点集传感与驱动控制、计算存储及通信于一体,传感器节点结构如图4.29所示。

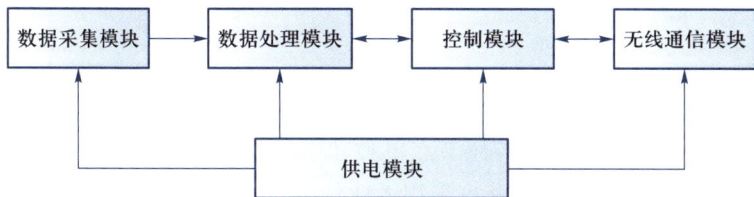

图 4.29　传感器节点结构图

其中数据采集模块负责检测所在环境中的有用信息,并且对收集的信息进行转换,常用的无线传感器主要功能是感知外界环境,并且收集所在环境的温度、湿度、光强度、噪声、压力及速度等信息,然后其中的模数转换器能够把监测到的物理信号转化成数字信号;数据处理模块和控制模块依据特定的算法实现网络中的各个传感器节点协调工作。无线通信模块用于各个无线传感器节点之间的无线通信,它们可以交换和控制消息也可以收发和采集所需要的数据;而供电模块则为各节点的正常工作提供充足的能量。根据不同的功能和作用,传感器节点可分为传感节点、路由节点、中心节点三类。

传感器节点分为传感节点、路由节点、中心节点三类,网络拓扑结构如图4.30所示。传感节点所收集到的数据发送给邻近的路由节点,路由节点经过转发,最后通过中心节点发送给目标用户供其使用。传感节点通常采用人工安装、飞行器抛撒等方式到达定点或随机布设在待监测区域内。传感节点有效覆盖的区域称作感知区域,在这个区域里面传感节点构建一个无线自组网。其中所有的路由节点都集成了终端设备和路由器的功能,也就是说这些节点既可以接收其他节点发送出来的数据,也可以发送自己检查到的或者其他节点发送来的数据;所有的路由节点都具备动态搜索、自主恢复连接的能力,传感节点会把它监测的物理信息以初步的数据处理以及信息融合的形式最终传递给中心节点;信息传送采用多跳的方式,所谓的多跳就是指传送的信息经过一个或者多个路由节点转发最终传送到中心节点,信息每经过一个路由节点就是一跳,经过的路由节点的数量就是它的跳数。

无线传感器网络采样多跳的方式进行数据传输是有原因的。首先,传感节点虽然同时具备采集、接收、发送以及存储数据的能力,但是在实际中每个传感器节点的接收和发送能力的覆盖范围是有限的,例如:基于ZigBee技术的单个传感器节点有效覆盖距离一般小于100 m,如果考虑到应用现场的复杂环境,那么有效覆盖范围可能会更小。其次,在实际的应用现场安装或者抛洒的传感节点往往数量众多、覆盖的范围广

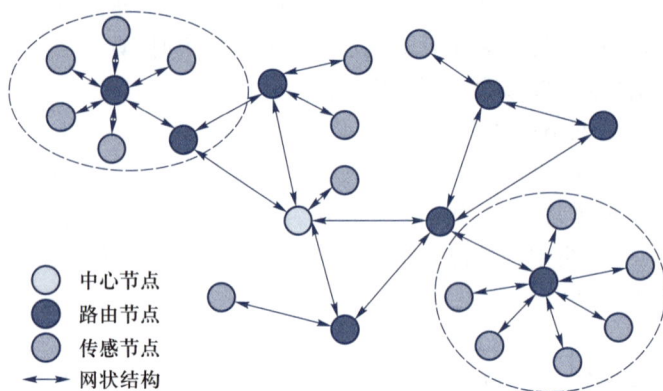

图 4.30   无线传感器网络系统结构图

阔,无法使用集中的方式让每个传感节点单独和中心节点进行通信。

如图 4.31 所示,某森林防火系统采用无线传感器网络进行森林火险数据的实时采集,网络中的各个节点间采用多跳通信方式。当某日传感节点 E 检测到火险数据,它需要将检测到的着火时间、地点等信息传送到中心节点 A,但是中心节点 A 不在传感节点 E 的有效通信范围内,无法直接传送;于是传感器节点 E 首先将着火信息传递到在其有效通信范围内的路由节点 D,希望路由节点 D 能够将着火信息传递给中心节点 A;路由节点 D 收到传感节点 E 发来信息后,立刻进行搜索发现中心节点 A 也不在其有效通信范围内,于是路由节点 D 又将着火信息和传递请求发送给路由节点 C,希望路由节点 C 能够将着火信息传递给中心节点 A;以此类推,数据经过路由节点 C 发送给路由节点 B,最终由于路由节点 B 在中心节点 A 的直接通信范围内,于是将着火信息传递给中心结点 A。这个过程中,传感节点 E 的数据经过路由节点 D、C、B 进行了转发,才到达目的地中心节点 A,这就是一个多跳(4 跳)通信的示例。

森林火灾监控网络

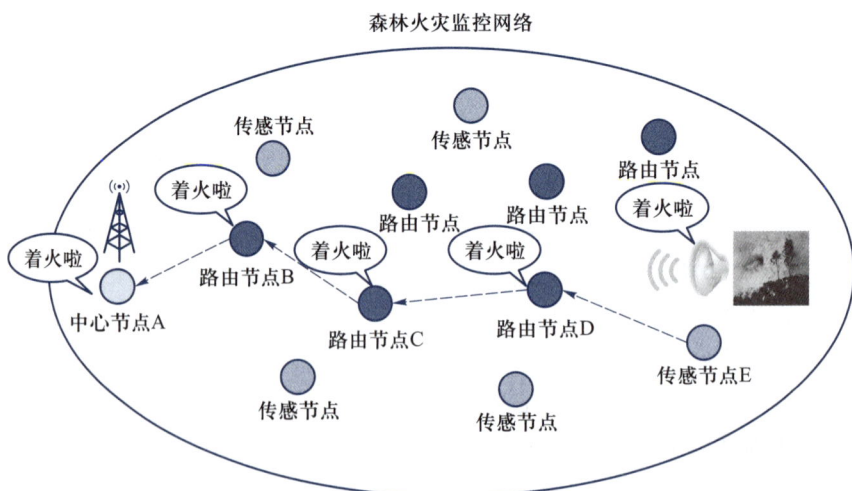

图 4.31   森林火灾监控网络

（3）无线传感器网络的特点

微课扫一扫
无线传感网络的
典型支撑技术

因为无线传感器网络自身具备的诸多优点，使得其能在军事应用、工农业生产、环境监测、安全监控、智能交通建设、家居生活等多元化的应用领域中能够有效完成信息采集和传输的作用。例如某智能冶炼工厂为实现智能制造产业升级，经过一年多的建设实现对工厂各设备设施远程实时调度与管控，大量现场数据采集和传输都是通过无线传感器网络来实现的，从该工厂的例子中可以总结出无线传感器网络的普遍特点如下：

① 传感器节点数量多、体积小、分布广

传感器节点是无线传感器网络中的基础；在该案例中，为了实现对整个厂区内各生产运输的现场数据的采集和传输，需要在数百亩的厂区内部署传感器节点，可见传感器节点分布范围广；同时厂区现场设备设施密度较大，部署的无线传感器节点密度也相对较大，这就使得部署的无线传感器节点数量相对较多，采集的信息量相对较大；由于部署的无线传感器节点规模庞大，非常有必要尽量减小节点的体积，因为节点的体积过大会增加在小区内部署的难度。当然不同的应用场景对传感器节点的体积会有不同的要求，但是传感器节点小型化却是无数专家和学者共同努力的方向。

② 无线传感器网络具有自组织能力

在该案例中，工程人员根据厂区内设施设备的具体情况进行传感器节点初次部署。但是，由于设备损坏、位置迁移等主客观原因，网络中可能会增加或减少传感器节点，网络中拓扑结构也有可能发生改变。因此在组网方式上要求无线传感器网络具有自组织能力以适应网络拓扑结构的变化。在传感器节点部署完成后，无线传感器网络根据预置的组网机制和网络协议自动对网络进行配置和管理。传感器节点通过自组织能力，能够自动形成无线通信网络，不需要固定的基础设施作为网络枢纽。

③ 无线传感器网络具备适应复杂环境的能力

在该案例中，由于无线传感器网络覆盖的区域内布满了各类障碍物，如厂区建筑物、厂区内的树木、厂区地形的高低起伏等，网络环境较为复杂，这就要求无线传感器网络能够适应这种复杂的通信环境，确保数据传输的稳定。在军事、灾害监测等应用中，无线传感器网络还会面临暴雨、雷电、粉尘、盐雾、磁场等不利影响，自然环境将更为恶劣。因此，无线传感器网络需要具备适应复杂环境的能力。

④ 无线传感器网络部署容易，并且成本低

在该案例中部署无线传感器网络时不需要铺设有线线路，安装部署更容易；同时，由于网络中传感器节点数量众多，为了降低系统成本，单个传感器节点的硬件成本均比较低（目前，传感器节点硬件成本已经低至 10 元以内）。

⑤ 无线传感器网络信息传输具备高可靠性

传感器节点分为两类，即有源节点和无源节点，有源节点生命周期主要取决于电池，无源节点生命周期一般取决于它的设计寿命。该厂区内无论部署哪类传感器节点，部署出去之后对其进行维护、回收和替代的难度是非常大的，可能性也较小。因此，无线传感器网络必然需要具有信息传输的高度可靠性和对节点失效的高度容错性。

⑥ 无线传感器网络是以数据为中心的网络

在案例中，不同于互联网的平台特性，无线传感器网络是一个临时性、且具有特定任务目标的网络,其采集的数据只有设备或现场数据,无法利用该网络进行其他应用(例如:电子商务或者网络社交),因此具备事件驱动特性。另一方面,传感器节点在部署的时候基本没有规律可循,因此传感器节点都是用编号标记的,但所标记的编号和节点所在的位置之间没有任何关系,因此在查找信息时可直接将关键词输入到网络上,网络在获得指定事件时,会将事件信息汇报给工作人员,这样的网络通常被称为以数据为核心的网络。

2. Wi-Fi 技术

（1）Wi-Fi 技术的发展

Wi-Fi 诞生于 1999 年,当时各个厂家为了统一兼容 IEEE 802.11 标准的设备而结成了一个标准联盟,成为 Wi-Fi Alliance,而 Wi-Fi 这个名词,也是为了能够更广泛为人们接受而创造出来的一个商标类名词,也有人把它称作为"无线保真"（Wireless Fidelity）。Wi-Fi 实际上是制定 IEEE 802.11 无线网络的组织,并非无线网络技术,但是后来人们逐渐习惯用 Wi-Fi 来称呼 IEEE 802.11 协议。

Wi-Fi 网络由终端站、接入点、接入控制器、服务器以及网元管理单元组成,事实上就是一个无线局域网。2018 年 10 月,Wi-Fi 联盟为更好地推广 Wi-Fi 技术,参考通信技术命名方式,重新命名 Wi-Fi 标准,其中 802.11ax 被命名为 Wi-Fi 6,802.11ac 被命名为 Wi-Fi5,以此类推。Wi-Fi 联盟在 2019 年对 Wi-Fi 6 产品进行认证,因此 2019 年被看作是 Wi-Fi 6 元年。根据 IEEE 802.11 标准的演进,Wi-Fi 的工作频段可以在 ISM 频段:2.4 GHz 和 5 GHz,及在 Wi-Fi 6 拓展到 6 GHz。Wi-Fi 6 的出现拓展了高密度无线接入和高容量无线业务,适用场景扩展到室外大型公共场所、高密场馆、室内高密无线办公等。IEEE802.11 的常用不同标准及参数如表 4.3 所示。

微课扫一扫
Wi-Fi 技术的概述

表 4.3　IEEE802.11 不同标准及参数

标准号	IEEE 802.11b	IEEE 802.11a	IEEE 802.11g	IEEE 802.11n	IEEE 802.11ac	IEEE 802.11ax
命名	Wi-Fi 1	Wi-Fi 2	Wi-Fi 3	Wi-Fi 4	Wi-Fi 5	Wi-Fi 6
发布时间	1999 年 9 月	1999 年 9 月	2003 年 6 月	2009 年 9 月	2011 年 2 月	2019 年 9 月
工作频段	2.4 GHz	5 GHz	2.4 GHz	2.4/5 GHz	2.4/5 GHz	2.4/5/6 GHz
非重叠信道数	3	24	3	15	15	110
物理速率/(bit/s)	11 M	54 M	54 M	600 M	1 775 M	9.6 G
实际吞吐量/(bit/s)	6 M	24 M	24 M	100 M 以上	400 M 以上	4 G
频宽/MHz	20	20	20	20/40	20/40/80/160	20/40/80/160
调制方式	CCK/DSSS	OFDM	CCK/DSSS/OFDM	MIMO-OFDM/DSSS/CCK	OFDM	MU-MIMO/OFDMA
兼容性	802.11b	802.11a	802.11b/g	802.11a/b/g/n	802.11a/b/g/n/ac	802.11a/b/g/n/ac/ax

小 知 识

　　ISM 频段主要是开放给工业、科学、医学三个主要机构使用,无须授权许可,只需要遵守一定的发射功率(一般低于 1 W),并且不要对其他频段造成干扰即可;ISM 频段分为国际通用、地区通用两种。例如:Wi-Fi、蓝牙、ZigBee 等典型短距离无线传输技术使用的 2.4GHz 频段是全球通用的 ISM 频段。

　　华为于 2011 年加入 Wi-Fi 联盟,并成为董事会 15 名核心成员之一,是 Wi-Fi 联盟中仅有的两家 Wi-Fi 设备厂商之一。华为凭借自身在无线通信领域的深厚积累及强大实力,积极参与了 IEEE802 工作组各项工作,公司专家担任着不同 802.11 标准工作组主席,凭借在 802.11ac 标准制定工作的突出表现,牵头制定 802.11ax 技术标准。同时华为成立了无线专家组成的 802.11ax 标准制定团队,为 Wi-Fi 6 产业发展做出了积极贡献。

　　随着智能天线技术的发展,笔记本电脑、手机、平板电脑等支持 Wi-Fi 的移动终端和产品越来越普及,进一步增加了人们对 Wi-Fi 服务的需求。基于 Wi-Fi 标准的无线局域网已是目前最为普及的无线网络形式,由于 Wi-Fi 无线接入的高带宽、结构简单、易部署和成本相对低廉的优势,将与 5G 等新一代移动通信技术互为补充,共同支撑万物互联的物联世界。

　　(2)Wi-Fi 技术的特点

　　从 Wi-Fi 技术的标准发展来看,它一直在向更高的吞吐量、更佳的安全性的方向快速发展,且向下兼容,Wi-Fi 6 网络完全兼容 Wi-Fi 5 及以前协议的终端接入。总的来说,Wi-Fi 技术具有如下特点:

　　① 更高的用户带宽和更多的用户并发:IEEE 802.11 标准的每次发展,都将网络传输速率大幅提高,适应更广泛的功能和设备,尤其使用 MU-MIMO 技术,多用户通过使用相同的信道资源在多个空间流上同时传输数据,提高吞吐量,每用户速率更高;使用 OFDMA 技术,支持多用户通过细分信道(子信道)来提高并发效率,降低时延。相对于其他短距离无线通信技术,Wi-Fi 技术具有更宽的带宽和更高的并发效率。如图 4.32 所示,不同 Wi-Fi 标准下的接入量与人均带宽关系。

　　② 功耗较低,健康安全:IEEE 802.11 规定的发射功率不可超过 100 mW,实际发射功率约为 60~70 mW,发射功率相对于其他的终端设备非常的低;手机的发射功率约为 200 mW~1 W,手持式对讲机功率高达 5 W,而 Wi-Fi 无线网络使用方式并非像手机等终端设备直接接触人体,因此比较安全。

　　③ 覆盖范围广:一般覆盖半径可达到 100 m,有一些厂家对其进行了增强,覆盖半径可达 200~300 m;相对于传统蓝牙技术的通信覆盖半径大约为 15 m,Wi-Fi 覆盖范围较广,满足无线办公、智慧教室、大型场馆甚至整个商场的使用。

　　④ 无须布线:不受布线条件的限制,非常适合移动办公用户的需要,具有广阔的市场前景,其广泛应用在网络媒体、掌上设备、日常休闲、客运列车、公共厕所等领域。

　　⑤ 低成本:继续支持 2.4 GHz,现阶段仍有数以亿计的 2.4 GHz 设备在线使用,大量物联网设备也在使用 2.4 GHz 频段,对有些流量不大的业务场景(如电子围栏、资产

微课扫一扫
典型 Wi-Fi 应用系统的结构

图 4.32   不同 Wi-Fi 标准下的接入量与人均带宽关系

管理等),终端设备非常多,使用成本更低的仅支持 2.4 GHz 的终端是性价比非常高的选择。

微课扫一扫
Wi-Fi 技术的应用

(3) Wi-Fi 技术的典型应用

随着智能移动终端的爆发式增长,用户对无线网络的需求越来越多,快速推动 Wi-Fi 技术高速发展,Wi-Fi 网络建立了分布式连接架构,使 Wi-Fi 网络能够承载绝大部分无线流量,并在住宅内、建筑物内、设备密集的室外区域等最需要的地方提供宽带连接。

企业、学校、制造、医疗、政府、酒店、机场、咖啡厅,几乎有人活动的室内地方几乎都有 Wi-Fi 覆盖,例如现在几乎不可能找到一个不向顾客提供 Wi-Fi 接入的机场或酒店。在住宅中,Wi-Fi 也是首选连接方式。当前,Wi-Fi 承载了超过一半的数据流量。

Wi-Fi 能够无处不在,其高性能和设备的经济实惠性发挥了重要作用。Wi-Fi 接入点的成本很低,Wi-Fi 的每比特成本约为蜂窝网络的 1/30,因为 Wi-Fi 的资本支出和运营支出都更低,而容量更大。

Wi-Fi 6 能提供更高的数据速率、更大的网络容量,解决了高密场景的干扰问题,而且更加节能,适合物联网,Wi-Fi 6 将满足更加广泛的下一代物联网连接场景的需求。表 4.4 所示为 Wi-Fi 6 的主要应用场景及带宽要求。

表 4.4   Wi-Fi 6 的主要应用场景及带宽要求

类别	编号	场景	带宽要求
VR/AR	1	本地 VR/AR:操作模拟/可视化营销/弱交互游戏	>20 Mbps
	2	云辅助 VR/AR:互动操作模拟/全景直播/虚拟展会/互动式游戏	>100 Mbps
	3	云 VR/AR:强交互超高清游戏	>400 Mbps

续表

类别	编号	场景	带宽要求
园区办公	4	普通办公:全无线办公/网络访问、政府与金融(安全WPA3)	>30 Mbps
	5	普通办公:4K 云桌面/沉浸式会议/高清无线投屏	>50 Mbps
	6	未来办公:远程办公协作/全息办公	>400 Mbps
智能制造	7	制造、仓储物流:AGV	>512 kbps
	8	智能制造:资产管理/库存监控(高密)	连接数>5 000
城市热点	9	城市热点:机场、体育场、咖啡厅、商场、校园、医院等公众高密场所	>15 Mbps
智慧教育	10	智慧教育:电子书包	>10 Mbps
	11	智慧教育:全景电子课堂	>50 Mbps
智能家居	12	智能酒店、公寓、家庭(8K 电视、云游戏及 IoT)	>100 Mbps

因 Wi-Fi 技术是短距离的无线技术,由于 AP 发射功率的限制(一般室外 AP 的发射功率不超过 500 mW,27 dBm),同时要考虑终端的上行功能,Wi-Fi 技术并不适合室外长距离的覆盖,仅可用于几百米范围的室外无线覆盖以及高密度带宽需要的室外,例如学校操场、大型场馆。

Wi-Fi 6 网络与 5G 网络各自有自己的最佳使用场景,Wi-Fi 6 取代不了 5G,同样5G 也取代不了 Wi-Fi 6,在合适的场景选取合适的技术,能够为企业节约成本、提高效率,加速企业的数字化转型。

讨　　论

随着万物互联万物上云时代的到来,人们对"高带宽、低时延、泛连接"的移动网络要求越来越高。Wi-Fi 6 与 5G 凭借各自的技术优势,成为新时代的关键连接技术。查阅相关资料,讨论并举例说一说,Wi-Fi 与 5G 的各自应用领域。

3. 蓝牙技术

(1) 蓝牙技术的发展

蓝牙技术是无线数据与语音通信的一种开放性全球规范,以低成本的近距离无线连接为基础,为固定与移动设备通信环境建立一个特别连接的短程无线传输技术。建立通用的无线传输空中接口(Radio-air-interface)及其控制软件的公开标准,使通信和计算机进一步结合,使不同厂家生产的便携式设备在没有电线或电缆相互连接的情况下,在近距离范围内有互用、互操作的性能,以代替固定与移动通信设备之间的电缆。

蓝牙技术工作在 2.4 GHz ISM 频段,蓝牙从出现到发展,经历了若干次标准的变化和技术更新,进入 4.0 时代,蓝牙传输技术有很大提升,而 5.0 则彻底打开了物联网时代的大门,蓝牙技术联盟(Bluetooth SIG)在 2021 年 7 月正式发布了最新的蓝牙核心规

微课扫一扫
蓝牙技术的概述

范 5.3 版本,在低功耗模式下具备更快更远的传输能力,最大传输速率为 48 Mbit/s,传输距离可达 300 m。

此外,蓝牙技术还可以延伸到不同的新设备和新应用中去。例如:把蓝牙技术引入手机和笔记本电脑中,就可以去掉手机与笔记本电脑之间的连接线,而通过无线连接建立通信。打印机、PDA、游戏操纵杆以及所有其他数字设备都可以成为蓝牙系统的一部分。除此之外,蓝牙无线技术还为已存在的数字网络和外设提供通用接口,以组建一个远离固定网络的个人灵活连接的设备群。

微课扫一扫
蓝牙应用系统
的结构

(2)蓝牙技术的特点

蓝牙技术提供低成本、近距离无线通信,构成固定与移动设备通信环境中的"个域网"(Personal Area Network),使得近距离内各种设备实现无缝资源共享。显然,这种通信技术与传统的通信模式有明显的区别,它的初衷就是希望以相同成本和安全性实现一般电缆的功能,从而使得移动用户摆脱电缆的束缚。

蓝牙技术具备以下的六大技术特性:① 低成本;② 低功耗;③ 语音数据同传;④ 抗干扰能力强;⑤ 蓝牙模块体积小,易集成;⑥ 传输安全可靠,采用调频技术和加密与认证技术,数据传输具有高安全性。

微课扫一扫
蓝牙技术的应
用

(3)蓝牙技术的典型应用

业内专家表示蓝牙技术,特别是低功耗蓝牙技术被视为在可穿戴产品中最理想的低功耗、点对点无线连接解决方案,广泛应用于与智能手机连接的健身追踪器、智能手表等可穿戴式设备中。由于可穿戴式设备对低功耗的强烈需求,到目前为止蓝牙技术依然是最适合可穿戴设备的。虽然目前在可穿戴式设备中蓝牙技术和 Wi-Fi 技术都有应用,但是由于蓝牙技术连接的便捷性和低功耗特性,业内更看好蓝牙特别是低功耗蓝牙(BLE)技术未来在可穿戴式设备中的应用。

从目前的蓝牙产品来看,蓝牙主要应用在手机、PAD、耳机、数字照相机、数字摄像机、汽车套件等中。另外,蓝牙系统还可以嵌入微波炉、洗衣机、电冰箱、空调等家用电器上。随着技术的发展成熟,蓝牙的应用也将越来越广泛。

4. ZigBee 技术

微课扫一扫
ZigBee 技术
的概述

(1)ZigBee 技术的发展

在蓝牙技术的使用过程中,人们发现蓝牙技术尽管有许多优点,但仍存在某些缺陷。对家庭自动化控制和工业遥测遥控领域而言,蓝牙技术显得太复杂、功耗大、距离近、组网规模太小等。为了满足工业自动化对无线数据通信高可靠性和抗电磁干扰等需求,由 IEEE 802.15 工作组提出,成立了 TG4 工作组,并制定了 IEEE 802.15.4 规范。2002 年 ZigBee Alliance 成立,2004 年 ZigBee V1.0 诞生,2006 年推出 ZigBee 2006,对标准进行完善。2007 年底,又推出 ZigBee PRO。ZigBee 的底层技术基于 IEEE 802.15.4,物理层和 MAC 层直接引用了 IEEE 802.15.4。

ZigBee 技术是一种成本和功耗都很低的低速率短距离无线接入技术。ZigBee 由于形态像蜂窝,在国内被译为"紫蜂",如图 4.33 所示。它是一种与蓝牙相类似的新兴的短距离无线技术(典型通信距离为 75 m,并可通过增加功率放大模块的方式提高通信距离),该技术主要针对低速率无线传感器网络而提出,它能够满足小型化、低成本设备(如温度调节装置、照明控制器、环境检测传感器等)的无线联网要求,主要用于传感控制应用,广泛应用于工业、农业和日常生活中。

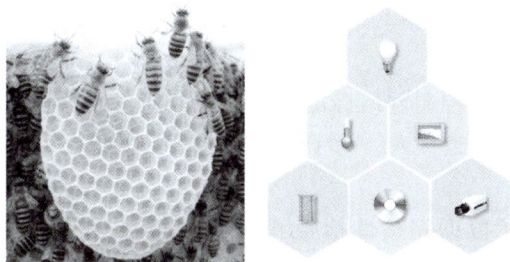

图 4.33　ZigBee 形态

（2）ZigBee 技术的特点

ZigBee 技术致力于提供一种廉价的固定、便携或者移动设备使用的极低复杂度、成本和功耗的低速率无线传输技术,是无线传感器网络的重要支撑技术。这种无线传输技术具有如下特点:

① 数据传输速率低

只有 10~250 kbps,专注于低传输速率应用。由于无线传感器网络不传输语音、视频之类的大数据量应用,仅仅传输一些采集到的温度、湿度之类的简单数据,因此该速率可支撑应用需求。

② 功耗低

工作模式情况下,ZigBee 技术传输速率低,因此信号的收发时间很短,其次在非工作模式时,ZigBee 节点处于休眠模式,耗电量仅仅只有 1 μW。设备搜索时延一般为 30 ms,休眠激活时延为 15 ms,活动设备信道接入时延为 15 ms。由于工作时间较短、收发信息功耗较低且采用了休眠模式,使得 ZigBee 设备非常省电,ZigBee 节点的电池工作时间可以长达 6 个月到 2 年左右。同时,由于电池时间取决于很多因素,例如电池种类、容量和应用场合,ZigBee 技术在协议上对电池使用也作了优化。

③ 数据传输可靠

ZigBee 技术的数据链路层(MAC 层)采用 CSMA-CA 碰撞避免机制。在这种完全确认的数据传输机制下,当有数据传送需求时则立刻传送,发送的每个数据包都必须等待接收方的确认信息,并进行确认信息回复,若没有得到确认信息的回复就表示发生了碰撞,将再传一次,采用这种方法可以提高系统信息传输的可靠性。同时,为需要固定带宽的通信业务预留了专用时隙,避免了发送数据时的竞争和冲突。同时 ZigBee 技术针对时延敏感的应用做了优化,通信时延和休眠状态激活的时延都非常短。

④ 网络容量大

ZigBee 技术的低速率、低功耗和短距离传输的特点使它非常适宜支持简单器件。ZigBee 技术定义了两类设备:全功能器件(FFD)和简化功能器件(RFD)。网络协调器(Coordinator)等同于无线传感器网络中的中心节点,是一种全功能器件,而其他全功能器件在网络中充当路由节点的角色,简化功能器件充当传感节点的角色。如果通过 ZigBee 技术组建无线传感器网络,整个网络最多可以支持超过 65 000 个网络节点,再加上各个网络协调器可互相连接,整个 ZigBee 网络节点的数目将十分可观。

微课扫一扫
典型 ZigBee 应
用系统的结构

⑤ 自动动态组网、自主路由

无线传感器网络是动态变化的,无论是节点的能量耗尽,或者因为其他原因造成设备失效,都能使节点退出网络。

⑥ 兼容性

ZigBee 技术与现有的控制网络标准无缝集成。通过网络协调器自动建立网络,采用 CSMA-CA 方式进行信道接入。为了可靠传递,还提供全握手协议。

⑦ 安全性

ZigBee 技术提供了数据完整性检查和鉴权功能,在数据传输中提供了三级安全性。第一级实际是无安全方式,对于某种应用,如果安全并不重要或者上层已经提供足够的安全保护,器件就可以选择这种方式来转移数据。对于第二级安全级别,器件可以使用接入控制清单(ACL)来防止非法器件获取数据。

⑧ 实现成本低

ZigBee 模块的成本最初达到了 50 元左右,很快就降到 10 元,且 ZigBee 协议免专利费用。无线传感器网络中可以具有成千上万的传感器节点,如果不能严格地控制节点的成本,那么网络的规模必将受到严重的制约,从而将严重地制约无线传感器网络的强大功能。

(3) ZigBee 技术的典型应用

微课扫一扫
ZigBee 技术的
应用

ZigBee 并不是用来与蓝牙或者其他已经存在的标准竞争,它的目标定位于现存的系统还不能满足其需求的特定的市场,它有着广阔的应用前景。ZigBee 联盟曾预言,未来每个家庭将拥有 50~150 个 ZigBee 器件。其应用领域主要包括:

① 带负载管理功能的自动抄表系统。

② 智能交通、油气生产遥测遥控通信系统。

③ 监控照明、HVAC 和写字楼安全。

④ 农田耕作、环境监测、水利水文监测无线通信;工业制造、过程控制遥测遥控。

⑤ 对病患、设备及设施进行医疗和健康监控。

⑥ 家庭监控、安防报警系统运用。

微课扫一扫
物联网系统无线
传输技术的选择

⑦ 军事应用,包括战场监视和机器人控制。

⑧ 汽车应用,配合传感器网络报告汽车所有系统的状态。

5. 典型短距离无线传输技术对比

Wi-Fi、蓝牙、ZigBee 三种短距离无线通信技术对比如表 4.5 所示。

表 4.5 三种短距离无线通信技术对比

技术	协议标准	技术指标	应用领域	优点	缺点
蓝牙	IEEE 802.15.1 IEEE 802.15.1a	一般通信距离为 2~30 m,2.4 GHz ISM 频段,低功耗模式传输速率上限 2 Mbps	无线办公环境、汽车工业、信息家电、医疗设备以及学校教育和工厂自动控制	具有很强的移植性、应用范围广泛,应用了全球统一的频率设定	设备连接能力较低,稳定性稍差,抗干扰能力不强,安全不高

续表

技术	协议标准	技术指标	应用领域	优点	缺点
ZigBee	IEEE 802.15.4	2.4 GHz 频段,基本速率是 250 kbps,当降低到 28 kbps 时,通信距离 50 ~ 300 m	PC 外设、消费类电子设备、家庭内智能控制、玩具、医护、工控等非常广阔的领域	成本低,功耗小,网络容量大,组网稳定,抗干扰性强,频段灵活,保密性高,不需要频段申请	传输速率低,有效范围小
Wi-Fi	IEEE 802.11 b/a/g/h/n/ac/ax	工作频率 2.4/5/6 GHz,最大传输频率为 9.6 Gbps,通信距离为 100~300 m	家庭无线网络以及不便安装电缆的建筑物或场所	可大幅度减少企业的成本,传输速度非常高	设计复杂,设置烦琐,功耗相对较高

传输距离:Wi-Fi>ZigBee>蓝牙
功耗:Wi-Fi>蓝牙>ZigBee,后两者仅靠电池供电即可满足要求
传输速率:Wi-Fi>蓝牙>ZigBee

4.5 物联网工程的网络总体规划方法

4.5.1 网络系统规划的原则与设计流程

物联网工程的网络系统规划首先需要进行网络需求(包括用户与工程方面的需求)调研,然后需要进行系统(包括技术与工程方案)设计,在方案确定的情况下,进行工程实施,最后系统验收交付使用。

网络系统设计的基本原则是实用性、开放性、可靠性、安全性、先进性和可扩展性。物联网的业务发展,尤其是工业互联网的发展,对网络基础设施提出了更高的要求和需求。总体上,网络的部署与规划,需要匹配物联网相关业务系统的部署与规划,需要遵循以下原则:

① 网络作为基础设施,需要与业务系统统一规划,同时需要考虑未来的演进。一方面,网络为业务系统提供支撑;另一方面,网络并不依附于特定的业务系统,即一个网络可以为多个业务系统提供支撑,如一张覆盖厂区的无线网络,同时为安全巡检、设备监测、视频监控等业务应用提供支撑。

② 网络部署需要整体规划,避免传统的网络物理隔离及碎片化。互联互通是工业互联网的基本要求,为了避免形成新的孤岛以及技术绑定,在进行网络规划时应考虑,在条件允许的情况下,尽量采用面向未来的、通用的网络连接技术。

③ 工业网络中工厂内、外网络需要统一协调,技术可以解耦,分开演进。不管是工厂内还是工厂外网络,都是为了端到端的支撑企业业务系统。不管是在企业业务系统上云的场景,还是总部集中部署的数据中心为所有分支机构提供服务的场景,都需要企业内外网络的统一协调。

网络设计的流程如图 4.34 所示,一是进行需求调研,二是根据调研结果进行需求分析,最后根据需求分析的结果进行方案设计。

需求调研与分析一般从网络环境、网络痛点、网络业务、网络安全、网络规模、终端

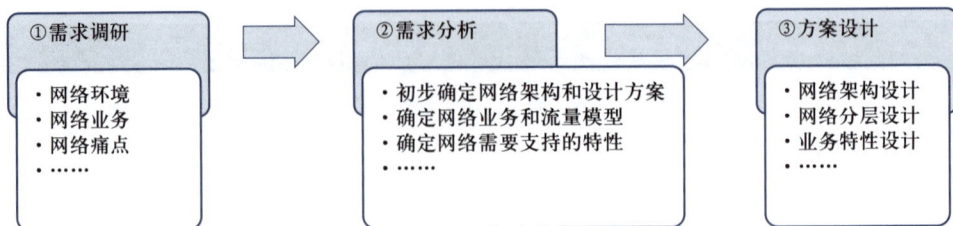

图 4.34　网络设计的流程

类型等 6 个方面展开,如表 4.6 所示。在完成用户需求调研和网络系统需求分析,并且与用户交互、修改和评审的基础上,进入网络系统方案设计阶段。方案设计阶段主要任务是网络建设总体目标、网络系统方案设计原则、网络系统总体设计、网络拓扑结构、网络设备选型及网络系统安全设计等。

表 4.6　网络需求调研总体指南

需求编号	需求分类	主要调研内容	调研的主要目的
1	网络环境	网络的建设、部署和使用情况,明确改造网络或是新建网络	初步确定网络架构和设计方案
2	网络痛点	客户现有网络的痛点(网络改造升级场景),或是对网络规划建设的期望	确定网络建设的要求和目标,初步确定网络需要支持的特性
3	网络业务	网络中需要部署的业务及其特性,明确网络的业务和流量模型	确定网络带宽和业务特性
4	网络安全	业务是否需要隔离以及相应的隔离要求(可选),网络安全建设的要求	确定业务隔离和网络的安全防御系统的建设方案
5	网络规模	网络的用户规模以及 3~5 年内的增长态势	最终确定网络架构与设计方案
6	终端类型	终端类型及接入要求	确定网络接入方案

4.5.2　网络结构设计与选型

1. 网络结构与拓扑构型设计

大型和中型网络系统建议采用分层设计思想,能有效解决网络系统规模、结构和技术复杂性。分层设计思想应用在很多工程实践中,图 4.35 所示为网络系统分层结构示例。分为接入层、汇聚层和核心层。网络结构与网络规模、应用程度与投资直接相关。

基于新一代网络技术组建的大中型企业网络、校园网或机关办公网基本都采用 3 层网络结构。核心层网络用于连接服务器集群、各建筑子网的交换路由器以及城域网连接的出口;汇聚层网络用于将不同位置的子网络连接到核心层,实现路由汇聚功能;

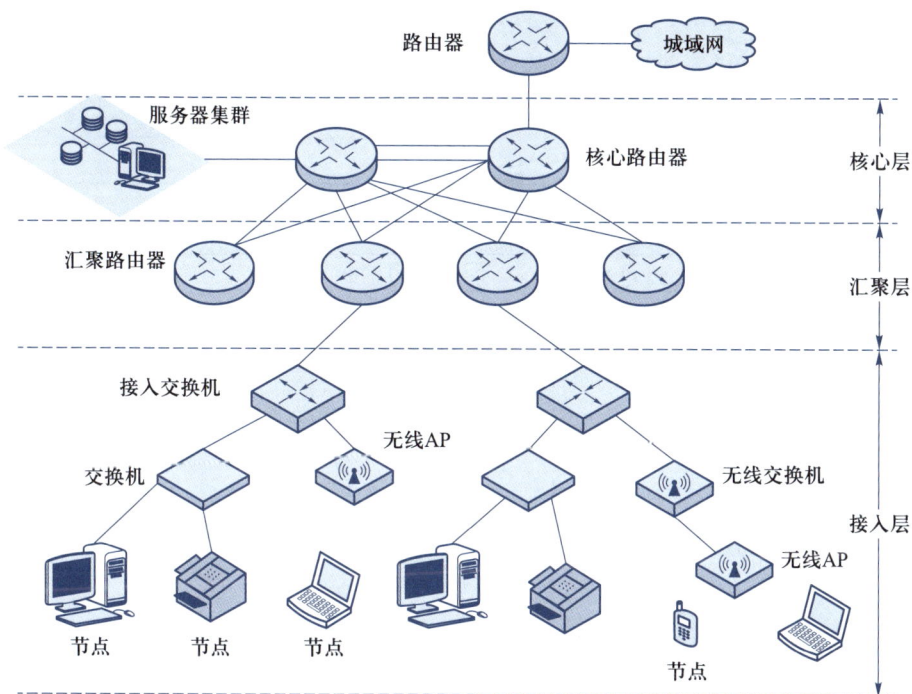

图 4.35   网络系统分层结构示例

接入层网络用于将终端用户计算机接入网络。典型系统的核心路由器之间、核心路由器与汇聚路由器之间使用具有冗余链路的光纤连接;汇聚路由器与接入路由器之间、接入路由器与用户计算机之间根据情况,可选择价格较低的非屏蔽双绞线连接。

以某智能工厂网络建设为例,工厂为采用 AOI 光学质检来提升产品质量,采用 AGV 小车来代替人力搬运,通过 AR 来进行远程协助。采用新技术提升生产效率,新技术设备对网络的带宽、时延都有一定要求。例如基于 AOI 光学质检需要上行 100 Mbps 以上的带宽以及 50 ms 以内的时延,AGV 小车在工厂移动的过程中不能有指令丢包等。工厂原有网络很难满足这些技术的需求,提出新建一张承载网,即不影响原生产网,又能满足新技术叠加对网络的需求。如图 4.36 所示,新增的网络中考虑部署 Wi-Fi 6、5G 无线覆盖,提供高带宽、大容量、易部署的承载网,分别承载不同的业务,拥有相对独立的网络资源,做到业务与网络解耦,方便业务管理。

2. 核心层网络结构设计

核心层网络是整个网络系统的主干部分,应用是网络系统设计与建设的重点。根据统计数据表明,核心层网络通常承担整个网络流量的 40%~60%。目前,应用于核心层网络的核心设备是高性能的交换路由器,连接核心路由器的是具有冗余链路(提供一条备用路径)的光纤。

为整个网络服务的服务器集群连接在核心层网络,从提高服务器集群可用性的角度来看,存在两种连接方案。如图 4.37 所示,其中图(a)方案采用链路冗余的办法直接连接两台核心路由器;图(b)方案采用专用服务器交换机和链路冗余,间接连接到两台核心路由器。方案一的优点是直接利用核心路由器的带宽,但是占用了比较多的核

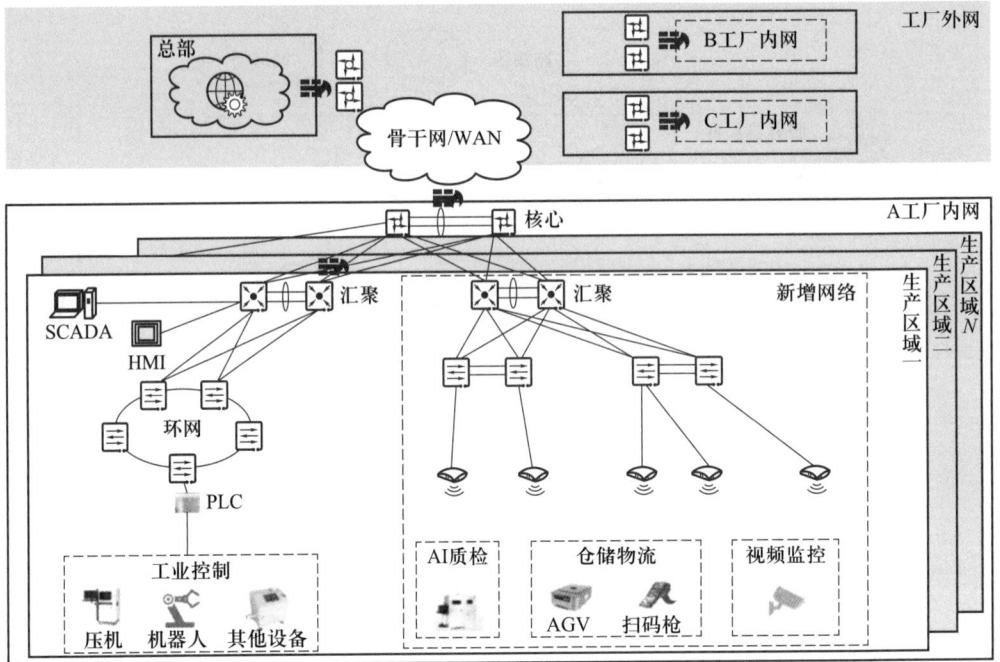

图 4.36　工厂内新增无线覆盖的网络结构

心路由器端口,由于高端路由器的端口价格高,从而设备成本上升。方案二在两台路由器上增加一台连接服务器集群的交换机,优点是可以分担核心路由器的带宽,缺点是容易形成带宽瓶颈,存在单点故障的潜在危险。

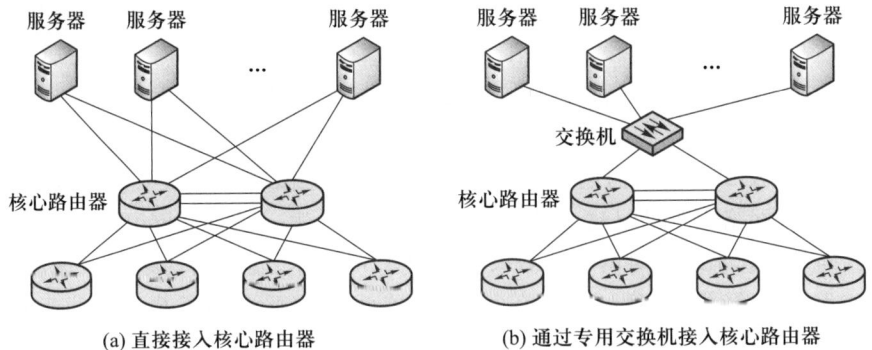

图 4.37　服务器集群接入核心路由器的两种设计方案

3. 汇聚层与接入层网络结构设计

汇聚层网络用于将分布在不同位置的子网络连接到核心网络,实现路由汇聚功能;在一般规模的网络系统中,由一台交换机使用光端口通过光纤向上级联,这样将汇聚层与接入层合并成一层。图 4.38 所示为汇聚层与接入层网络的设计方案。

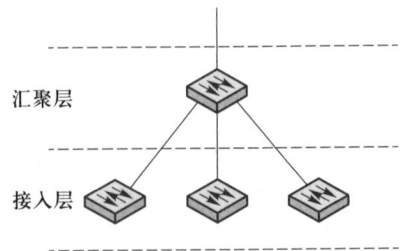

图 4.38　汇聚层与接入层网络的设计方案

接入层网络用于将用户计算机等终端设备接入网络。以智能工厂网络改建为例，原有工厂依旧存在一些非 IP 的工业设备，对于设备的数据采集联网，接入数据服务器，需要将原有工业设备的数据在网络中传输。考虑当前 PLC 的北向接口大多支持 IP 化，可以将数据采集通过现有的工控网络传输，或者在现有网络的基础上增加采集数据传输的网络设备。现有智能工厂网络改造后结构如图 4.39 所示。

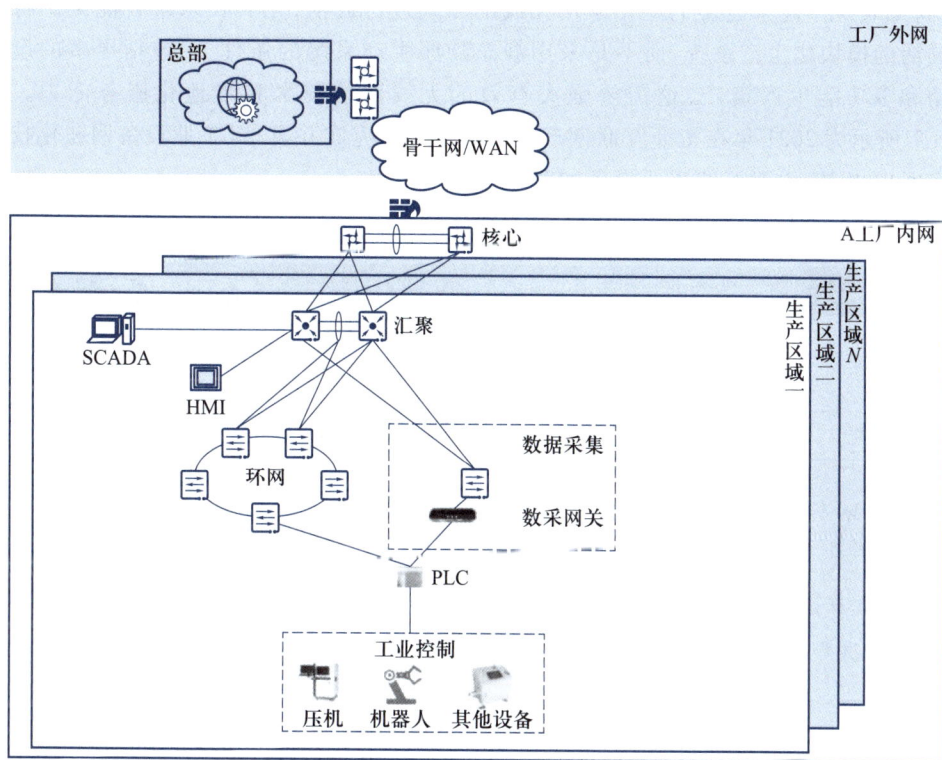

图 4.39　工厂网络改造后结构

4. 网络设备的选型

网络设备选型的基本原则主要有以下几点：

（1）产品系列与厂商的选择

网络设备尤其是网络关键设备，例如核心路由器、汇聚路由器、接入交换机、无线 AP 等，一定要选择成熟的主流产品，并且最好是一个厂家的产品。这样在设备安装、系统调试、商业谈判、运维与技术支持、用户培训等方面都会有优势。

（2）网络可扩展性

在网络设备的选型时，主要设备一定要留有必要的余量，需要注意系统的可扩展性。高端的核心交换路由器产品价格昂贵，一旦购买很难更新，但它对整个网络系统的性能影响很大。低端的网络设备价格相对便宜，更新速度快，一旦端口不够用，可以通过简单的堆叠方式加以扩充，因此低端产品以目前够用为原则。

（3）网络技术先进性

网络技术与设备更新速度很快，用"摩尔定律"描述网络设备的价值是恰当的，因此设备选型的风险比较大，一定要广泛听取意见，实地考察产品与服务，慎重决策。

对于新组建的网络来说,一定要在总体规划的基础上选择新技术、新标准与新产品,避免选择价格可能相对低一些,但属于过渡性技术的产品,以免出现很快将被淘汰的局面,失去长远发展的前景。如果在已有网络的基础上扩展,则一定要注意保护已有的投资。

随着无线通信技术的迅速发展,其通信性能越来越接近有线通信性能(例如低时延、高可靠等),越来越多的应用采用无线的方式进行通信,尤其在未来智能工厂将采用灵活的模块化生产系统,而不是采用静态顺序生产系统的条件下,包括更多的设备移动和多功能生产资产,这需要强大有效的无线通信技术和本地化服务能力。如表 4.7 所示为 2021 年在工业互联网产业联盟指导下完成并发布《工业设备网联化技术与实践白皮书》中建议的工业设备网联方式。

表 4.7 工业设备网联方式建议

设备分类	设备子种类及应用场景	推荐的网联方式
PLC 类	码垛机 PLC、螺钉机 PLC、点胶机 PLC 等	有线或通过 CPE 使用 Wi-Fi 6 或 5G
AGV 类	AGV 小车	Wi-Fi 6
边缘机器视觉检测类	围框边缘 AI 检测、自动码垛设备边缘 AI 检测、点胶检测、整机检测、包装检测、logo 检测、外观缺陷检测等	有线或 Wi-Fi 6
自动化测试类	手机老化测试、手机摄像头测试、手机升级包在线加载、软件/程序类测试	Wi-Fi 6
定位类	资产盘点、人员技能防呆、生产资源实时调度、WIP 透明可视	UWB、RFID 等无线化技术
AR 类	AR 远程支持、维修工段 AR 辅助、AR 参观厂验	Wi-Fi 6 或 5G
物联类	各类传感器(温度、湿度、有害气体)、视频监控、门禁、PDA/RF/PAD 等手持终端	各类传感器:Zigbee、Bluetooth 视频监控/门禁:有线或 Wi-Fi 6 手持终端:Wi-Fi 6

下一代智能工业体系架构将融合成为"管理与决策一体化的智能化系统",在厂部/车间,先进工业网络架构是匹配下一代工控体系架构的网络基础设施,通过一网多用实现工业园区的生产、办公、物联、安防等多种业务的融合承载。图 4.40 所示为智能工厂多业务融合模式下的网络架构。

4.5.3 网络设计方案的撰写

在完成网络的规划设计后,将进入网络工程实施阶段。要顺利实施网络工程,需要有完善的网络设计方案作为指导,本节将介绍如何撰写网络设计方案。

网络设计方案的编制是进行网络规划和设计中非常重要的事情,一份好的网络设

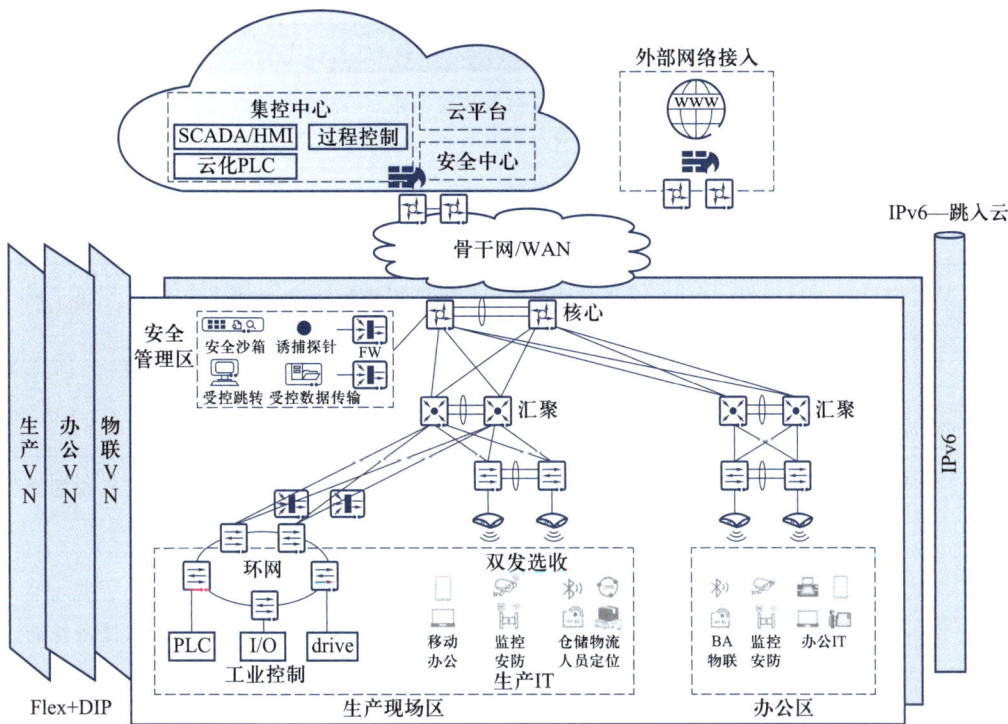

图 4.40　智能工厂多业务融合模式下的网络架构

计方案不仅有利于工程的具体实施,还有利于网络运行中的维护和排错,也影响将来网络的升级和扩展。网络设计方案通常是由售前工程师,或直接由项目集成工程师完成。网络设计阶段即方案制作阶段,通常是指从销售代表就用户的某个网络项目开始和用户接触,到该项目签订网络服务合同为止的工作阶段。

撰写网络设计方案主要从以下几个方面展开:

① 网络的需求分析:前面已经介绍了需求分析从网络环境、网络痛点、网络业务、网络安全、网络规模、终端类型 6 个方面进行,此外还要考虑到用户的费用预算等因素。

② 网络设计原则:根据需求分析、相关规范和设计标准确定的网络设计的基本依据。

③ 网络系统总体设计方案:总体设计主要包括网络拓扑规划、网络协议的选择、路由和路由协议的选择、网络子网划分和地址分配等,总体设计是网络设计方案的关键内容。

④ 服务器及操作系统平台:根据需求分析确定所需的服务器或操作系统。

⑤ 网络管理系统设计:网络管理是系统运行维护的主要组成部分,好的网络设计应该有科学合理的网络管理系统与之配合。

⑥ 系统安装、测试、验收方案和计划等。

对于广域网及局域网而言,多数网络方案一般包括以下内容,如表 4.8 所示网络方案概览。

表 4.8　网络方案概览

序号	基本内容	描述
1	需求分析	网络需求从数据传输需求、网络性能需求、发展需求及用户的费用预算等方面分析
2	设计原则和设计目标	陈述网络设计所遵循的原则,即网络实施后可达到的设计目标
3	网络总体设计	总体设计主要包括网络拓扑规划、网络协议的选择、网络子网规划和地址分配等内容,是网络设计方案的关键内容
4	服务器及操作系统平台	根据需求分析确定所需的服务器或操作系统
5	网络业务与网络管理系统设计	列出网络开通后,可开展的业务及应用,及网络管理系统的运行维护
6	方案特点和优势	陈述网络方案的优势
7	选用产品简介	简单介绍网络方案中所选用的产品,并应列出关键设备性能指标

报告模板
系统网络规划
设计报告模板

　　以上内容是网络设计方案的基本内容,在实际工作中,可以根据网络的规模和客户的要求,适当地进行增减。网络设计方案并没有具体的格式要求,主要用于在网络设计初期更好地与用户交流,充分了解客户的需求,以便更好地实现客户的需求,在网络施工中更好地指导网络建设。所以,网络设计方案的编制需要得到用户和设计方、施工方的共同认同,才算是一份好的设计方案。

【项目实施】

　　1. 智能冶炼工厂的网络技术选型

　　结合该工厂网络建设需求,选择合适的网络技术,建议编制智能冶炼工厂的网络技术选型表。对比工厂生产、办公与现场等场景,对比不同的设施设备,选择科学合理的网络技术来实现其网络通信。

　　2. 智能冶炼工厂网络架构设计

　　基于网络技术的选型,绘制工厂的网络结构图,对网络架构中实现的关键点简要分析说明。

　　3. 编制智能冶炼工厂的网络规划方案

　　根据以上项目内容实施结果,按照网络规划设计方案编制要求,编写《智能冶炼工厂的网络规划设计》方案,方案应包含以下关键点:

　　① 该智能冶炼工厂网络建设需求分析及其网络技术选型。

　　② 智能冶炼工厂网络结构图及其网络架构中实现的关键点分析描述。

【项目评价】

项目名称： 智能冶炼工厂的网络规划设计	项目承接人姓名：	日期：
项目要求	得分标准	得分情况
项目分析(10分) 　项目分析合理,项目准备单填写准确	项目准备单填写合理性评价,每合理1条得1分,满分10分	
关键要求一(15分) 　智能冶炼工厂的系统总体需求描述合理	系统总体需求不完整或不合理(每处扣2分)	
关键要求二(15分) 　各网络技术选型描述清楚	网络技术选型描述不完整或不清楚,没有结合总体需求(每处扣2分)	
关键要求三(15分) 　智能冶炼工厂的网络结构图设计合理	网络结构设计不合理(每处扣2)	
关键要求四(15分) 　智能冶炼工厂的网络规划设计报告编写规范	报告编写文字、图表不规范,或结构不完整(每处扣2分)	
项目汇报(10分) 　汇报内容清晰、重点突出、时间把握合理,衣着整洁、仪态自然大方	汇报内容不清晰(每处扣1分) 　重点不突出(根据情况酌情扣分,最多扣2分) 　衣着不整洁(根据情况酌情扣分,最多扣2分) 　仪态自然大方(根据情况酌情扣分,最多扣2分)	
职业道德和职业核心能力(20分) 　具有科技报国的责任感,科学思维与探究精神,创造性的解决问题的能力	项目目标分析没有基于企业高质量发展与社会发展新要求(扣5~10分) 　问题探究过程没有准确分析已知知识与未知知识(扣2~5分) 　没有创造性解决企业发展难点或痛点(扣2~5分)	
创新创意(附加5分)	在项目完成过程中,能结合国家对行业发展新要求,应用新技术、新方法、新理念等,创新解决低碳、健康、高质量发展等方面问题,每个点附加1分,最高附加5分	

【拓展项目】

物联网创意设计之整体框架设计

根据前期对系统的需求描述,功能定义,完成创意项目的网络规划设计,对比分析各种网络技术特点,绘制网络拓扑结构图,并描述网络技术的选型要点,字数不少于500 字。

【引导案例】

对于智慧小区为生活带来的便捷、舒适、安全,业主们觉得很暖心。

从超市回来,业主双手拎着菜来到小区大门口,看了看门禁上带有摄影头的显示屏,显示屏出现"比对成功"字样,小区门禁随即打开。业主"刷脸"进了小区。

"业主可以在 App 上生成放行码,并分享给进出小区的人。"以前家里有亲朋好友来玩,保安都会盘问,还会打电话给业主确认,有时候会很尴尬。现在,朋友来访只需一个放行码就能进入小区或者车库。这不仅方便了业主,也方便了来访的亲朋好友。

图 5.1 和图 5.2 分别为门禁人脸识别和门禁二维码识别。

图 5.1 门禁人脸识别

图 5.2 门禁二维码识别

在这个智慧小区,还有很多智慧应用。小区内的高空抛物监测系统让高空抛物的人原形毕露;智能垃圾桶,可自动检测桶内的垃圾,一旦装满将自动预警,通知后台人员;车库安装有一氧化碳浓度监测器,当车库一氧化碳浓度超标时,监测系统可下达指令开启风机自动运行,排除车库废气……

这些智能化的实现,都依赖于小区的"大脑"——小区物业集成指挥中心。在指挥中心的一块监控屏幕上,工作人员可以随时查看小区公共区域的实时视频。工作人员介绍,电梯若发生故障,传感器就会自动报警,在电子地图上显示故障位置。图5.3和图5.4分别为小区高空抛物监测和物业集成指挥中心。

小区,作为城市最基本的单元,也常常被称为城市居住生活的"最后一公里"。智慧小区建设是智慧城市建设的缩影,提升人居环境、提高生活品质是智慧小区建设最根本的目的,而居民则是智慧小区建设最直接的受益者。

图5.3　小区高空抛物监测

图5.4　物业集成指挥中心

【学习目标】

知识目标

1. 掌握智慧小区的基本功能
2. 了解数据处理基本过程和技术
3. 掌握云计算的概念和作用
4. 掌握物联网平台的概念和作用
5. 掌握信息安全技术的概念和作用
6. 理解物联网系统集成设计要素

能力目标

1. 能概述智慧小区系统结构及关键技术
2. 能分析智慧小区的系统功能

3. 能根据需求,进行智慧小区系统集成架构设计

素养目标

1. 养成团队协作的习惯
2. 养成精益求精的习惯
3. 树立安全责任意识

【项目描述】

智慧小区系统集成框架设计

西部某市某小区开发商为响应市智慧小区建设工作要求,拟将该小区建设为三星级智慧小区。该小区规划建筑面积近 200 万平方米,有地下停车场、幼儿园、休闲中心等,周边 1 千米内将建设大型商圈。

我单位受建设单位委托,将根据相关标准和要求完成该智慧小区建设项目设计工作。经过前期与客户的沟通,该小区拟建设内容主要涵盖通信基础设施、公共应用(如:小区门禁管理、视频监控、电梯监控、停车场管理系统)、家庭应用(如:家居安防系统)、物业管理等,小区各个子系统需形成一个有机的整体,相关数据能及时、有效的处理并共享,为物业管理单位和小区业主提供智慧化服务。

智慧小区建设是典型的系统集成项目。为实现智慧小区的各种应用,且各应用系统资源共享和业务协同,关键是对小区系统进行集成架构和与其他系统的数据交换设计。集成架构除需满足小区各种基础设施设备的接入,提供小区各种综合业务场景应用外,一般还需在数据存储、基础能力、信息安全等方面满足系统业务需求。

随着信息技术的发展和深入应用,小区的数据不仅包括小区业主信息等基础的结构化数据,还包括小区管理产生的文本、图像、语音、视频等非结构化数据;各类应用的基础能力不仅是系统主数据、系统管理等,地图引擎、流媒体服务等也成为基础能力;提供标准化接口实现系统间的数据交换共享,已成为现代信息系统开发的基本任务。

作为设计单位,请合理组织项目团队,根据该小区的实际情况和智慧小区相关建设要求和评价标准等,为该智慧小区系统进行功能设计,并为实现各功能子系统协调一致工作进行系统集成架构设计,形成《××智慧小区系统集成设计》报告。

【知识准备】

5.1 认识智慧小区

随着物联网、云计算、大数据、人工智能等新一代信息技术的快速发展,智能化已逐渐成为引领新一轮科技革命和产业变革的重要驱动力,是各行各业转型升级的重要机遇和新引擎。当人们的生活被数字化、信息化、智能化深刻改变时,劳动密集型的建筑行业也开始悄然变革,逐渐改变传统粗放模式,向建筑信息化和智慧化发展方式转变。自 2012 年起,中共中央、国务院以及住房城乡建设部等部门多次发文要求推进智慧城市建设,提升城市管理服务水平和社会治理能力,提升民众生活质量。在智慧城市、智

慧社区、智慧小区立体架构中,智慧小区是智慧城市面向民生的最基本单元,切实建好智慧小区既是推进智慧城市建设的根本,也是促进建设行业转型升级发展的重要机遇。

5.1.1   智慧城市概述

智慧城市的概念自 2008 年提出以来,在国际上引起广泛关注,并持续引发了全球智慧城市的发展热潮。智慧城市已经成为推进全球城镇化、提升城市治理水平、破解大城市病、提高公共服务质量、发展数字经济的战略选择。智慧城市,是指利用各种信息技术或创新概念,将城市的系统和服务打通、集成,以提升资源运用的效率,优化城市管理和服务,改善市民生活质量。智慧城市把新一代信息技术充分运用在城市的各行各业中,基于知识社会下一代创新(创新 2.0)环境的城市形态。通过物联网、云计算等新一代信息技术支撑实现全面透彻感知、宽带泛在的互联、智能融合的应用,推动以用户创新、开放创新、大众创新、协同创新为特征的以人为本的可持续创新。

小 知 识

面向知识社会的下一代创新,简称创新 2.0。创新 2.0 反映了信息技术发展所推动知识社会逐步形成过程中,创新形态的转变,由精英创新向用户创新、大众创新,从封闭创新到开放创新的转变。创新 2.0 也被认为是知识 2.0、技术 2.0、管理 2.0 互动形成的产物。

智慧城市系统是一个复合庞大的系统,通过对市政基础设施建设、政府管理与服务、市民日常生活、产业定位与布局等方面进行综合、全面的考虑,提出数字城管、平安城市、电子政务、移动支付、智慧商业中心等一系列"智慧城市"解决方案,可为城市智慧化、城市整体管理与运营效率的提升产生积极效应。智慧城市全景如图 5.5 所示。

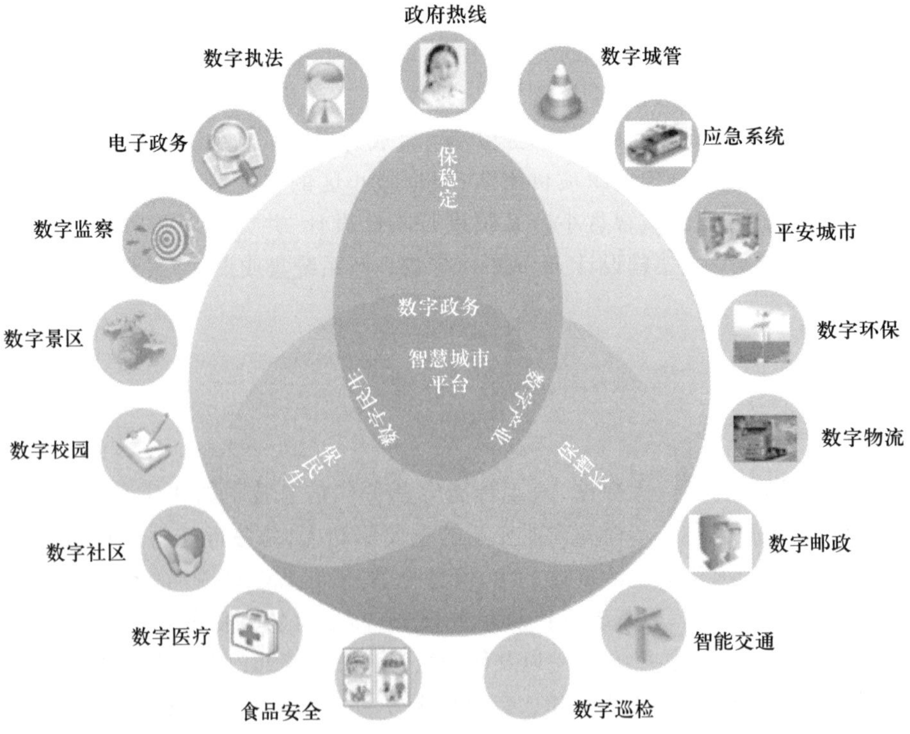

图 5.5   智慧城市全景

（1）国外发展现状

"智慧地球"的概念出现后,各国相继提出智慧城市发展战略。目前"智慧城市"开发数量众多,各城市的建设各有特色。

"智慧地球"概念,得到时任总统奥巴马的积极回应,并成为美国的国家战略。大批城市开始进行智慧城市建设。2009 年,美国开始建设第一个智慧城市——迪比克市。该市政府与 IBM 合作,利用物联网技术,将各种城市公用资源(水、电、油、气、交通、公共服务等)连接起来,监测、分析和整合各种数据以做出智能化的响应,更好地服务市民,并降低城市的能耗和成本。芝加哥通过智能"灯柱传感器"建设,收集城市温度、噪声、风速等信息。

欧盟 2009 年提出"欧洲智慧城市计划"。该计划推行后,欧洲已基本完成在信息基础设施方面的布局,开始重视城市环境、社会可持续协调增长。2010 年,欧盟制定"欧洲 2020 战略",提出智慧型增长、可持续增长和包容性增长的建设任务。在上述背景下,法国、德国、荷兰、比利时、瑞典等欧洲国家或城市结合自身特点和实际需要,进行了一系列的智慧城市建设活动,如瑞典首都斯德哥尔摩的智能交通项目、巴黎的 Concept Shelters 项目等。

日本 2009 年推出"I-Japan 战略",提出要在 2015 年实现"安心且充满活力的数字化社会",让数字信息技术如同空气和水一般融入生产和生活之中,并先后出台日本智慧城市治理的战略和重点建设领域。2019 年,日本内阁会议通过"综合创新战略 2019",把建设智慧城市作为未来发展重点之一。日本智慧城市建设采取的是企业主导—政府推动—社会团体参与的模式,如松下集团打造的藤泽生态智慧城、三井不动产打造的柏叶智慧城等。

韩国 2004 年推出了 u-Korea 发展战略。u-Korea 发展战略以无线传感器网络为基础,把韩国的所有资源进行数字化、网络化、可视化、智能化,以此促进韩国经济发展和社会变革新的国家战略。2019 年韩国制定了《第三次智慧城市综合规划(2019—2023)》,主要目标是在打通和完善数据与技术的基础层面上,推进更高质量的城市管理、服务和运营工作。

新加坡 2006 年启动"智慧国 2015"(iN2015)计划,2014 年,进一步公布"智慧国家 2025"计划。通过物联网等新一代信息技术的积极应用,将新加坡建设成为经济、社会发展一流的国际化城市。在电子政务、服务民生及泛在互联方面,新加坡成绩引人注目。其中智能交通系统通过各种传感数据、运营信息及丰富的用户交互体验,为市民出行提供实时、适当的交通信息。

（2）国内发展现状

我国在"十二五"规划期间就展开了智慧城市的建设。党的十九大提出建设智慧社会,智慧社会是智慧城市概念的中国化和时代化,更加突出城乡统筹、城乡融合发展,为深入推进新型智慧城市建设指明了发展方向。2016 年 3 月发布的《国民经济和社会发展第十三个五年规划纲要》中,首次提出要"建设一批新型示范性智慧城市"。习近平总书记指出,要"以推行电子政务、建设新型智慧城市等为抓手,以数据集中和共享为途径,建设全国一体化的国家大数据中心"。为推动我国新型智慧城市健康有序发展,各部门、各地方先后出台了一系列政策举措和战略部署优化发展环境。

① 国家层面高度重视。国家层面陆续发布了一系列相关政策文件和技术标准,指导智慧城市建设。国家发展改革委从 2020 年到 2022 每年发布《新型城镇化和城乡融合发展重点任务》,持续推进新型城镇化战略。我国现行的智慧城市相关国家标准,已涉及智慧城市的评价指标、数据融合、信息安全、公共信息与服务支撑平台、运营等多个方面。我国新型智慧城市建设政策标准体系逐步健全。

② 地方层面积极推进。所有副省级以上城市、超过 89% 的地级及以上城市均提出建设智慧城市。国内各省市智慧城市建设的重点和发展路径各不相同,在发布实施智慧城市总体行动计划的同时,不断推进"智慧教育""智慧医疗""智慧交通"等具体领域实践,探索适合本地智慧城市建设的重点和发展路径。

③ 持续开展国家新型智慧城市评价工作。2019 年,国家在原有评价体系基础上修订形成《新型智慧城市评价指标(2018)》。基于 2019 年重点领域评价数据(如图 5.6),惠民服务、精准治理、生态宜居、智能设施领域得分率相对比较集中,差异系数较小,参评城市在这四个领域的发展水平较为均衡;信息资源领域的差异系数最大,达到 62.76%,表明与其他领域相比,全国不同地方对于信息资源共享和开发利用差异程度最大,是未来破解发展不充分、不均衡的重要内容之一。

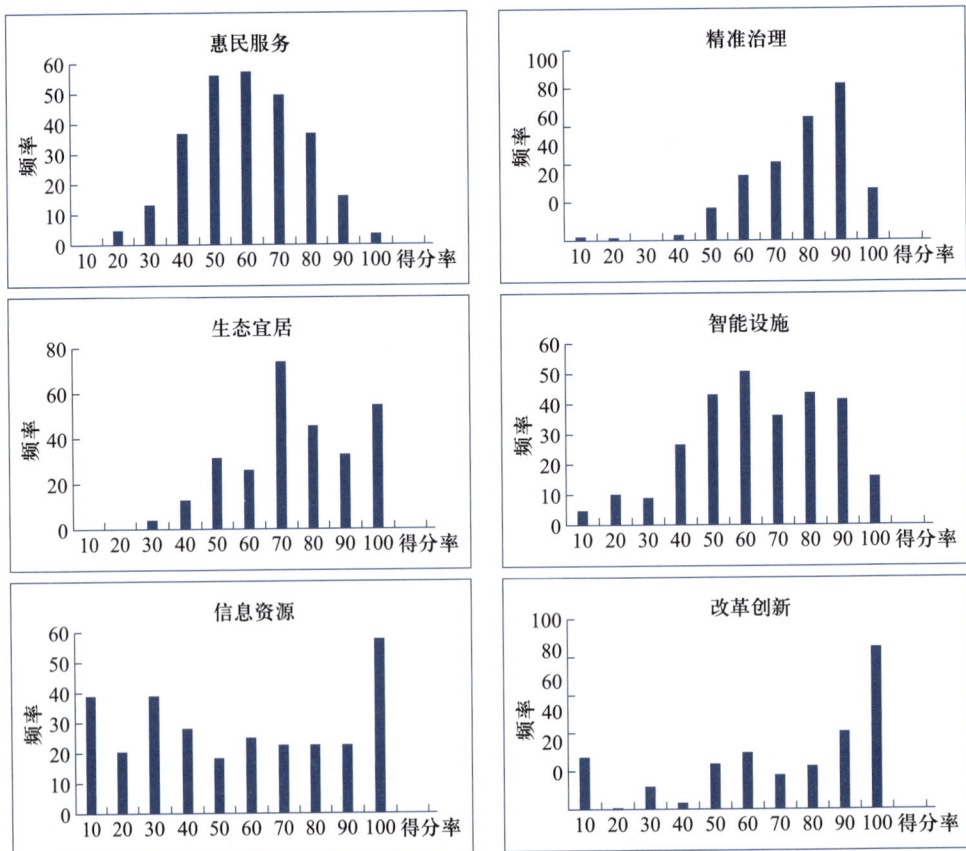

图 5.6　2019 年全国新型智慧城市一级指标得分率分布

近年来,各部门协同推进,各地方政府持续创新实践,我国新型智慧城市建设取得了显著成效。城市服务质量、治理水平和运行效率得到比较大的提升,人民群众的获得感、幸福感、安全感不断增强。新型智慧城市建设在新冠肺炎疫情防控方面发挥了积极作用,多地通过网格化管理精密管控、大数据分析精准研判、移动终端联通民心、城市大脑综合指挥构筑起全方位、立体化的疫情防控和为民服务体系,显著提高了应对疫情的敏捷性和精准度。

我国新型智慧城市作为数字经济建设、新一代信息技术落地应用的重要载体,近年来呈现出"六个转变"的趋势特征。

① 新型智慧城市建设的城市数量多、潜力大、创新实践多

智慧城市正在被越来越多的地市选择作为发展战略和工作重点。据不完全统计,我国开展的智慧城市、信息惠民、信息消费等相关试点城市超过 500 个,超过 89%的地级及以上城市、47%的县级及以上城市均提出建设智慧城市,初步形成了长三角、珠三角等智慧城市群(带)发展态势。

② 服务效果由尽力而为向无微不至转变

各部门各地方在开展新型智慧城市建设过程中,紧紧围绕政府治理和公共服务的改革需要,以最大程度利企便民,让企业和群众少跑腿、好办事、不添堵为建设的出发点和落脚点,以"互联网+政务服务"为抓手,聚焦解决人民群众最关注的热点、难点、焦点问题,通过政府角色转变、服务方式优化,让企业和群众到政府办事像"网购"一样方便,人民群众的满意度大幅提升。

③ 治理模式由单向管理向双向互动转变

新型智慧城市建设改变了城市治理的技术环境及条件,从"依靠群众、专群结合"的雪亮工程",到"联防联控、群防群控"的社区网格化管理,从"人人参与、自觉维护"的数字城市管理,到"群众监督、人人有责"的生态环境整治,新型智慧城市在解决城市治理问题的同时,深刻改变着城市的治理理念,推动城市治理模式从单向管理转向双向互动,从单纯的政府监管向更加注重社会协同治理转变。

④ 数据资源由条线为主向条块结合转变

新型智慧城市建设的核心是要推进技术融合、业务融合、数据融合,实现跨层级、跨地域、跨系统、跨部门、跨业务的协同管理和服务。其中,数据资源的融合共享和开发利用是关键,大数据将驱动智慧城市变革。围绕消除"数据烟囱",我国先后通过"抓统筹、出办法、建平台、打基础、促应用"等方式,积极推动跨层级、跨部门政务数据共享。

⑤ 数字科技由单项应用向集成融合转变

当前,以物联网、云计算、大数据、人工智能、区块链等为代表的新一代信息技术不断成熟,加速在新型智慧城市建设过程中的渗透应用,催生了数字化、网络化、信息化、智慧化的公共服务新模式和城市治理新理念。数字科技在新型智慧城市的交叉融合与推广应用,改变了传统以互联网为主的单项应用局面,推动新型智慧城市加速发展。

⑥ 建管模式由政府主导向多元合作转变

当前,我国智慧城市建设进入快速发展期,庞大的资金需求为传统政府主导的智慧城市建设模式带来了严峻考验。为充分发挥社会企业专业力量强、资金存量多、人才储备足等优势,国家新型智慧城市评价鼓励政府和社会资本合作开展智慧城市建设

和第三方运营,推动新型智慧城市建设逐步从政府主导单一模式向社会共同参与、联合建设运营的多元合作模式转变。

5.1.2　智慧小区概述

智慧小区作为新型智慧城市面向民生的最基本单元,采用新一代信息与通信技术,集成小区内公共信息应用和业主家庭智能应用等,实现对小区内的建筑物、小区基础设施、各类居住人员等进行事务管理和行政管理,为小区居民提供智慧化服务的宜居环境。通过智能化手段的应用,小区的各种资源能够充分共享、统一管理,在提供安全、舒适、方便、节能、可持续发展的生活环境的同时,降低运营成本,提升运营和服务效率。

随着社会科技的进步和经济的迅猛发展,国家的大力支持和推广,我国智慧小区的建设水平已有了长足的进步。住宅小区在满足场所和空间要求的同时,居住安全、信息互动、人文与科技共融共生的智能化水平不断提升。但从总体上来说,由于各地之间经济水平差别较大,各地发展不平衡。深圳、上海、北京、广州等各沿海城市、直辖市和各省级中心城市发展较快,欠发达地区发展较慢。

小　知　识

2018 年,重庆市住房和城乡建设委员会发布实施《智慧小区评价标准》(DBJ50/T-279—2018)(并于 2023 年发布 DBJ50/T-279—2023),积极引导房地产开发企业打造智慧小区,以智慧小区建设为契机,充分发挥信息化的引领和支撑作用,加快推动信息技术与建筑业的深度融合发展。截至 2020 年 12 月,重庆市共打造智慧小区 244 个,涉及 42 个区县,135 个开发企业,48 个设计单位,19 个咨询单位,培育形成 30 多个门类、200 余家智慧企业。智慧小区逐渐成为品质住宅和品质生活的重要标志,为重庆市智慧城市建设奠定了坚实的基础。

目前国内的智能化小区主要是单个小区的各个功能的独立性智能建设,缺乏将所有数据集中存储,对数据进行分析而做出预测来避免危险发生的能力。因此利用大数据分析等技术,统一某个区域内多个小区的数据,创建实时共享、监控报警的管理服务平台具有十分重要的意义。

5.1.3　智慧小区建设体系

智慧小区作为物联网的典型应用,具有典型的物联网层级结构,即由感知层、网络层、平台层和应用层构成,如图 5.7 所示。感知层主要实现小区各种数据的采集等。网络层主要实现小区信息的传输,包括有线网络和 Wi-Fi、4G/5G、NB-IoT 等多种无线网络。平台层主要实现网络传输层与各类交通应用服务间的接口和能力调用,包括对小区数据进行分析和数据融合等。应用层主要包含各类应用,包括周界安防、门禁管理、视频监控、电子巡更等智慧安防应用,也包括智慧停车场、智慧物业、智慧生活等应用。

由此可见,智慧小区是一种多领域、多系统协调的集成应用,为了提高智慧小区的建设质量,应加大相关子系统的建设,保证智慧小区的各项功能都得到充分发挥。根据重庆市《智慧小区评价标准》(DBJ50/T-279—2023),智慧小区评价指标体系包括通信基础设施、公共应用系统、家庭应用系统、智慧小区管理服务平台共 4 个方面,如图5.8 所示。评价指标体系也直接反映了智慧小区建设体系。

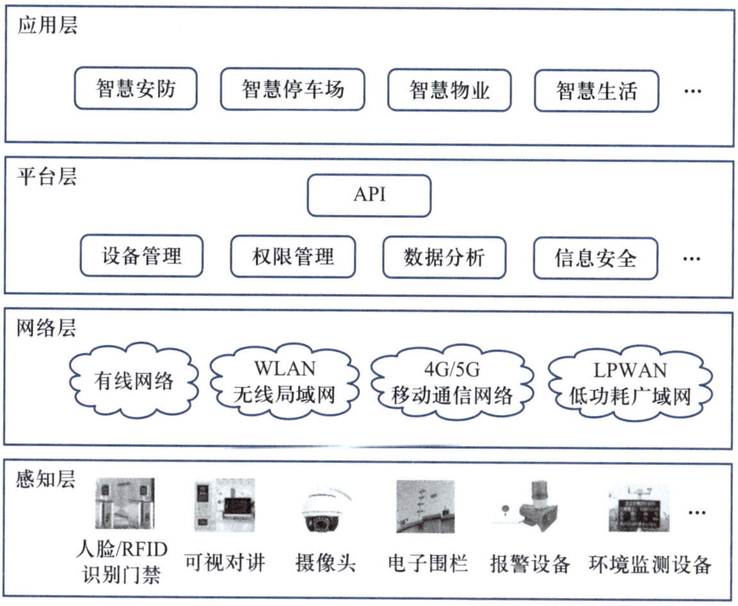

图 5.7 智慧小区体系结构图

标准阅读
《智慧小区评价标准》（DBJ50/T-279—2023）

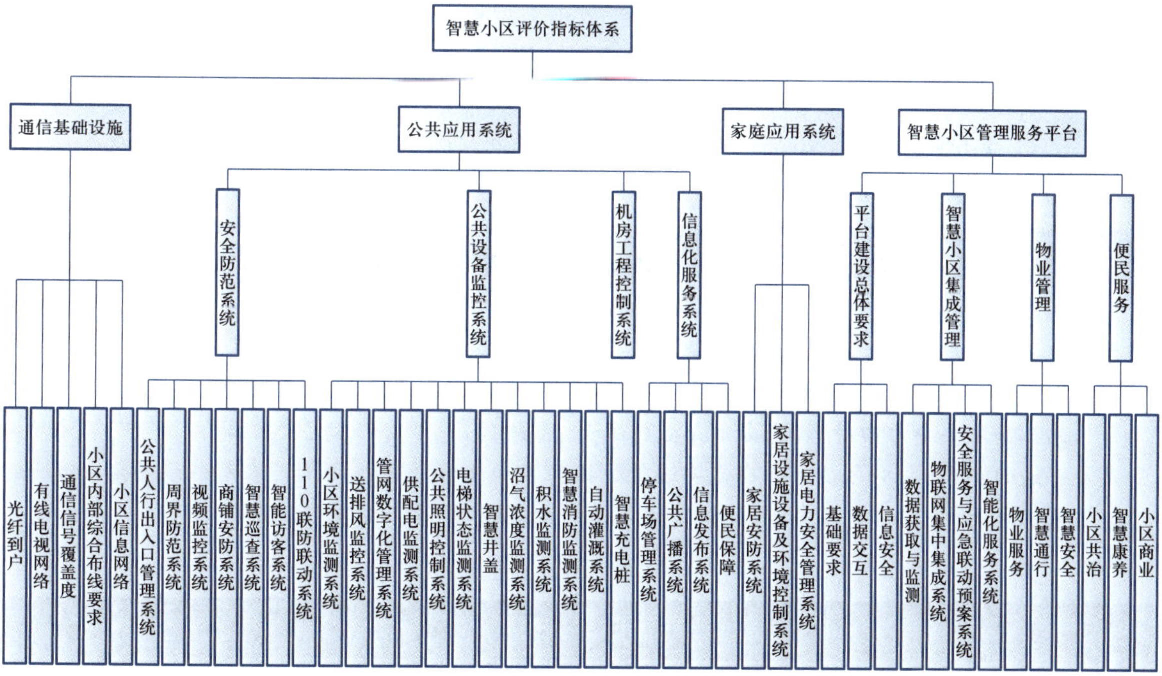

图 5.8 智慧小区评价指标体系

通信基础设施指满足智慧小区应用、管理及对信息通信的需求,整合和综合处理语音、数字、图像和多媒体等各类信息,满足智慧小区智慧化系统建设通信服务基础条件的系统。通信基础设施是智慧小区建设的基础内容,为智慧小区住户和物业公司提供良好的信息应用环境,并适应信息通信技术发展趋势。

公共应用系统指为智慧小区住户提供公共便利服务,建设和应用于智慧小区公共区域,维护和保障小区公共安全、公共设备可靠运行和信息化技术应用的、由多个小区智慧化子系统组成的系统。公共应用系统具备接入小区管理服务平台的软硬件接口,从而实现对各子系统的有效整合与监管。智慧小区公共应用系统包括安全防范系统、公共设备监控系统、机房工程控制系统和信息化服务系统。

家庭应用系统指为小区住户提供舒适、安全、便利居住环境,建设和应用于智慧小区住户家中,维护和保障家居安全、家电便利控制、家居环境监测治理、老人儿童安全、电力安全及燃气安全等由多个智慧化子系统组成的系统。家庭应用系统包括家居安防系统、家居设施设备及环境控制系统和家居电力安全管理系统,配备接入智慧小区管理服务平台的软硬件接口,实现智慧小区管理服务平台对其数据的整合。

智慧小区管理服务平台指实现智慧小区范围内各系统集成管理、信息汇聚、资源共享、优化管理和业务协同等综合功能,支撑各系统正常运行、各服务资源的接入,为小区物业管理单位和业主提供智慧化服务,满足智慧小区各类业务,实现高效业务管理和服务的统一平台。智慧小区管理服务平台一般包括物业管理端、物业人员端、业主端等应用接口,可支持信息共享、管理、业务整合、服务接入功能,具备监测、控制、数据分析、计费管理和人员管理等功能,确保数据互联互通实现智慧应用。

从智慧小区建设体系可以看出,智慧小区系统获取的数据量大而杂,包括各种监测、控制、图像、语音、视频等数据,数据类型可分为人口、地理、消息、设备和建筑等。要实现智慧小区的各种子系统的应用功能,必须对这些数据进行相应的数据处理,综合应用云计算、物联网平台、信息安全等相关技术,实现智慧小区范围内各系统资源共享和业务协同,支撑各系统正常运行、各服务资源的接入,消除"信息孤岛"现象,为物业管理单位和小区业主提供智慧化服务,为实现高效业务管理提供便利。

小 知 识

信息孤岛是指相互之间在功能上不关联互助、信息不共享互换以及信息与业务流程、应用相互脱节的计算机应用系统。通俗来讲,就是各个功能齐全的设备,在一个大环境里运转,各自产生的数据却没有任何交互。

信息孤岛主要分为四种形式,分别是数据孤岛、系统孤岛、业务孤岛、管控孤岛。其中,数据孤岛是最普遍的形式,主要存在于所有需要进行数据共享和交换的系统之间。在智能设备和物联网迅速发展的今天,告别信息孤岛,智能设备才能真的智能,才能真正实现万物互联。

讨 论

从衣食住行等方面入手,分析和讨论智慧小区建设需从哪些方面进行改造。

5.2 认识物联网数据处理

在物联网中,感知设备获取物体的信息,然后通过网络传输到数据处理中心进行智能处理,从而实现各种物联网应用。随着物联网的发展,不可避免地会产生大量数据。如何对这些数据进行处理并获得有效信息,是物联网应用的关键。

5.2.1 数据处理概述

1. 数据

人类记录事物特性必须借助一定的符号,这些符号就是数据。所谓数据,是指对客观事件进行记录并可以鉴别的符号。它不仅指狭义上的数字,还可以是具有一定意义的文字、字母、数字符号的组合、图形、图像、视频、音频等。

在计算机科学中,数据是所有能输入计算机并被计算机程序处理的符号的总称。随着信息技术的发展,计算机存储和处理的数据也随之变得越来越复杂。

微课扫一扫
信息处理技术的概述

2. 信息

信息是数据中包含的意义,是经过加工处理后的数据。信息是一种对客观世界中事物的运动状态和变化的反映,是为了满足用户决策需要的有效数据。数据和信息不可分离,数据是信息的表达,信息是数据的内涵。数据本身没有意义,数据只有对实体行为产生影响时才成为信息。

3. 数据处理

数据处理是指将数据转换成信息的过程。广义上,它包含对数据的采集、存储、加工、检索、变换和传播等一系列活动。狭义上,它是指对所输入的数据进行加工整理。其基本目的是从大量的、已知的数据出发,根据事务之间的固有联系和运动规律,分析推导出对于某些特定的人来说有价值、有意义的信息,作为决策的依据。

微课扫一扫
物联网数据处理

数据处理过程通常是一个由输入、处理和输出三个基本阶段组成的循环,如图5.9所示。输入阶段是数据处理周期的第一步,是将收集的数据转换为机器可读的形式以用于计算机处理的阶段。在处理阶段,计算机将原始数据转换为信息,其中,转换是通过使用不同的数据操作技术来执行的。输出阶段是将处理后的数据转换为人类可读形式,并作为有用信息呈现给最终用户的阶段。当两个或两个以上数据处理过程前后相继时,前一个过程称为预处理。预处理的输出作为二次数据,是后续处理过程的输入。

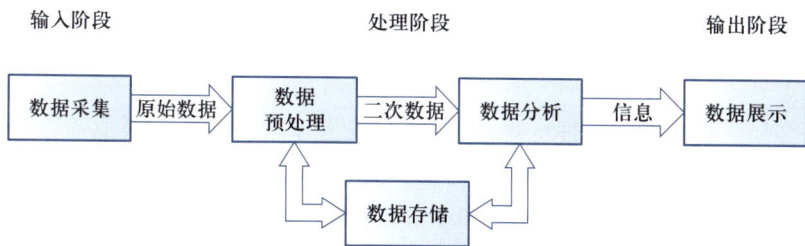

图 5.9 数据处理基本流程

5.2.2 数据处理技术

按照数据处理的流程,数据处理技术主要包括数据采集、数据预处理、数据存储及管理、数据分析及挖掘、数据展示与交互等。

1. 数据采集技术

数据采集,即采集所需的数据,是数据处理比较基础且重要的一个环节。原始数据是数据处理的基础,没有了优质的数据,也会"巧妇难为无米之炊"。

随着物联网的发展,数据采集不仅有基于网络数据的采集,也有基于物联网传感器和自动识别的采集。比如在智慧小区中,数据的采集有基于高清摄像头的图像和视频采集、基于各类传感器的环境数据采集、基于射频识别的门禁出入数据采集等。而在互联网上的数据采集有通过爬虫技术采集互联网上公开的数据、通过第三方平台提供的 API(Application Programming Interface,应用程序编程接口)采集的相关数据、通过数据埋点技术采集各类 App、Web 应用、小程序上的用户访问信息等。

小 知 识

API 是计算机软件之间衔接的约定,用以实现软件之间的相互通信。其主要目的是让应用程序开发人员可以通过访问现有软件程序实现相应功能,而无须访问其源代码,或理解其内部工作机制的细节。

对于应用程序开发者来说,有了开放的 API,就可以直接调用多家公司做好的功能来开发自己的应用,从而降低开发难度、缩短开发时间。如:某公司新开发一款应用程序需要实现地图功能,则只需要在高德或者百度地图的开放平台上购买相应的服务,然后在自己的应用中调用相应 API,就可以快速在自己应用中上线地图功能了。

对于软件服务商来说,留出 API,让别的应用程序来调用,形成生态,软件才能发挥最大的价值,才能更有生命力。如:微信、支付宝等在线支付 API,高德、百度地图等地图服务 API,各大物联网平台的物联网设备管理 API。

在数字经济时代,调用 API 成为应用程序开发的重要手段,提供 API 成为软件服务商提供服务能力的重要指标。

2. 数据预处理技术

数据预处理是指对数据进行正式处理之前,根据后续数据处理的需求对原始数据集进行清洗、变换、集成、脱敏和标识等一系列处理活动,提升数据质量,并使数据形态更加符合某一算法要求,进而达到提升数据处理效果和降低其复杂度的目的。

数据清洗是指按照数据质量的一般规律与评价方法,发现并纠正数据中可识别的错误,包括检查数据一致性,处理重复值、无效值和缺失值等,把"脏"数据变成"干净"数据。

数据变换主要是对数据进行规范化处理,根据需求将数据转换成适当的形式,达到数据的统一和标准化。例如:上海市《新型城域物联专网建设导则(2020 版)》中,要求管理平台数据层的数据格式转换应符合表 5.1 的具体要求。

表 5.1　上海市《新型城域物联专网建设导则(2020 版)》管理平台数据格式转换要求

格式类型	统一格式	示例
日期	YYYYMMDD,默认为 19000101	20151212
时间	HHMISS,默认为 000000	121314
字符串	去除头尾空格,去除回车,默认为 NULL	Trim('上海市')
整型	默认为 0(可根据具体业务类型调整)	
双精度	默认保留 4 位小数位(可根据具体业务调整)	

数据集成是把不同来源、格式、特点的数据在逻辑上或物理上有机地集中,从而实现全面的数据共享。

数据脱敏是指对数据中某些敏感信息通过脱敏规则进行数据的变形,实现敏感隐私数据的可靠保护。

数据标识(或数据标注、标记)是指为识别原始数据(文本、图像、语音、视频等)而为其添加一个或多个有意义的信息标签,从而使机器学习模型能够根据它进行学习。数据标记主要应用于计算机视觉识别、自然语言处理和语音识别等。例如,标识可指示相片是否包含鸟或汽车、录音中有哪些词发音,或者 X 影像是否包含肿瘤。例如:上海市《新型城域物联专网建设导则(2020 版)》中,要求数据流通中的数据信息描述应包括数据标识维度,如表 5.2 所示。

表 5.2 上海市《新型城域物联专网建设导则(2020 版)》流通数据的数据标识维度内容

描述	说明
类型	数据标识的类型,例如:与"人"相关的标识有:手机号、移动设备 IME/IDFA、身份证号、社保号等;与"群"相关的标识有:企业组织结构代码、企业名称、税务登记号等;与"物"相关标识有:设备号、MAC 地址、IP 地址等
加密方式	供需双方根据标准中约定的不可逆加密算法对原始 ID 进行加密处理。例如:MD5、SHA256 以及其他满足《中华人民共和国网络安全法》要求的加密算法
敏感度	数据标识的与个人隐私敏感程度,包括:高敏感、中敏感、低敏感

数据标识分为分类标识(如对一张人脸图片标记成人、女、长发等)、标框标识(如人脸识别中确定人脸位置)、区域标识(如自动驾驶中的道路识别)、描点标识等,如图 5.10 所示。

分类标识　　　　　　标框标识　　　　　　区域标识　　　　　　描点标识

图 5.10 数据标识分类

3. 数据存储技术

数据存储及管理是数据处理工作的基石,其主要目的是用存储器把采集到的数据存储起来,建立相应的数据库,以便进行管理和调用。数据库是按照一定的数据结构来组织、存储和管理数据的仓库。根据存储数据结构的不同,数据库分为关系型数据库和非关系型数据库(Not only SQL,NoSQL)。

关系型数据库和 Excel 工作簿一样,通过行、列构成的二维表结构来存储管理数据,同时利用 SQL(Structured Query Language,结构化查询语言)对数据库中数据进行增、删、改、查操作。主流的关系型数据有 Oracle、MySQL、SQL Server 等。随着半结构化和非结构化数据的增多,越来越多的非关系型数据库开始出现。非关系型数据库分为键值(key-value)数据库(如 Redis)、列式数据库(如 HBase)、文档数据库(如 MongoDB)和图形数据库(如 Neo4J)四类。

小　知　识

结构化数据是指具有固定类型、格式和结构等的数据,可以用二维表结构来进行逻辑表达,如小区业主信息表包括姓名、性别、年龄、电话、住址等。结构化数据主要通过关系型数据库进行存储和管理。

非结构化数据是指不能采用统一的结构来表示的数据,如图片、声音、视频、文本文件等信息。非结构化数据通常保存为不同类型的文件。

半结构化数据是介于结构化数据和非结构化数据之间的数据,不仅具有一定的结构性,还具有一定的灵活可变性,如 XML 文档、HTML 文档和电子邮件等数据。目前,半结构化数据多采用非关系型数据库存储。

IDC 的一项调查报告显示:半结构化数据和非结构化数据快速增长,企业中 80%~90% 的数据都是半结构化和非结构化数据,这些数据每年同比增长均约 60%。

4. 数据分析技术

数据处理的核心就是对数据进行分析,只有通过分析才能从数据中获取更多智能、深入、有价值的信息,可以分为广义的数据分析和狭义的数据分析。广义的数据分析包括狭义的数据分析和数据挖掘。狭义的数据分析是指根据分析目的,用适当的统计分析方法及工具,对收集来的数据进行处理与分析,提取有价值的信息;其结果一般需要与业务结合进行解读,才能发挥出数据的作用。数据挖掘是指从大量的数据中,通过统计学、人工智能、机器学习等方法,挖掘出未知的、且有价值的信息和知识的过程。数据挖掘的结论是机器从学习集、训练集或样本集中发现的知识规则,其重点在于寻找未知的模式与规律,如"啤酒与尿布"的案例,就是事先未知的,但又是非常有价值的信息。

小　知　识

"啤酒与尿布"的故事是数据分析领域里一个经典案例。20 世纪 90 年代,一家美国超市的管理人员分析销售数据时,发现了一个令人难以理解的现象:在某些特定的情况下,啤酒与尿布两件看上去毫无关系的商品会经常出现在同一个购物篮中。这种独特的销售现象引起了管理人员的注意,经过后续调查发现,这种现象出现在年轻的父亲身上。在美国有婴儿的家庭中,一般是母亲在家中照看婴儿,年轻的父亲去超市购买尿布。父亲在购买尿布的同时,往往会顺便为自己购买啤酒,这样就会出现啤酒与尿布这两件看上去不相干的商品经常会出现在同一个购物篮的现象。如果这些年轻的父亲在卖场只能买到两件商品之一,则他很有可能会放弃购物而到另一家商店,直到可以一次同时买到啤酒与尿布为止。超市发现了这一独特的现象,开始在卖场尝试将啤酒与尿布摆放在相同的区域,让年轻的父亲可以同时找到这两件商品,并很快地完成购物。

这个故事说明正因为有数据分析结果的支持,才会获得成功并得到广泛传播,通过分析购物篮中的商品集合数据,找出商品之间的关联关系,发现客户的购买行为,从而获得更多的商品销售收入。

5. 数据展示技术

在数据处理流程中,用户最关心的是数据处理的结果。正确的结果只有通过合适的方式展示出来,才能被用户理解,数据的展示技术在数据处理全局中占据重要位置。由于人脑对图形的理解和处理速度远远高于文字,因此,通过图表、地图等可视化技术直观的展示数据,可以帮助人们理解数据,找出包含在海量数据中的信息。图5.11为某四表集抄能耗管理平台可视化展示。

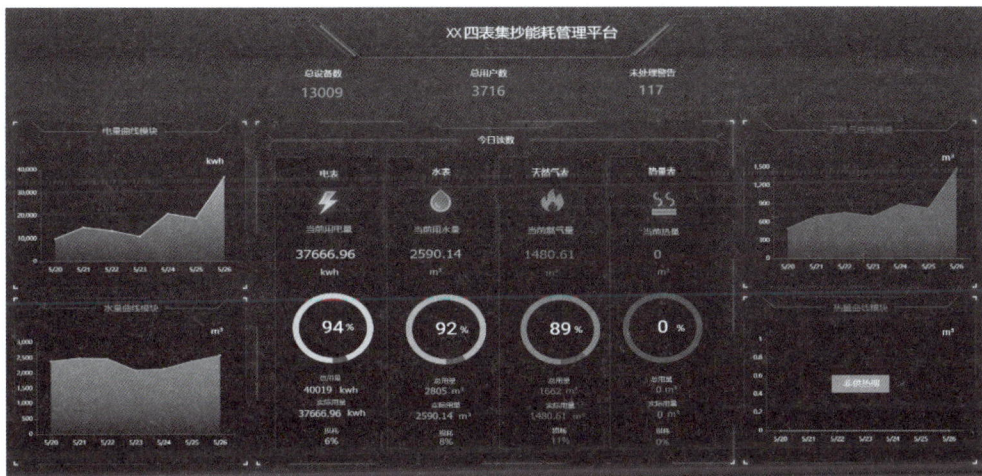

图 5.11 某四表集抄能耗管理平台可视化展示

5.2.3 物联网与大数据

当今数字时代,物联网和大数据如影随形,物联网是大数据的重要来源,大数据技术为物联网数据处理提供支撑。

微课扫一扫
物联网与大数据

物联网侧重于让物体联网,形成万物互联的局面,这是物理世界深刻的数字化过程,必然带来大量的数据,并且是各种类型的数据。大数据不仅在于数据量大,更在于数据的维度复杂,它们来自真实世界、可在线访问,并且对真实世界有独特的指导作用。

离开了大数据的存储和处理能力,物联网设备对于大型应用场景中的意义会降低很多,它们的价值不能得到充分发挥;而大数据离开了物联网设备,则数字化的效率低很多,现有的信息系统无法及时地获取物理世界中的信息和状态,并给予反馈。两者结合起来,则可以高效地在数字世界中刻画和描述物理世界,并评估和指导管理决策,使物理世界更加有序地运行。

1. 大数据概述

随着移动互联网、物联网、云计算的快速兴起,以及移动智能终端的快速发展,当前数据增长的速度比人类社会以往任何时候都要快。数据规模变得越来越大,内容越来越复杂,更新速度越来越快,数据特征的演化和发展催生出了一个新的概念——大数据(Big Data)。

大数据是一种规模大到在获取、存储、分析处理等大大超出了当前主流软件工具能力范围的数据集合。只有借助新的处理模式,大数据才能拥有更强的决策力、洞察发现力和流程优化能力。"大数据"这一提法具有明显的时代相对性,今天的大数据在未来不一定是大数据;从业界普遍水平看是大数据,但对一些领先者来说或许已经习以为常了。

关于大数据的特点,可谓是"仁者见仁,智者见智",不同的研究机构或企业,从不同的角度给出了不同的看法。业界广为接受的是 4V 特征,即 Volume?(体量大)、Variety?(形态多)、Velocity(速度快)、Value?(价值密度低)。其中,关于 Value 的 V 字头特征,另外一种提法是 Veracity(准确性)。

(1)体量大

信息技术的发展导致数据海量激增,关于数据量的对话已从太字节(TB)转向拍字节(PB),并且不可避免地转向泽字节(ZB)。同时,我们不应仅仅追寻大数据单纯意义上的"大"与"小",探索大数据真正意义在于通过对数据的分析处理发现新知识、创造新价值,从而为社会、企业带来"大知识""大科技""大利润"和"大智能"。

(2)形态多

大数据的形态内涵一般包括两方面,即数据类型多和数据来源多。大数据来源于领域内的各个源头,而且有不同的格式,有结构化的关系型数据,有半结构化的网页数据,还有非结构化数据的网络日志、音频、视频、图片、地理位置信息等。这些对大数据的获取、存储和处理都提出了更高的要求。

(3)速度快

大数据的速度快,一方面体现在数据生产速度快,根据 IDC 的估测,数据一直都在以每年 50% 的速度增长,也就是说每两年就增长一倍。另一方面,对于生产快的大数据,数据的时效性要求也比较高,数据价值会随着时间流逝而折旧,所以处理数据必须快。大数据的时间和价值之间的关系可以比作一个分数,时间在分母上,分母越小,单位价值就越大。面对同样大的数据矿山,"挖矿"效率就是竞争的优势。

(4)价值密度很低

以监控视频为例,在 1 小时的连续不间断的监控流中,对于安保人员来说有价值的可能只有一两秒的数据流。由于少量有用的数据和大量无用的数据并存,可以说挖掘大数据的价值类似沙里淘金。如何快速完成数据的价值"提纯"是目前要解决的问题,即合理运用大数据,以低成本创造高价值。

(5)准确性

从不同方式、不同渠道收集而来的数据,质量良莠不齐。而数据质量,在很大程度上决定了数据分析和输出结果的错误程度和可信度。在 IT 领域,有一个非常有名的说法——Garbage In,Garbage Out(GIGO),即"垃圾进,垃圾出"。如果输入的是胡乱选择的垃圾数据,那么产生的研究结果自然也没有任何意义可言。只有在确保数据准确性的前提下,大数据分析才有意义。

2. 物联网大数据的特点

(1)物联网正在产生海量数据

物联网通过各种感知设备捕获物理世界对象的信息,每个传感设备都是一个数据源头,而且感知设备多数处于全时工作状态,物联网正在不断产生数据。全球移动通信系统协会(GSMA)预计,到 2025 年全球物联网设备联网数量将达到约 246 亿个,我国物联网设备连接数将达到 80.1 亿。物联网的大规模应用,加上 5G 对移动带宽的增强等,都会使物联网数据量急剧增加,对大数据提供了更加广阔的来源。

（2）物联网的数据类型多样

物联网应用范围广泛,在不同领域、不同行业有不同类型、不同格式的数据,如网络日志、视频、图形、地理位置信息。与传统事务处理不同,物联网大多数据来源于不同的传感器,由于来自不同厂家,感知对象和感知目的的不同,这些设备产生的数据具有不同的结构和语义。同时数据收集形式也不同,有结构化、非结构化和半结构化。随着移动互联网、物联网的发展,非结构化数据正在以成倍的速度高速增长。

（3）物联网数据具有实时性

物联网与真实世界直接关联,很多情况下需要实时访问控制,同时需要更高的数据传输速率来支持这种实时性。物联网对数据实时性的要求,决定了物联网数据处理速度需要快。物联网通过感知设备直接感知物体的状态和运行情况,所以,相对于互联网,物联网产生的数据更具有真实性。

总而言之,物联网的数据具有大数据的典型特征,是大数据的重要来源。因此,物联网数据处理需要采用大数据处理技术。

3. 大数据技术为物联网数据处理提供支持

大数据技术的关键在于提高对大数据的“加工能力”,通过“加工”实现大数据的“增值”。目前大数据领域已经涌现出了大量新技术,它们成为大数据采集、存储、分析和展示的有力武器。大数据处理相关的技术一般包括:大数据采集、大数据预处理、大数据存储、大数据分析和大数据展示等。

大数据采集通过射频识别、传感器、社交网络及移动互联网等方式,获得各种类型的结构化、半结构化及非结构化的海量数据。数据量的剧增带来的挑战主要集中在数据存储和计算两个方面。要对海量数据进行有效存储与管理,并实现高速计算,势必采用分布式架构。在存储管理技术方面,要求底层存储架构和文件系统以低成本方式及时、按需扩展存储空间,同时能满足各种非结构化数据的管理需求。目前,在大数据组织存储工具包括 HDFS（一种分布式文件系统）、非关系型数据库等。

> **小　知　识**
>
> 分布式,是相对于集中式而言的,意为将任务分布到不同的节点上,通过网络以一定方式沟通和相互协作,完成整体目标,以达到某种单机达不到的效果,如:更大的吞吐量、存储量、可用性等。目前分布式思想已广泛应用在多个领域,包括分布式计算、分布式文件系统、分布式数据库等。

5.3　认识云计算与边缘计算

物联网对于数据的处理能力要求很高,怎么能够从庞大的数据中挖掘有价值的信息对于物联网的发展至关重要。云计算、边缘计算等都将在其中发挥重要作用。

无论是云计算还是边缘计算,都是实现物联网所需计算技术的一种方法或者模式。云计算是一种利用互联网实现随时随地、按需、便捷地使用共享计算服务、存储设备等资源的计算模式。边缘计算则是相对于云计算而言的,数据不用再传到遥远的云端,而是在靠近物或数据源头的一侧提供智能计算服务。

5.3.1　云计算

微课扫一扫

云计算的概述

云计算是当前全球 ICT 产业界公认的发展重点。各国政府积极通过政策引导、资金投入等方式加快本国云计算的战略部署和产业发展。我国在云计算领域已具备了一定的技术和产业基础,并拥有巨大的潜在市场空间。

1. 云计算的概念

随着计算机与网络技术的深度融合,信息的管理和应用水平将成为一个企业甚至一个国家构建核心竞争力的支撑力量。一个信息爆炸的时代,对 ICT 资源提出了严峻挑战。我们在为不断增加的 ICT 资源成本烦恼的同时,还发现这些资源利用率并不高,浪费惊人。人们需要一种能让信息的处理和存储变得高效、廉价的服务。

随着分布式计算的日益成熟,实现了通过互联网把分散在各处的硬件、软件、信息资源连接成为一个巨大的整体,使得人们能够利用地理上分散的资源,完成大规模的、复杂的计算和数据处理的任务。数据存储的快速增长产生了以 GFS(Google File System)、SAN(Storage Area Network)为代表的高性能存储技术。服务器整合需求的不断升温,推动了 Xen 等虚拟化技术的进步。这些技术为产生更强大的计算能力和服务提供了可能,云计算应运而生。

云计算是一种通过网络统一组织和灵活调用各种 ICT 资源,实现大规模计算的信息处理方式。它利用分布式计算和虚拟资源管理等技术,通过网络将分散的 ICT 资源(包括计算与存储、应用运行平台、软件等)集中起来形成共享的资源池,并以动态按需和可度量的方式向用户提供服务。用户可以使用各种形式的终端(如:PC、平板电脑、智能手机甚至智能电视等)通过网络获取 ICT 资源服务。目前,云计算在日常生活中已经得到了广泛的使用,例如火车票购票系统 12306 的后端数据处理就是采用云计算,在没有采用云计算之前,每到春节购票系统流量爆发式增长,往往会使得购票系统瘫痪。使用云计算之后,购票系统的计算能力可以按需供给,既不会造成计算能力的浪费,也能够经受住少数时间计算需求爆发式增长的考验。

"云"是对云计算服务模式和技术实现的形象比喻,其主要特征包括:

① 超大规模。云计算是对整个市场的用户提供云计算服务,用户所使用的计算资源均来自"云",因此只有这个"云"足够的大,才能承担云计算服务。

② 虚拟化。云计算突破了时间、空间的界限,支持用户通过网络在任意位置、使用任意终端即可获取服务。虚拟化包含应用虚拟化和资源虚拟化两种。

③ 通用性。云计算不针对特定的应用,同一个"云"可以同时支持不同的应用运行。

④ 按需服务。"云"是一个庞大的资源池,可以按需购买,像自来水、电、煤气那样计费。

⑤ 高可扩展性。"云"的规模可以动态伸缩,满足应用和用户规模增长的需要。

⑥ 高可靠性。"云"使用了数据多副本容错等措施来保障服务的高可靠性,使用云计算比使用本地计算机可靠。

⑦ 高性价比。将资源放在虚拟资源池中统一管理,在一定程度上优化了物理资源,用户不再需要昂贵、存储空间大的主机,可以按需购买云服务,也可以选择相对廉

价的计算机组成云,一方面减少费用,另一方面计算性能不逊于大型主机。

2. 云计算的服务类型

根据服务类型的不同,云计算可分为基础设施即服务(Infrastructure as a Service,IaaS)、平台即服务(Platform as a Service,PaaS)和软件即服务(Software as a Service,SaaS)三种。

(1) IaaS

IaaS 是指提供服务器、网络、磁盘存储和数据中心等底层基础设施资源。用户能在其上部署和执行操作系统或应用程序等各种软件。基于 IaaS 平台,如果用户想运行自己的应用,无须像以前一样购买昂贵的硬件设施,而是直接租用 IaaS 服务商的场外服务器、存储和网络硬件等。这样既节省了维护成本和办公场地,用户也可以在任何时候利用这些硬件来运行其应用。典型 IaaS 平台包括亚马逊的 AWS、微软的 Azure、阿里巴巴的阿里云等。

(2) PaaS

PaaS 就是把服务器平台作为一种服务提供的商业模式。它提供包括底层基础设施资源,以及操作系统、数据库服务器、Web 服务器和其他中间件等开发应用程序所需的各种软件资源。PaaS 平台为用户提供开发、测试和管理软件应用程序的开发环境,让开发人员专注于开发应用程序,而无须管理和维护开发环境。典型的 PaaS 平台包括微软的 Azure、Salesforce 平台等。

(3) SaaS

SaaS 即提供具体的软件服务(如 OA、CRM、MIS 等应用软件),满足用户最终需求。SaaS 免却了用户在软件安装实施过程中一系列专业并复杂的环节,可直接获得完整的软件应用,允许其用户连接到应用程序,并通过全球互联网访问应用程序,这使用户拥有软件应用变得简单。

云计算不同服务类型提供服务范围示意图如图 5.12 所示。IaaS、PaaS、SaaS 通过提供不同类型的资源,让用户拥有满足其业务需求的 IT 系统。三者的关系和区别,可以用一个企业如何拥有办公场所来类比。一些大公司可以自己拿地、打地基、盖楼,这种方式就好比云计算之前的传统 IT 系统建设,全部由自己完成。还有一些大公司可能会选择一个园区,租一栋办公楼,自己来做内部的改造和装修,那么这个园区就好比提供基础设施的 IaaS 服务商。有的公司可能会直接选择一栋写字楼,租其中的一间或者一层来做装修,那么这个写字楼的管理公司就好比 PaaS 服务商。还有一些更小的公司,可能会选择共享办公空间,直接拎包入住,那么共享办公空间管理公司就相当于 SaaS 服务商。

3. 云计算的部署模式

云计算按部署模式可分为公有云、私有云、混合云三类。

(1) 公有云

公有云是最常见的云计算部署模式。"公有"反映了这类云服务并非用户所拥有,公有云是面向大众提供计算资源的服务。公有云资源由第三方云服务提供商拥有和运营,云"租户"通过 Internet 访问服务和管理账户,与其他"租户"共享这些资源。通过租用公有云服务,企业无须购买、维护硬件或软件资源,仅对使用的云服务付费,成

微课扫一扫
云计算技术的架构

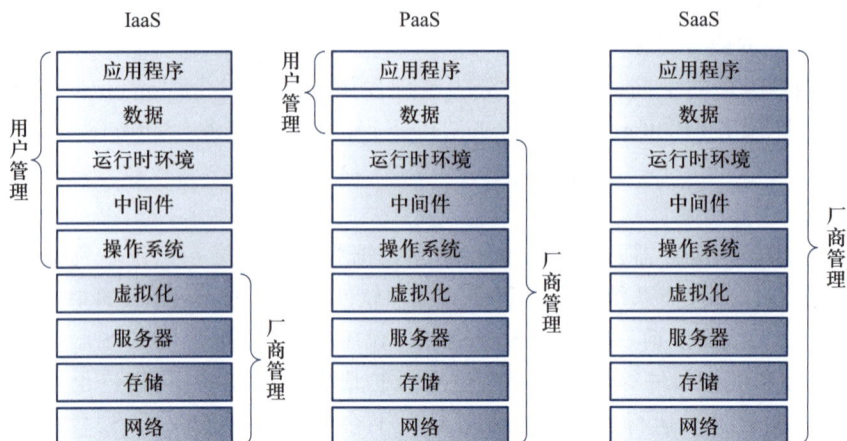

图 5.12　云计算不同服务类型提供服务范围示意图

本更低。同时企业可按需申请对应的云服务资源,可灵活满足企业规模变化的资源需求。目前市面上的公有云已是百家争鸣景象,国外有亚马逊的 AWS、微软的 Azure、IBM 的 Blue Cloud 等,国内有阿里云、腾讯云、华为云、百度云等。

（2）私有云

私有云是为一个客户单独使用而构建的,因而提供对数据、安全性和服务质量的最有效控制。私有云可由公司自己的 IT 机构建设,也可由云提供商进行构建。在"托管式专用"模式中,像 IBM 这样的云计算提供商可以安装、配置和运营基础设施,以支持一个公司企业数据中心内的专用云。而华为拥有自己的私有云,华为的十多万员工办公都是在公司的私有云上,换句话说,公司的员工基本都不再使用个人电脑,每个员工只需要一个显示器和一个云端接入设备就可以接入公司的云,申请一个账号然后就可以像使用个人电脑一样正常使用了。

（3）混合云

混合云融合了公有云、私有云,是近年来云计算的主要发展模式和方向。由于安全和控制原因,并非所有的企业信息都能放置在公有云上,这样大部分已经应用云计算的企业将会使用混合云模式。淘宝就是典型的混合云的使用案例,淘宝的部分信息可以放在公有云上,方便广大客户的浏览和下载,但是比较敏感的商业信息等则放在私有云上,这样既能方便客户使用,也能保证客户和商家的个人隐私。

同时,混合云还为其他用途的按需扩展提供了一个良好的基础,如灾后恢复。这意味着使用公有云作为私有云的一种按需切换平台,在需要时将被开启。混合云还提供了应用程序兼容性,也就是说某些应用程序在公有云上可能非常适合,而其他一些应用程序可能不适合于公有云。因此,这种情况下采用混合云就很容易适应。

5.3.2　边缘计算

1. 边缘计算概述

随着 5G、物联网应用的普及,智能终端设备越来越多。如果所有的处理全部放在云计算中心,很难满足大规模边缘智能设备的增长。因此,计算业务下沉诉求越来越多,边缘计算的概念逐渐被提起。边缘计算自 2018 年开始被大众熟知。国内外众多厂商,包括云计算公司、硬件厂商、内容分发网络(Content Delivery Network,简称 CDN)公司、通信运营商、科研机构和产业联盟/开源社区,纷纷开始布局边缘计算领域。

　　所谓边缘计算,是指在靠近物或数据源头的一侧,采用网络、计算、存储、应用核心能力为一体的开放平台,就近提供智能服务,以满足行业在实时业务、应用智能、安全与隐私保护等方面的基本需求。边缘计算是在联网设备越来越多的趋势下,在靠近数据源的地方就近处理数据,因此,边缘计算具有以下几个特点:

　　① 低带宽:计算能力部署在设备侧附近,无需将所有的数据都传到云端,从而节省了带宽,降低了网络传输的压力。

　　② 低时延:数据就近处理,省去了数据在网络上来回传输的时间,从而降低了延迟,给用户带来更极致的体验。

　　③ 隐私保护:数据本地采集、本地分析、本地处理,有效减少了数据暴露在公共网络的机会,更好地保护了用户数据的隐私。

　　就其本质而言,边缘计算是相对于云计算而言的,但两者并非取代关系,而是优势互补关系。很多人把边缘计算和云计算的关系比作章鱼的腕足和大脑。边缘计算类似于章鱼的那些腕足,一个腕足就是一个小型的机房,靠近具体的实物。云计算则像天上的云,看得见摸不着,类似章鱼的大脑。章鱼 60% 的神经元分布在八条腿(腕足)上,仅有 40% 的神经元在大脑。章鱼在捕猎时异常灵巧迅速,腕足之间配合极好,从不会缠绕打结。这得益于它们类似分布式计算的"多个小脑+一个大脑"。

　　边缘计算着眼于实时、短周期数据的分析,更好地支撑本地业务及时处理执行。云计算则是一个统筹者,负责长周期数据的大数据分析,能够在周期性维护、业务决策等领域运行。边缘计算靠近设备端,也为云端数据采集做出贡献,支撑云端应用的大数据分析,云计算也通过大数据分析输出业务规则下发到边缘处,以便执行和优化处理。这种"在靠近数据源头处就近提供边缘智能服务,并与云端服务器相互配合"的模式,被称为"云边协同"。

　　图 5.13 所示为云计算模型与云边协同计算模型。

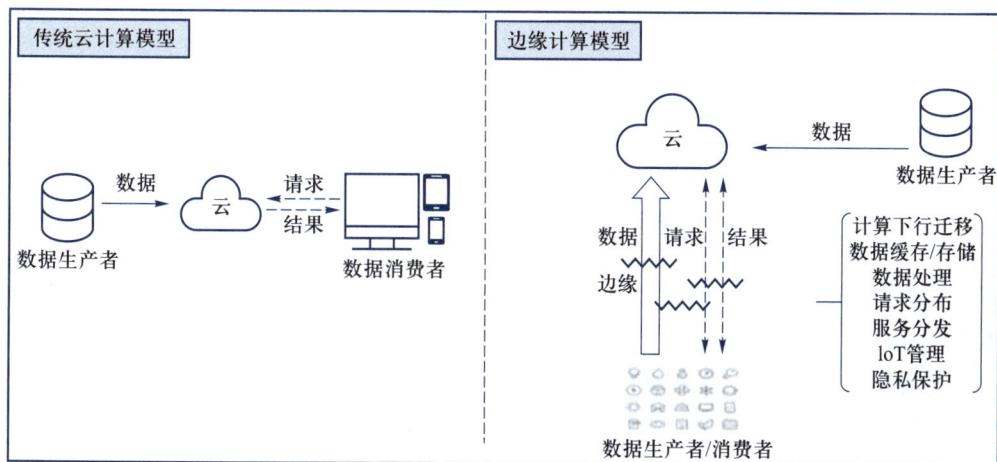

微课扫一扫
边缘计算概述

图 5.13　云计算模型与云边协同计算模型

2. 边缘计算应用领域

边缘计算作为一种将计算、网络、存储能力从云延伸到物联网网络边缘的架构,遵循"业务应用在边缘,管理在云端"的模式。在众多垂直行业新兴业务中,对边缘计算的需求主要集中在其时延、带宽和安全三个方面的优势上。根据中国移动分析,目前智能制造、智慧城市、直播游戏和车联网 4 个垂直领域对边缘计算的需求最为明确,如图 5.14 所示。

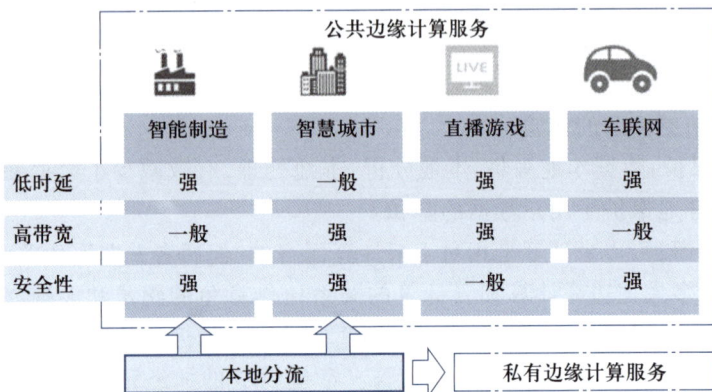

公共边缘计算服务			
智能制造	智慧城市	直播游戏	车联网
低时延 强	一般	强	强
高带宽 一般	强	强	一般
安全性 强	强	一般	强

本地分流 ⇨ 私有边缘计算服务

图 5.14   边缘计算业务场景和需求

在智能制造领域,工厂利用边缘计算网关采集本地数据,并进行简单的数据过滤、清洗等实时处理,从而实现在不联网的情况下,在边缘侧完成对设备运行的自动反馈控制,充分保证了设备控制的实时性和安全性。

在智慧城市领域,边缘计算主要应用于包括智慧楼宇、物流和视频监控等多个方面,利用边缘计算通过本地部署的服务器,实现毫秒级的人脸识别、物体识别等智能图像分析。比如:针对路口交通管理,华为、中兴等多个厂家推出相应的边缘计算产品,实现交通多维感知数据的快速计算分析,并生成实时准确预警信息,实现十字路口、高速公路等复杂路况场景下交通事件的毫秒级响应。

在直播游戏领域,边缘计算可以为其提供丰富的存储资源,并在更加靠近用户的位置就近获取所需内容,降低网络拥塞,提高用户访问响应速度和命中率。2020 年初,受新冠疫情影响,在校学生不能及时返回学校上课,使得"远程授课和在线课堂"成为热点。互动课堂大带宽、广覆盖、强互动、低延时的业务需求与边缘计算擅长的应用场景天然契合。

车联网业务对时延的需求非常苛刻,边缘计算可以为防碰撞、编队等自动/辅助驾驶业务提供毫秒级的时延保证,同时可以在基站本地提供算力,支撑高精度地图的相关数据处理和分析,更好地支持视线盲区的预警业务。

小 知 识

随着物联网的发展,越来越多的设备连接网络,汇聚到网络上的数据也越来越多,这构成了当前大数据的一个重要组成部分。因此,对物联网数据的处理,势必基于大数据处理技术。

大数据技术的战略意义不在于掌握庞大的数据信息,而在于对这些含有意义的数据进行专业化处理,通过"加工"实现数据的"增值"。大数据采集、大数据预处理、大数据存储和管理、大数据分析挖掘、大数据展示,共同组成了大数据生命周期里最核心的技术。

大数据必然无法用单台的计算机进行处理,必须采用分布式架构。它的特色在于对海量数据进行分布式数据挖掘。但它必须依托云计算的分布式处理、分布式数据库和云存储、虚拟化技术。物联网、大数据和云计算的关系如图 5.15 所示。

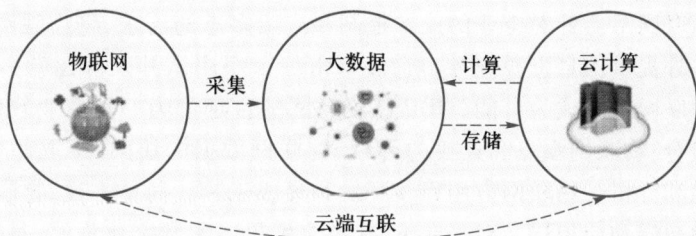

图 5.15　物联网、大数据、云计算的关系示意图

这么大量的物联网数据,它们如何被存储计算的呢? 可以粗略地按存储计算位置分为四类:云端、数据中心、边缘和设备端。将近一半的物联网数据存储在云端和私有数据中心,另有一半数据存储在边缘和设备端。总体上,物联网数据散布在互联网各处,分别被以各种方式存储起来,经过与业务相关的处理与分析,发挥各自的价值。物联网数据存储位置示意图如图 5.16 所示。

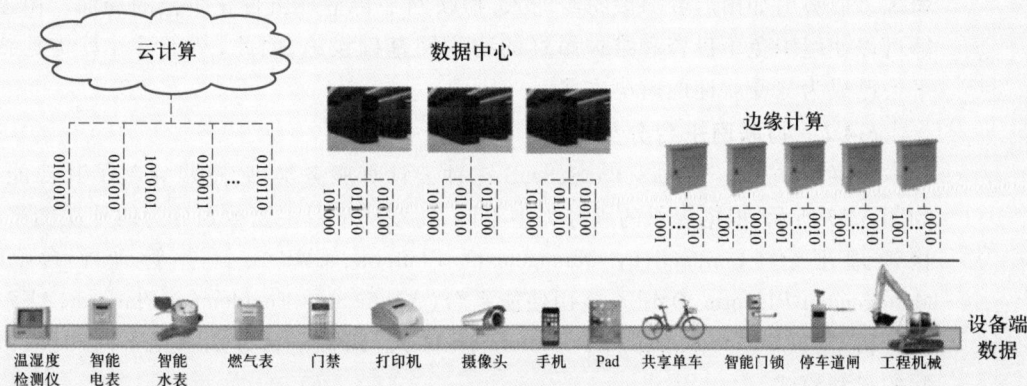

图 5.16　物联网数据存储位置示意图

5.4　认识物联网平台

从电子信息产业出现的那一刻起,软硬件就日新月异的发展。为了解决分布式环境下计算机系统、存储及网络等的异构性问题,中间件在软件业的发展中诞生并不断地完善,成为应用软件的"系统总管"。当信息化发展进入物联网时代,物联网设备的异构性更为明显,物联网平台则以中间件的"榜样",登上了历史的舞台。

5.4.1　物联网平台概述

在万物互联的时代,所有的终端设备都将连接并实现以人为中心的设备智能化运行管理。为了实现这一目标,物联网应用系统需要屏蔽物联网设备的异构性,将各类物联网设备统一管理,同时针对具体的应用场景开发智能化应用。企业想通过物联网挖掘信息价值,拥有自己的物联网应用系统,开发和运营成本都非常高。在整个物联网行业中,需要有一个汇集信息、整合资源,并提供丰富的信息处理工具的系统。于是,物联网平台应运而生。

物联网平台针对企业的成本控制和应用多态的需求,将物联网数据汇聚、管理、计算并向外提供信息资源服务。它使得由一个小团队开发并运营一个轻资产而又高智能的物联网应用成为可能。IDC 将物联网平台定位为一种商业软件产品,提供以下功能的组合:物联网端点和连接的管理,物联网数据的访问、摄取和处理,物联网数据的可视化和分析。物联网应用程序开发和集成工具。简单来说,物联网平台的作用就是联动感知层和应用层。对平台下层,整合汇聚各类数字化资源;对平台上层,提供应用开发的标准接口和共性工具模块等。

随着更多的物联网设备、技术的出现,以及基础架构的发展,基于物联网平台构建物联网系统已成为专业的物联网解决方案。比较互联网时代 BAT 等平台公司的成功,物联网平台之争已成为如今的一个大热门。作为产业生态构建的核心关键环节,掌握物联网平台,就掌握了物联网生态的主动权。市场上涌现出了数百个物联网平台供应商,传统 IT 企业、通信运营商、通信设备商、互联网企业、工业方案提供商、新型创业公司等多股势力如雨后春笋般纷纷涌入,物联网平台呈现出百花争艳的局面。由于云计算可以使组织免于投资和维护昂贵的物联网基础设施,因此,基于云计算构建物联网平台已成为深受欢迎的解决方案。

5.4.2　物联网平台分类

物联网平台基于 IaaS、PaaS、SaaS 三种云计算服务类型,逐步完善了其功能体系。如图 5.17 所示,根据提供的服务类型不同,物联网平台主要被划分为四种功能平台:连接 管 理 平 台 (Connectivity　Management　Platform, CMP)、设 备 管 理 平 台 (Device Management Platform, DMP)、应用使能平台(Application Enablement Platform, AEP)和业务分析平台(Business Analytics Platform, BAP)。四种平台分别承担不同功能,具有不同的盈利模式。

(1) 连接管理平台(CMP)

CMP 通常指基于电信运营商网络提供可连接性管理、优化以及终端管理、维护等功能的平台。其功能通常包括:号码/IP 地址/MAC 资源管理、SIM 卡管控、连接资费管理、套餐管理、网络资源用量管理、账单管理、故障管理等。典型的 CMP 平台包括:思科的 Jasper、爱立信的 DCP、沃达丰的 GDSP、中国移动的 OneLink 等。

(2) 设备管理平台(DMP)

DMP 一般集成在端到端的全套设备管理解决方案中。DMP 功能包括用户管理以及物联网设备管理,如:配置、重启、关闭、恢复出厂、升级/回退等,设备现场产生的数据的查询,以及基于现场数据的报警功能,设备生命周期管理等。典型的 DMP 平台包括:博世的 IoT Suite、IBM 的 Watson、Digi 的 iDigi、百度云物接入 IoTHub 等。

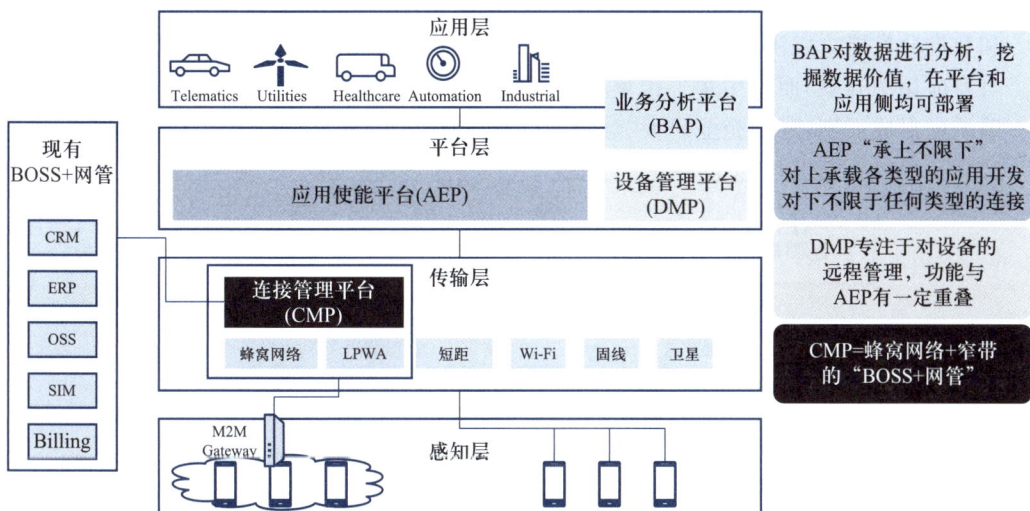

图 5.17　物联网平台分类

（3）应用使能平台（AEP）

AEP 是提供快速开发部署物联网应用服务的 PaaS 平台。AEP 为开发者提供了成套应用开发工具、中间件、业务逻辑引擎、API 接口、应用服务器等工具,使应用开发成本大幅降低,并及时推向市场抢占先机。

目前,AEP 平台分散且竞争激烈,典型的 AEP 平台提供商包括 Thingworx、Comulocity、AWS IoT、机智云等。以机智云为例,中国电信的白色家电行业使能套件是与日海物联和机智云合作完成的,主要服务于智能家电行业,帮助客户进行产品开发。套件提供数据的管理、分析、调取的标准化接口,应用开发者只需要调用接口,就能够快速进行手机 App 或者应用软件平台的搭建。最终用户通过手机或者电脑,就可以轻松控制智能家电。

（4）业务分析平台（BAP）

BAP 主要通过大数据分析和机器学习等方法,对数据进行深度解析,以图表、数据报告等方式进行可视化展示,并应用于垂直行业。物联网应用可以通过对 BAP 模块的调用来建立模型,进行业务发展预测分析及设备的预防性维护等。由于人工智能技术及数据感知层搭建的进度限制,目前 BAP 平台发展仍未成熟,通用 Predix、IBM Watson 等均在做探索性尝试。

在物联网平台实际落地中,各个物联网平台公司通常有其擅长的功能类型,并以此类型为基础向其他功能延伸,以覆盖更广的业务范围。同时,垂直化平台和通用型平台的界限日益模糊,面向各领域的通用型平台通过打造合作伙伴生态深耕重点垂直领域,垂直平台也通过与互联网企业战略合作不断完善和丰富平台功能,以此覆盖更广的下游行业。

OneNET 平台是中国移动自主研发的物联网开放平台,目前主要涵盖了 DMP、AEP 和 BAP 三方面功能。OneNET 定位为 PaaS 服务,即在物联网应用和真实设备之间搭建高效、稳定、安全的应用平台。平台面向设备,适配多种网络环境和常见传输协议,提供各类硬件终端的快速接入方案和设备管理服务;面向企业应用,提供丰富的 API 和数据分发能力以满足各类行业应用系统的开发需求,使物联网企业可以更加专注于自身应用的开发,而不用将工作重心放在设备接入层的环境搭建上,从而缩短物联网系统的形成周期,降低企业研发、运营和运维成本。OneNET 平台架构如图 5.18 所示。

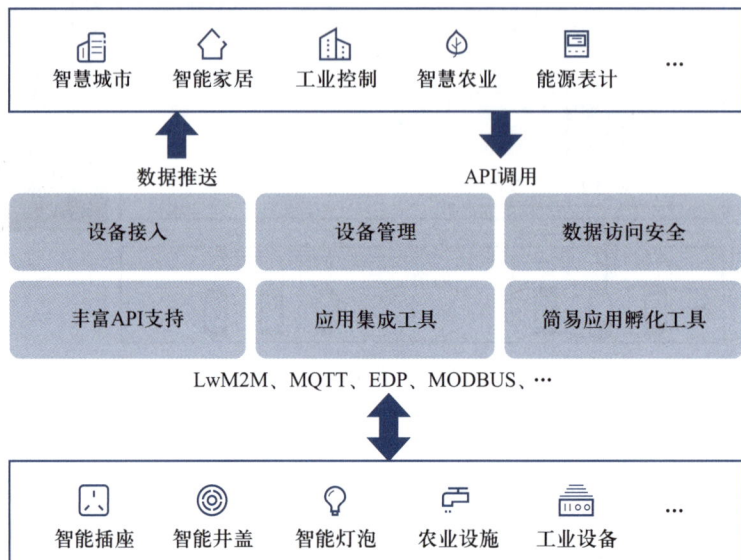

图 5.18　OneNET 平台架构

5.4.3　物联网中间件技术

中间件是实现物联网平台的核心关键技术。

1. 中间件概述

微课扫一扫
中间件技术概述

20 世纪 90 年代,计算机网络的发展,为软件业带来了更多的需求和期望,也给软件开发人员带来了很大的挑战,伴随软件业务功能和复杂程度增加,分布式计算和网络化业务的需求犹如潮涌。对于分布式计算的应用开发,最主要的问题就是计算机系统、存储及网络等的异构性。在长期的探索过程中,逐渐凝聚形成了中间件技术。

中间件就是处于中间的软件,在操作系统、数据库和网络之上,应用软件之下。它使用系统软件所提供的基础服务,连接网络上不同的应用软件,达到资源共享、功能共享的目的,为处于自己上层的应用软件提供运行与开发的环境,帮助用户灵活、高效地开发和集成复杂的应用软件。

目前,中间件并没有严格的定义。根据 IDC 定义,中间件是一种独立的系统软件或服务程序,分布式应用软件借助这种软件在不同的技术之间共享资源,中间件位于客户机服务器的操作系统之上,管理计算资源和网络通信。从这个定义可以看出,中间件是一类软件,而非一种软件;中间件是基于网络的软件,其突出的特点是网络通信功能。从这个意义上可以用一个等式来表示中间件:中间件 = 平台 + 通信,这也限定了只有用于分布式系统中才能叫中间件,同时也把它与支撑软件和应用软件区分开来。中间件是位于平台(硬件和操作系统)和应用软件之间的通用服务,这些服务具有标准的程序接口和协议,如图 5.19 所示。

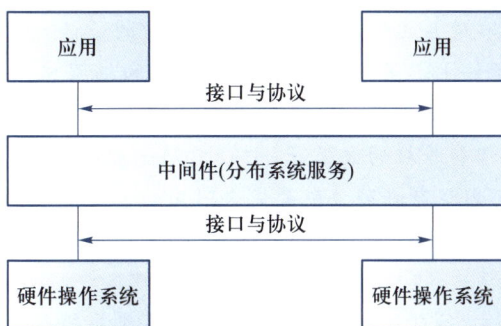

图 5.19　中间件作用示意图

无论如何定义中间件,中间件应具有如下特点:

① 满足大量应用的需要。

② 运行于多种硬件和操作系统。

③ 支持分布计算,提供跨网络、硬件和操作系统的透明性应用或服务的交互。

④ 支持标准的协议。

⑤ 支持标准的接口。

中间件的作用就是承上启下,屏蔽了底层平台的异构性,对上层的应用软件提供标准的程序接口。不管底层的计算机硬件和系统软件怎样变化,只要将中间件升级更新,并保持中间件对外的接口定义不变,应用软件几乎不需任何修改。类似与国际会议中的同声翻译系统,各个国家的发言人使用不同的语言进行演讲,口译员们都将其翻译成大会指定的语种,听众只需要在接收器上自由选择收听的语种,便能够很好地理解演讲内容。这里的演讲者类似底层平台,同声翻译系统就类似于中间件,听众类似于应用软件,而接收器就是同声翻译系统对外提供的标准接口。

因此,采用中间件技术,一方面,可以使应用软件开发人员面对一个简单而统一的开发环境,减少程序设计的复杂性,将注意力集中在自己的业务上,从而有效地缩短开发周期。同时,也减少了系统的维护、运行和管理的工作量,进而减少了总体费用的投入。另一方面,中间件作为新层次的基础软件,其重要作用是将不同时期、在不同操作系统上开发的应用软件集成起来,彼此像一个天衣无缝的整体协调工作,从而节约了大量的人力、财力投入。

小 知 识

众所周知,操作系统(Operating System,简称 OS)是管理计算机硬件与软件资源的计算机程序。而物联网操作系统,则是运行在各种物联网硬件设备上,对硬件设备进行控制和管理,并提供统一编程接口的一类操作系统。

在物联网中,硬件设备配置多种多样,不同的应用领域差异很大。从小到只有几 K 内存的低端单片机,到有数百 M 内存的高端智能设备。传统的操作系统无法适应这种"广谱"的硬件环境,而如果采用多个操作系统,则由于架构的差异,无法提供统一的编程接口和编程环境。正是物联网的这种"碎片化"的特征,牵制了物联网的发展和壮大。

物联网操作系统则充分考虑这些碎片化的硬件需求,通过合理的设计,使得操作系统本身具备很强的伸缩性,很容易应用到这些硬件上。同时,对上层提供统一的编程接口,屏蔽物理硬件的差异。这样达到的一种效果就是,同一个 App,可以运行在多种不同的硬件平台上,只要这些硬件平台运行物联网操作系统即可。这与智能手机的效果是一样的,同一款 App,比如微信,既可以运行在一个厂商的低端智能手机上,又可以运行在硬件配置完全不同的另一个厂商的高端手机上,只要这些手机都安装了 Android 操作系统。显然,这种独立于硬件的能力,是支撑物联网良好生态环境形成的基础。

正如微软成为电脑操作系统霸主,谷歌和苹果成为手机操作系统市场双雄。在物联网世界里,物联网操作系统必然是物联网时代兵家必争之地。ARM Mbed OS、谷歌 Brillo、微软 Windows 10 For IoT、华为 LiteOS 和鸿蒙等,整个产业呈现出群雄逐鹿的壮观景象。

华为在 2015 年 5 月发布开源物联网操作系统 LiteOS,在 2019 年 8 月发布鸿蒙操作系统(HarmonyOS)。LiteOS 最大亮点是内核超轻,小于 10kb,是目前最轻量级的物联网操作系统。同时,其具备零配置、自组网、跨平台的能力,可广泛应用于智能家居、穿戴式、工业等领域。而鸿蒙操作系统则是一款面向全场景的分布式操作系统。在传统的单设备系统能力的基础上,鸿蒙提出了基于同一套系统能力、适配多种终端形态的分布式理念,能够支持手机、平板、智能穿戴、智慧屏等多种终端设备。

2. 物联网中间件的作用

在物联网应用中,要实现多个系统和多种技术之间的资源共享,最终组成一个资源丰富、功能强大的服务系统,采用中间件是必由之路。

物联网中间件最重要的代表包括物联网平台、RFID 中间件,其他还有嵌入式中间件、数字电视中间件、M2M 中间件、通用性中间件等。RFID 中间件扮演 RFID 标签和应用程序之间的中介角色,从应用程序端使用中间件所提供的一组通用的接口即能连接到 RFID 读卡器,读取 RFID 标签的数据,即使 RFID 读写器种类增加等情况发生时,不需要修改应用端也能处理,省去维护复杂性问题。

物联网中间件的作用当然也是承上启下,它屏蔽前端硬件的复杂性,并将采集的数据发送到应用系统。

(1)屏蔽异构性

物联网中的异构性主要体现在以下两个方面:

① 物联网感知层的信息采集设备种类众多,如传感器、RFID、二维码、摄像头以及 GPS 等,这些信息采集设备及其网关拥有不同的硬件结构、驱动程序、操作系统等。

② 不同的设备所采集的数据格式不同,这就需要中间件将这些不同的数据进行格式转化,以便应用系统可直接处理这些数据。

(2)实现互操作

在物联网中,同一个信息采集设备所采集的信息可能要供给多个应用系统,不同的应用系统之间的数据也需要相互共享。但是因为异构性,不同应用系统所产生的数据结果依赖于计算环境,使得各种不同软件之间在不同平台之间不能移植,或者移植非常困难。而且,因为网络协议和通信机制的不同,这些系统之间还不能有效地相互集成。通过中间件可建立一个通用平台,实现各应用系统、应用平台之间的互操作。

（3）数据预处理

物联网的感知层将采集海量的信息，如果把这些信息直接传输给应用系统，应用系统对于处理这些信息将不堪重负，甚至面临崩溃的危险。应用系统想要得到的并不是这些原始数据，而是对其有意义的综合性信息。这就需要中间件平台将这些海量信息进行过滤，融合成有意义的事件再传给应用系统。

微课扫一扫
信息安全概述

5.5 认识物联网信息安全

目前，物联网已经在军事、工业、农业、环境监测、建筑、医疗、空间和海洋探索等领域投入应用，智慧城市建设更是物联网技术的大规模使用。信息安全专家认为，物联网不仅仅是社会生活层面的应用技术，更是国家战略层面的重点课题，在智慧城市的建设当中，信息安全的重要性更是体现得淋漓尽致。各国都把物联网建设提升到国家战略、基础设施层面来抓，通过大力加强本国物联网建设，来占领这个后 IP 时代制高点，从而推动和引领未来世界经济的发展。物联网成为信息时代各国提升综合竞争力的重要手段。因此，物联网信息安全这一环节随着物联网的发展、智慧城市的建设愈显重要。

5.5.1 物联网信息安全概述

随着物联网加速向各行业渗透，物联网被明确定位为我国新型基础设施的重要组成部分，在给人们带来便利的同时，物联网信息安全的重要性愈加凸显。近年来，全球范围内物联网安全事件频发，智能家居、摄像头乃至电网等重要基础设施遭受攻击事件呈现增加态势，影响程度和范围也持续扩大，涉及人身安全、经济安全乃至国家安全。根据中国信息通信研究院发布的《物联网白皮书（2020 年）》显示，物联网安全问题已成为物联网现阶段规模化发展的核心问题之一。多家机构对物联网发展趋势最新预测中，安全成为首要关注问题。

信息安全从狭义上来说就是涉及计算机领域的一切安全问题的集合，国际上对信息安全的权威定义是由 ISO 给出的，其将信息安全定义为"为数据处理系统建立和采取的技术和管理的安全保护，保护计算机硬件、软件、数据不因偶然的或恶意的原因而遭到破坏、更改和泄露"的技术，它可以保证信息在保密性、完整性、不可否认性和可用性这四大方面有可靠的保障。信息安全技术主要以提高信息安全防护、发现安全隐患和漏洞为主要目标，是保证智慧城市能够安全和稳定运行的坚实基础。

众所周知，物联网是在互联网的基础上进一步扩大了人与物、物与物之间的连接，因此相比对于互联网信息安全，物联网信息安全具有以下特点：

① 从技术的角度看，物联网是建立在互联网的基础上的，因此互联网所能够遇到的信息安全问题，在物联网中都会存在，只是可能表现形式不一样。

② 从应用的角度看，物联网上传输的是大量涉及企业经营的物流、生产、销售、金融数据，以及有关社会运行的一些数据，保护这些有经济价值和社会价值的数据安全要比保护互联网上音乐、视频、游戏数据重要得多，也困难得多。

③ 从物理传输技术的角度看，物联网更多地依赖于无线通信技术，而无线通信技术很容易被干扰和窃听，攻击无线信道是比较容易的。无线传感器网络技术是从军用转向民用的，军事上关于无线通信的对抗，以及对无线传感器网络攻击的技术已经开

展多年,并且出现了很多种攻击方法,因此保障物联网无线通信安全也就更加困难。

④ 从构成物联网的端系统的角度看,大量的数据是由 RFID 与无线传感器网络的传感器产生,并且通过无线信道传输。在无线传感器网络的军事应用阶段,了解无线传感器网络技术细节的人还是比较少的。而在大规模民用阶段,更多的人掌握无线传感器网络技术,安全问题越来越明显。同时,物联网中大量使用 RFID 技术,目前已经有人研究攻击 RFID 标签与标签读写设备的方法。因此,物联网所能够遇到的信息安全问题会比互联网更复杂。

⑤ 物联网信息安全也是现实社会安全问题的反映,是一个系统的社会工程,不仅涉及信息安全技术,还涉及政策、道德与法律法规。

综上所述,物联网将面临更加复杂的信息安全局面,既包括互联网中存在的安全问题(即传统意义上的网络环境中信息安全共性技术),也有它自身特有的安全问题(即物联网环境中信息安全的个性技术),如图 5.20 所示。这要求我们必须在研究物联网应用的同时,从道德教育、技术保障与法制环境完善的三个角度出发,为物联网的健康发展创造一个良好的环境。

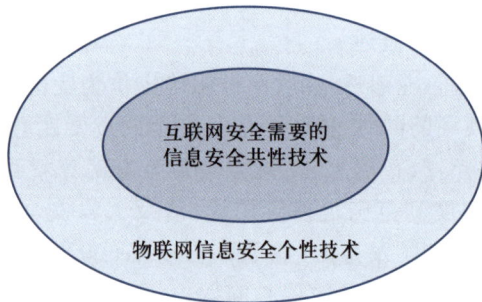

图 5.20　物联网与互联网信息安全关系

5.5.2　物联网信息安全要求

2017 年,《中华人民共和国网络安全法》正式实施,这标志着我国等保 2.0 正式启动。网络安全法明确"国家实行网络安全等级保护制度"。

小　知　识

网络安全等级保护,简称等保 2.0,是在我国等保 1.0(信息安全等级保护)的基础上,配合《中华人民共和国网络安全法》的实施和落地,指导用户按照网络安全等级保护制度履行网络安全保护义务的要求,如果拒不执行,将会受到相应处罚。

网络安全等级保护制度是指对网络安全实施分等级保护、分等级监管。等级保护级别根据侵害影响程度分为五级。从第一级(自主保护级:系统受到破坏后,会对公民、法人和其他组织的合法权益造成损害,但不损害国家安全、社会秩序和公共利益)到第五级(专控保护级:系统受到破坏后,会对国家安全造成特别严重损害),保护逐级增强。

等级保护工作实施包括五个环节:定级、备案、建设整改、等级测评、监督检查。企业根据上级主管部门要求与行业实际情况和自身业务情况,依据相关法律政策,撰写系统定级材料,并提交至公安机关进行备案审核。同时,企业需依照国家网络安全等级保护相关标准要求,进行系统安全建设、整改。建设整改完成后,企业需请相应测评机构对系统进行等级测评,测评合格后可获得等级保护备案证。获得等级保护备案证后,企业需对系统持续改进与优化,并按照相关要求进行年检。

为了便于实现对不同级别的和不同形态的等级保护对象的共性化和个性化保护,网络安全等级保护相关标准将安全要求分为安全通用要求和安全扩展要求。等级保护对象无论以何种形式出现,应根据安全保护等级实现相应级别的安全通用要求。根据安全保护等级和使用的特定技术或特定的应用场景选择性实现安全扩展要求。其中,针对云计算、移动互联、物联网、工业控制系统,标准提出了相应的安全扩展要求。因此,物联网安全要求包括安全通用要求和扩展要求,涉及技术和管理两个方面,体系结构如图 5.21 所示。具体的物联网系统需根据安全保护等级要求实现相应的部分。

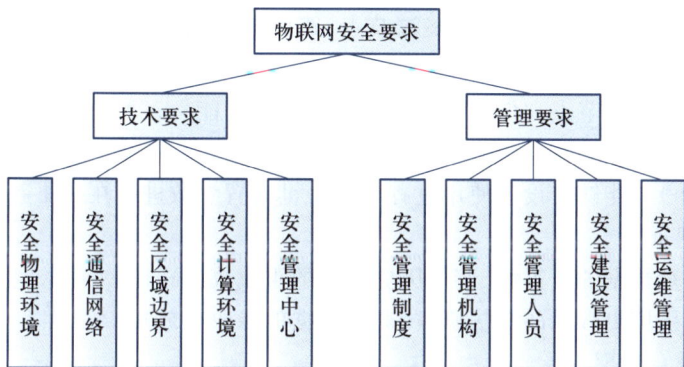

图 5.21 物联网安全要求体系结构

1. 技术要求

(1) 安全物理环境

安全物理环境通用要求包括:物理位置选择、物理访问控制、防盗窃和防破坏、防雷击、防火、防水和防潮、防静电、温湿度控制、电力供应和电磁防护。

同时,扩展要求物联网感知节点设备所处物理环境应不对设备造成物理破坏(如挤压、强震动)、不对设备工作状态造成影响(如强干扰、阻挡屏蔽等)、能正确反映环境状态(如温湿度传感器不能安装在阳光直射区域)、应保证关键设备具有持久稳定的电力供应。

(2) 安全通信网络

安全通信网络通用要求包括:网络架构、通信传输和可信验证。

(3) 安全区域边界

安全区域边界通用要求包括:边界防护、访问控制、入侵防范、可信验证、恶意代码防范和安全审计。

同时,扩展要求物联网系统应进行接入控制和入侵防范,保证只有授权的感知节点可以接入,并限制与感知节点、网关节点通信的目标地址,以避免对陌生地址的攻击行为。

（4）安全计算环境

安全计算环境通用要求包括：身份鉴别、访问控制、安全审计、可信验证、入侵防范、恶意代码防范、数据完整性、数据保密性、数据备份恢复、剩余信息保护和个人信息保护。

同时，扩展要求物联网系统应保证感知节点设备和网关节点设备安全，实现抗数据重放和数据融合处理。

① 感知节点设备安全

＊保证只有授权的用户可以对感知节点设备上的软件应用进行配置或变更；

＊具有对其连接的网关节点设备（包括读卡器）进行身份标识和鉴别的能力；

＊具有对其连接的其他感知节点设备（包括路由节点）进行身份标识和鉴别的能力。

② 网关节点设备安全

＊具备对合法连接设备（包括终端节点、路由节点、数据处理中心）进行标识和鉴别的能力；

＊具备过滤非法节点和伪造节点所发送的数据的能力；

＊授权用户应能够在设备使用过程中对关键密钥进行在线更新；

＊授权用户应能够在设备使用过程中对关键配置参数进行在线更新。

③ 抗数据重放

＊能够鉴别数据的新鲜性，避免历史数据的重放攻击；

＊能够鉴别历史数据的非法修改，避免数据的修改重放攻击。

④ 数据融合处理

＊对来自传感网的数据进行数据融合处理，使不同种类的数据可以在同一个平台被使用；

＊对不同数据之间的依赖关系和制约关系等进行智能处理，如一类数据达到某个门限时可以影响对另一类数据采集终端的管理指令。

（5）安全管理中心

安全管理中心通用要求包括：系统管理、审计管理、安全管理和集中管控。

小　知　识

目前，区块链技术是保证数据完整性和保密性的热门技术之一。2019 年 1 月，国家互联网信息办公室发布《区块链信息服务管理规定》。2019 年 10 月，习近平总书记强调，"把区块链作为核心技术自主创新的重要突破口""加快推动区块链技术和产业创新发展"。区块链走进大众视野，成为社会的关注焦点。

区块链的本质是一种数字分布式账本，它依托一系列加密算法、存储技术、对等网络等构建而成，以对等访问、不可篡改和可信的方式保证所记录交易的完整性、不可篡改和真实性。其主要特性包括"不可篡改""共识机制"和"去中心化"。"不可篡改"特性旨在保证数据的稳定性和可靠性，降低数据被篡改的风险。"共识机制"特性在假设多数区块链参与方是可信的前提下，通过多数参与方参与的共同验证过程达成的共识而实现区块链交易的真实性验证；该特性可在很大程度上阻止基于区块链应用的违约现象发生。?"去中心化"特性是以分布式计算的方式集体共享、维护数据体系,体系中每个节点的参与者都可根据自己的需求在权限范围内直接获取信息,而不需要中间平台传递。

作为一种在缺乏相互信任的竞争环境中低成本完成可信交易的新型计算、协作模式,区块链凭借其独有的信任解决机制,正在改变诸多行业的运行规则,是未来发展数字经济、构建新型信任体系不可或缺的关键技术。

2. 管理要求

（1）安全管理制度

安全管理制度通用要求包括:应建立安全策略和管理制度。安全策略制度应由专门的部门或人员负责制定,通过正式、有效的方式发布,并定期进行评审和修改。

（2）安全管理机构

安全管理机构通用要求包括:岗位设置、人员配备、授权和审批、沟通和合作、审核和检查。

（3）安全管理人员

安全管理人员通用要求包括:人员录用、人员离岗、安全意识教育和培训、外部人员访问管理。

（4）安全建设管理

安全建设管理通用要求包括:定级和备案、安全方案设计、产品采购和使用、自行软件开发、外包软件开发、工程实施、测试验收、系统交付、等级测评、服务供应商管理。

（5）安全运维管理

安全运维管理通用要求包括:环境管理、资产管理、介质管理、设备维护管理、漏洞和风险管理、网络和系统安全管理、恶意代码防范管理、配置管理、密码管理、变更管理、备份与恢复管理、安全事件处置、应急预案管理、外包运维管理。

同时,扩展要求物联网系统应进行感知节点运维管理:

＊指定人员定期巡视感知节点设备、网关节点设备的部署环境,对可能影响感知节点设备、网关节点设备正常工作的环境异常进行记录和维护;

＊对感知节点设备、网关节点设备入库、存储、部署、携带、维修、丢失和报废等过程做出明确规定,并进行全程管理;

＊加强对感知节点设备、网关节点设备部署环境的保密性管理,包括负责检查和维护的人员调离工作岗位应立即交还相关检查工具和检查维护记录等。

5.6　认识物联网系统集成

5.6.1　物联网系统集成概述

物联网是各种终端、各种软件整合互联互通的产物,随着国家不断深化智慧城市的推广建设,完善物联网应用的配套设施和技术,物联网背后的市场产值大得不可估量。目前,物联网里单独应用的产品已逐渐减少,越来越多的是通过系统集成,建立产品与软件的大范围应用。

微课扫一扫
物联网系统集成
概述

物联网系统集成是在系统工程科学方法的指导下,根据用户需求,优选各种技术和产品,将各个分离的子系统连接成为一个一体化的、功能更加强大的新型系统的过程。

面对物联网复杂应用环境和众多不同领域的设备,传统的项目建设模式——由投资方独自去对接设计院、设备厂家、电力公司等,无论在效率和质量上都无法跟上现时的需求。

相对于传统模式,物联网系统集成的优点如下:

① 工程项目责任的单一性。

② 解决各类设备、子系统间的接口、协议、系统平台、应用软件等与子系统、建筑环境、施工配合、组织管理和人员配备相关的问题。

③ 保证客户得到最适合的综合解决方案。

总体来说,系统集成商能较好地解决工程设备工艺规范等不统一问题、兼容性问题、对项目管理、设计、监管等有整体的把控。

5.6.2 物联网系统集成设计要素

为了让各个子系统形成一个一体化的、功能更加强大的集成系统,物联网系统集成设计需重点考虑集成系统的架构设计和与其他系统的数据交换。

1. 集成架构设计

物联网集成系统的架构设计一般遵循分类、分层的总体要求,实现对资源、能力、应用等的统一调配。如上海市《新型城域物联专网建设导则(2020 版)》中,要求管理平台应具体包括"六个层次":资源层、感知层、数据层、能力层、应用层、呈现层;"两个体系":运维管理体系、安全保障体系,如图 5.22 所示。

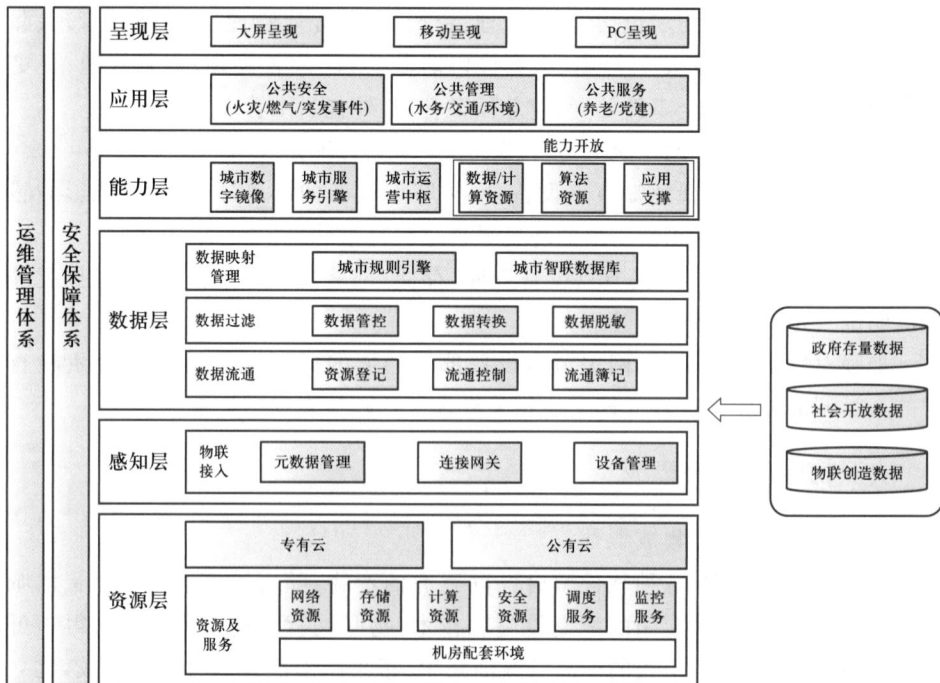

图 5.22 上海市《新型城域物联专网建设导则(2020 版)》中管理平台总体架构

资源层即基础设施层,为管理平台提供运行所需的各类软硬件资源服务,包括但不限于:网络、操作系统、数据库、弹性计算、中间件、分布式存储等资源;并以公有云、私有云方式对管理平台的其他层级提供服务,实现各类资源的按需调度及统一监控。公有云以接入社会开放数据为主,私有云以接入政府数据为主。

感知层为管理平台提供物的连接、管理、规范化等能力。连接能力包括多种传输协议(如 4G/5G、eMTC、NB-IoT、LoRa、Wi-Fi 等)和网络协议(如 HTTP、MQTT、CoAP 等)。管理能力包括终端发现、配置修改、版本升级、事件通知及处理、网络拓扑呈现,还应当具备基于 GIS 的设备安装、运营、维护等全生命周期管理等。规范化能力包括终端编码和数据编码两种约定。

数据层为管理平台提供数据存储、计算及服务等能力。数据层应支持物联创造数据、政府数据、社会开放数据的汇聚,应遵循管理平台所定义的数据管理规范和方法。其中,数据流通模块应具备按照约定的技术规则实现数据传递的能力,具体包括数据资源的登记、控制和簿记。数据过滤模块应对接入数据进行数据清洗、加工,形成符合应用需求的业务数据;实现数据管控和数据脱敏;按业务需求将元数据转换为符合应用场景所需的数据并进行存储。数据映射管理模块提供数据的标准化定义及映射管理,包括城市规则引擎、城市智联数据库等。

能力层为管理平台提供支撑城市智能化运营的能力,包括但不限于城市数字镜像、城市服务引擎、城市运营中枢。同时,具备对多种资源进行封装,形成能力并向第三方提供服务,包括但不限于对数据资源、计算资源、算法资源和应用支撑等的开放能力。

应用层为管理平台提供支撑综合应用场景的能力,包括公共安全、公共管理、公共服务。

呈现层为管理平台提供人机交互的应用服务界面,包括但不限于电脑端、移动端、大屏端。

运维管理体系为管理平台的资源层提供基础运维、混合云管理等服务,并满足管理平台自身的运维要求。

安全保障体系为管理平台提供数据安全、系统安全等能力。数据安全应确保数据完整、有效和保密。系统安全应确保承载网络、操作系统及应用系统的安全。

2. 与其他系统的数据交换

现代企业中,由于各种不同的应用采用了不同的存储方式、数据格式,导致各个应用之间不能高效地进行数据交换与共享,形成"信息孤岛"。因此,在物联网系统集成设计中,为实现跨行业跨部门的数据整合,需要制定统一的数据标准、交换接口以及共享协议,才能基于一个统一的基础进行数据交换和共享,使各个应用形成一个有机的整体,协调运行满足整体应用需求。

例如,疫情下出行"神器"健康码,是以大数据为基础,反映了个人的疫情风险级别。然而,因为健康码的推行是从地方试点开始,所以在推行初期,由于各地健康码间未实现互通互认,出现"一城一码"问题,给人们的跨城流动带来不便。为推动各地健康码互通互认,在 2020 年 2 月 28 日,全国一体化政务服务平台推出"防疫信息码"。各省份按照统一的数据格式标准和内容要求,向全国一体化政务服务平台汇聚本地区防疫健康信息,从而实现了健康码跨地区互通互认。

(1)数据交换标准

数据交换标准是为了实现不同系统之间的数据共享而建立的一套通用的数据、文件的格式规范,以保证数据传输的完整、可靠和有效,并提高数据交换的速度。

目前经常使用的数据、文件交换格式主要有:TXT 文本、XML 文件、Excel 电子表格以及通用数据库、JSON 格式等。

在数据交换过程中,为了使系统间能够有效识别交换的数据,数据交换需采用统一的字符编码。字符编码就是按照某种字符集把字符编码为某一指定对象,以便计算机能识别、存储和传递各种字符。常见的字符集包括:ASCII 字符集、GB2312 字符集、GB18030 字符集、Unicode 字符集等。

我国信息交换标准,包括:《数据元和交换方式　信息交换　日期和时间表示法》GB/T 7408—2005、《信息交换用汉字编码字符集　基本集》GB/T 2312—1981、《信息技术　中文编码字符集》GB18030—2022 等。

小　知　识

字符是各种文字和符号的总称,包括各国家文字、标点符号、图形符号、数字等。字符集是多个字符的集合。

ASCII(American Standard Code for Information Interchange,美国信息互换标准编码)是基于罗马字母表的一套字符编码系统,主要用于显示现代英语和其他西欧语言。ASCII 在 1967 年第一次以规范标准发表,在 1986 年最后一次更新,共定义了 128 个字符。

《信息交换用汉字编码字符集　基本集》GB/T 2312—1981,是中国国家标准的简体中文字符集,于 1981 年 5 月 1 日开始实施。它所收录的汉字已经覆盖 99.75% 的使用频率,基本满足了汉字的计算机处理需要。

《信息技术　中文编码字符集》GB18030—2022,是我国 2000 年 3 月 17 日发布的汉字编码国家标准。该字符集标准旨在解决汉字、日文假名、朝鲜语和中国少数民族文字组成的大字符集计算机编码问题,于 2022 年修订,2023 年 8 月 1 日即将实施。

Unicode(Universal Multiple-Octet Coded Character Set,通用多八位编码字符集)支持现今世界各种不同语言的书面文本的交换、处理及显示,于 1992 年公布 1.0.1 版本。

UTF-8(8-bit Unicode Transformation Format)是一种针对 Unicode 的可变长度字符编码,又称万国码,创建于 1992 年。UTF-8 用 1 到 6 个字节编码 Unicode 字符,用在网页上可以同一页面显示中文简体繁体及其他语言(如英文、日文、韩文)。

(2)数据交换接口

数据交换接口主要是解决两个系统数据相互交换读写的问题。数据交换接口方式可分为:

① 数据库对接:即直接读写数据库。通过建立特定权限的数据库访问用户,使用户只能访问接口信息相关的部分数据表,而非全部数据信息。应用通过标准的数据库访问接口(如 ODBC、JDBC)获取数据库服务。

② 文件对接:即以文件作为中间载体实现数据交互。双方约定好文件类型(如

Excel、XML等),并制定好内容格式,通过文件实现数据交互。

③ API对接:双方各自提供API让对方系统调用,从而实现数据交互。

目前主流的API架构包括:通过相应的软件开发工具包(SDK)实现远程过程调用(RPC)、基于SOAP协议的Web Service接口和基于HTTP协议的REST风格接口等。Web Service接口的请求和返回报文都是XML格式,XML数据格式伴随着大量的消息结构,使得Web Service接口消息冗长。REST风格接口是现在最热门的API架构,其请求报文都是key-value形式,返回报文一般采用JSON格式封装。目前的物联网平台提供的API一般是REST架构风格。

小　知　识

物联网系统集成其实类似于团队协作完成某项任务。

团队协作是指通过团队完成某项任务时所显现出来的自愿合作和协同努力的精神。在一个大的项目组中,建立起良好的团队协作至关重要。良好团队协作的关键要素包括:合理的分工、积极的合作和有效的监督。

分工是指分别从事各种不同而又互相联系的工作。一般应根据团队角色的需要,按照每个成员的能力、性格等来合理分配成员的角色,达到角色能力、性格等互补。

有分工,就有合作。合作指为达到共同目的,彼此相互配合的一种联合行动方式。我国人力资源主管部门将与人合作界定为职业核心能力中的一项基本能力。它是指根据工作活动的需要,协商合作目标,相互配合工作,并调整合作方式不断改善合作关系的能力,是从事各种职业必备的社会能力。

监督作为一种协作手段,其存在的主要原因是由于成本和收益的关系存在。通过有效的监督,保证团队每个成员保质保量地完成分工任务。

物联网系统集成设计需考虑系统的分层架构,即如何实现合理分工;考虑系统内外的数据交换,即如何实现相互合作。

讨　论

请与身边的人分享你曾经遇到的一件关于团队协作的事,并分析其成果或失败的原因和对应的解决办法。

5.6.3　典型物联网集成系统

面对智慧城市的发展,作为物联网技术与智慧应用的有机结合体,智能建筑是物联网系统集成的典型应用。

系统架构和通信互联,是智能建筑智能化集成系统的两项重要内容。根据《智能建筑设计标准》(GB50314—2015),智能建筑的智能集成系统在架构方面应包括集成系统平台和集成信息应用系统,具有虚拟化、分布式应用、统一安全管理等整体平台的支撑能力;在通信互联方面,应具有标准化通信方式和信息交互的支持能力,应符合国际通用的接口、协议及国家现行有关标准的规定。

1. 智能建筑的智能集成系统架构

智能建筑的智能集成系统架构应包括集成系统平台、集成信息应用系统,以及整体标准规范和服务保障体系。智能建筑的智能集成系统架构如图 5.23 所示。

图 5.23 智能建筑的智能集成系统架构图

（1）集成系统平台

应包括操作系统、数据库、集成系统平台应用程序、各纳入集成管理的智能化设施系统与集成互为关联的各类信息通信接口等,可分为设施层、通信层、支撑层。

① 设施层:包括各纳入集成管理的智能系统设施及相应运行程序等。

② 通信层:包括采取标准化、非标准化、专用协议的数据库接口,用于与基础设施或集成系统的数据通信。

③ 支撑层:提供应用支撑框架和底层通用服务,包括:数据管理基础设施(实时数据库、历史数据库、资产数据库)、数据服务(统一资源管理服务、访问控制服务、应用服务)、基础应用服务(数据访问服务、报警事件服务、信息访问门户服务等)、基础应用(集成开发工具、数据分析和展现等)。

（2）集成信息应用系统

由通用业务基础功能模块和专业业务运营功能模块等组成,包括应用层、用户层。

① 应用层:是以应用支撑平台和基础应用构件为基础,向最终用户提供通用业务处理功能的基础应用系统,包括信息集中监视、事件处理、控制策略、数据集中存储、图表查询分析、权限验证、统一管理等。管理模块具有通用性、标准化的统一监测、存储、统计、分析及优化等应用功能,例如:电子地图(可按系统类型、地理空间细分)、报警管理、事件管理、联动管理、信息管理、安全管理、短信报警管理、系统资源管理等。

② 用户层:以应用支撑平台和通用业务应用构件为基础,具有满足建筑主体业务专业需求功能及符合规范化运营及管理应用功能,一般包括:综合管理、公共服务、应急管理、设备管理、物业管理、运维管理、能源管理等,例如:面向公共安全的安防综合管理系统、面向运维的设备管理系统、面向办公服务的信息发布系统、决策分析系统等,面向企业经营的 ERP 业务监管系统等。

（3）系统整体标准规范和服务保障体系

包括标准规范体系和安全管理体系。

① 标准规范体系,是整个系统建设的技术依据。

② 安全管理体系,是整个系统建设的重要支柱,贯穿于整个体系架构各层的建设过程中,该体系包含权限、应用、数据、设备、网络、环境和制度等。运维管理系统包含组织/人员、流程、制度和工具平台等层面的内容。

2. 智能建筑的智能集成系统通信互联

智能化集成系统应确保纳入集成的多种类智能化系统按集成确定的内容和接口类型提供标准化和准确的数据通信接口,实现智能化系统信息集成平台和信息化应用的整体建设目标。

（1）通信接口

可包括实时监控数据接口、数据库互联数据接口、视频图像数据接口等类别。

① 实时监控数据接口:应支持 RS232/485、TCP/IP、API 等通信形式,支持BACNet、OPC、Modbus、SNMP 等国际通用通信协议;

② 数据库互联数据接口:应支持 ODBC、API 等通信形式;

③ 视频图像数据接口:应支持 API、控件等通信形式,支持 HAS、RTSP/RTP、HLS等流媒体协议。

当采用专用接口协议时,接口界面的各项技术指标均应符合相关要求,由智能化集成系统进行接口协议转换以实现统一集成。

（2）通信内容

应满足智能化集成系统的业务管理需求,包括实施对建筑设备各项重要运行参数以及故障报警的监视和相应控制,对信息系统定时数据汇集和积累,对视频系统实时监视和控制与录像回放等。

【项目实施】

请根据项目描述,团队通过合理分工、积极合作,共同完成智慧小区系统集成设计项目。

1. 智慧小区系统功能设计

① 结合小区实际需求,结合相应的国家和地方标准,进行小区系统功能设计。

② 根据功能设计,绘制该智慧小区建设的功能体系结构图。

2. 智慧小区系统集成架构设计

① 基于小区系统功能设计,抓住系统集成的关键因素,进行系统集成总体架构设计,绘制基本的系统集成总体架构图。

② 进行智慧小区系统内外数据交换设计。

3. 编制智慧小区系统集成架构设计报告

根据以上项目内容实施结果,按照系统集成设计报告要求,编写《xx 智慧小区系统集成架构设计》报告,报告包括但不限于以下关键点:

① 该智慧小区系统功能体系结构图及其各个应用功能描述。

② 该智慧小区系统集成总体架构图及其描述。

③ 该智慧小区系统内外数据交换设计说明。

【项目评价】

项目名称: 智慧小区系统集成设计	项目承接人姓名:	日期:
项目要求	得分标准	得分情况
项目分析(10 分) 　项目分析合理,项目准备单填写准确	项目准备单填写合理性评价,每合理 1 条得 1 分,满分 10 分	
关键要求一(15 分) 　智慧小区系统体系结构合理	系统体系结构不合理(每处扣 2 分)	
关键要求二(15 分) 　各应用子系统功能描述清楚	系统功能不完整或不清楚(每处扣 2 分)	
关键要求三(15 分) 　智慧小区系统集成架构合理	智慧小区系统集成架构不合理(每处扣 2)	
关键要求四(15 分) 　系统集成报告编写规范	实训报告编写不规范(每处扣 2 分)	
项目汇报(10 分) 　汇报内容清晰、重点突出、时间把握合理,衣着整洁、仪态自然大方	汇报内容不清晰(每处扣 1 分) 重点不突出(根据情况酌情扣分,最多扣 2 分) 衣着不整洁(根据情况酌情扣分,最多扣 2 分) 仪态自然大方(根据情况酌情扣分,最多扣 2 分)	

续表

项目要求	得分标准	得分情况
职业道德与职业核心能力(20分) 团队有效协作、精益求精,具有安全责任意识	团队分工不明确、监督不力、关系不和谐;成员不积极承担任务、彼此不配合(根据情况酌情扣分,最多扣10分) 项目完成过程未追求精益求精(根据情况酌情扣分,最多扣5分) 无安全责任意识(最多扣5分)	
创新创意(附加5分)	在项目完成过程中,在内容、形式、方法等方面,能结合国家、行业发展新要求,创新解决低碳、健康、高质量发展等问题,每个点附加1分,最高附加5分	

【拓展项目】

报告模板

课程设计编写模板

物联网创意设计之技术要点

根据前期对系统的整体架构设计,对比分析各种技术实现方案,整理出系统功能实现的主要技术要点;字数不少于500字。

参考文献

[1] 王志良.物联网—现在与未来[M].北京:机械工业出版社,2010.

[2] 黄玉兰.射频识别(RFID)核心技术详解[M].北京:人民邮电出版社,2012.

[3] 刘海涛,马建,等.物联网技术应用[M].北京:机械工业出版社,2011.

[4] 郑欣.物联网商业模式发展研究[D].北京:北京邮电大学,2011.

[5] 中国信息通信研究院西部分院,重庆市物联网产业协会,等.重庆市物联网产业蓝皮书[R],2019.

[6] 周洪波.物联网:技术、应用、标准和商业模式[M].北京:电子工业出版社,2011.

[7] 中国电子技术标准化研究院,国家物联网基础标准工作组.物联网标准化白皮书[R],2016.

[8] 张洪义.物联网信息安全问题探讨[J].安全技术,2016(3):45-46.

[9] 中国信息通信研究院.物联网白皮书[R],2020.

[10] 刘振鲁,俞晓磊,张科,等.大数据时代物联网标准化的发展与展望[C]//.第十八届中国标准化论坛论文集.中国标准化协会,2021:1807-1811.

[11] 谢金龙,邓子云.物联网工程设计与实施[M].大连:东软电子出版社,2012.

[12] 阴粲芬,龚华明.中间件技术在物联网中的应用探讨[J].信息科技,2010:36-38.

[13] 林琳,何尧妃.浅议云计算的分类与特点[J].移动信息,2015(6):25.

[14] 鲁小华.物联网的信息安全技术浅析[J].建筑工程技术与设计,2015(12):230-231.

[15] 安东尼·汤森.智慧城市[M].北京:中信出版社,2014.

[16] 张洪义.物联网信息安全问题探讨[J].安全技术,2016(3):45-46.

[17] 钱志鸿,刘丹.蓝牙技术数据传输综述[J].通信学报,2012,33(4):143-151.

[18] 田英.短距离无线通信技术综述[J].民营科技,2016(5):65.

[19] 陈雪.无源光网络技术[M].北京:北京邮电大学出版社,2016.

[20] 谢希仁.计算机网络[M].8版.北京:电子工业出版社,2021.

[21] 武新,高亮,张正球,等.传感器技术与应用[M].北京:高等教育出版社,2021.

[22] 徐欣,周丽娟,陈良,等.典型无线传输技术应用[M].北京:高等教育出版社,2021.

[23]《中国建筑施工行业信息化发展报告》编委会.建筑施工行业智慧工地应用现状调查与分析—《中国建筑施工行业信息化发展报告(2017)—智慧工地应用与发展》摘编[J].建筑,2017.

[24] 朱贺.智慧工地应用探索——智能化建造、智慧型管理[J].中国建设信息化,2017.

[25] 梁长垠.传感器技术应用[M].北京:高等教育出版社,2018.

[26] 侯方明,Wi-Fi 6与5G技术及应用场景白皮书:华为技术有限公司[R],2019.

[27] 上海市经济和信息化委员会.新型城域物联专网建设导则(2020版)[EB/OL].http://www.sheitc.sh.gov.cn/cmsres/51/515a50e7ea6e4473beded1b25b869642/fc13403c77904c3b4f17aee

e9f49f94c.pdf.2020.

[28] 重庆市建筑科学研究院.DBJ50/T-356-2020,智慧工地建设与评价标准[S].重庆:重庆市住房和城乡建设委员会,2020.

[29] 宋刚,邬伦.创新2.0视野下的智慧城市[J].北京邮电大学学报(社会科学版),2012,14(04):1-8.

[30] 中华人民共和国住房和城乡建设部,中华人民共和国国家质量监督检验检疫总局.GB50314—2015.智能建筑设计标准[S].北京:中国计划出版社.2015.

[31] 中华人民共和国国家市场监督管理总局,中国国家标准化管理委员会.GB/T22239-2019.信息安全技术网络安全等级保护基本要求[S].北京.2019.

[32] 唐斯斯,张延强,单志广,王威,张雅琪.我国新型智慧城市发展现状、形势与政策建议[J].电子政务,2020(04):70-80.

[33] 刘林,陈红霞,杨修明,程建,付静.关于重庆市智慧小区建设及发展的思考[J].重庆建筑,2021,20(09):14-16.

[34] 工业互联网产业联盟,工业互联网产业联盟标准(AII/003-2017).工厂内网络工业EPON系统技术要求[R],2017.

[35] 中国电子技术标准化研究院.工业物联网白皮书(2017版)[R],2017.

[36] 华为技术有限公司.华为Wi-Fi 6(802.11ax)技术白皮书[R],2019.

[37] 孙树栋,张映锋.物联制造技术[M].武汉:华中科技大学出版社,2019.

[38] 吴功宜,吴英.计算机网络应用技术教程[M].5版.北京:清华大学出版社,2019.

[39] 李海花.工业互联网的发展历程及实现路径[J],互联网天地,2019(8):23-27.

[40] 徐宪平.新基建数字时代的新结构性力量[M].北京:人民出版社,2020.

[41] 工业互联网产业联盟(AII).时间敏感网络(TSN)产业白皮书(V1.0版)[R],2020.

[42] 工业互联网产业联盟(AII).工业互联网体系架构(版本2.0)[R],2020.

[43] 工业互联网产业联盟(AII).工业互联网园区网络白皮书[R],2020.

[44] 工业互联网产业联盟(AII).工业互联网园区指南[R],2020.

[45] 工业互联网产业联盟(AII).工业互联网标准体系(版本3.0)[R],2021.

[46] 工业互联网产业联盟(AII).工业设备网联化技术与实践白皮书[R],2021.

[47] 中国工业互联网研究院,工业互联网创新发展成效报告(2018—2021)[R],2021.

[48] 华为技术有限公司,中国信息通信研究院,重庆大学,等.网络体系强基展望白皮书[R],2021.

读者意见反馈

为收集对教材的意见建议,进一步完善教材编写并做好服务工作,读者可将对本教材的意见建议通过如下渠道反馈至我社。

咨询电话 400-810-0598

反馈邮箱 gjdzfwb@pub.hep.cn

通信地址 北京市朝阳区惠新东街 4 号富盛大厦 1 座

高等教育出版社总编辑办公室

邮政编码 100029